Leitfäden der Informatik

Popien / Schürmann / Weiß
Verteilte Verarbeitung in
Offenen Systemen

Leitfäden der Informatik

Herausgegeben von

Prof. Dr. Hans-Jürgen Appelrath, Oldenburg
Prof. Dr. Volker Claus, Stuttgart
Prof. Dr. Günter Hotz, Saarbrücken
Prof. Dr. Lutz Richter, Zürich
Prof. Dr. Wolffried Stucky, Karlsruhe
Prof. Dr. Klaus Waldschmidt, Frankfurt

Die Leitfäden der Informatik behandeln

- Themen aus der Theoretischen, Praktischen und Technischen Informatik entsprechend dem aktuellen Stand der Wissenschaft in einer systematischen und fundierten Darstellung des jeweiligen Gebietes.
- Methoden und Ergebnisse der Informatik, aufgearbeitet und dargestellt aus Sicht der Anwendungen in einer für Anwender verständlichen, exakten und präzisen Form.

Die Bände der Reihe wenden sich zum einen als Grundlage und Ergänzung zu Vorlesungen der Informatik an Studierende und Lehrende in Informatik-Studiengängen an Hochschulen, zum anderen an „Praktiker", die sich einen Überblick über die Anwendungen der Informatik(-Methoden) verschaffen wollen; sie dienen aber auch in Wirtschaft, Industrie und Verwaltung tätigen Informatikern und Informatikerinnen zur Fortbildung in praxisrelevanten Fragestellungen ihres Faches.

Verteilte Verarbeitung in Offenen Systemen

Das ODP-Referenzmodell

Von Dr. Claudia Popien
Rhein. Westf. Techn. Hochschule Aachen

Dipl.-Ing. Gerd Schürmann
GMD FOKUS Berlin

Dipl.-Ing. Karl-Heinz Weiß
Senatsverwaltung für Inneres Berlin

Springer Fachmedien Wiesbaden GmbH 1996

Dr. Claudia Popien

Geboren 1966 in Magdeburg. Studium der Mathematik mit Vertiefungsrichtung Informatik an der Universität Leipzig, Diplom 1989. Anschließende Lehr- und Forschungstätigkeit am Institut für Rechnerverbund und Betriebssysteme der Technischen Universität „Otto von Guericke", Magdeburg. Seit 1991 wiss. Mitarbeiterin am Lehrstuhl für Informatik IV der RWTH Aachen bei Prof. Spaniol. Promotion an der RWTH Aachen, 1994. Mitarbeit in GI, IEEE, DIN und ISO. Organisation und Programmkomiteemitglied verschiedener Fachtagungen. Lehrauftrag „Verteilte Systeme" an der Universität GH Essen.

Dipl.-Ing. Gerd Schürmann

Geboren 1952 in Simbach/Inn. Studium der Informatik an der TU Berlin, Diplom 1979. Von 1979 bis 1983 wiss. Mitarbeiter an der TU Berlin, 1983 bis 1988 wiss. Mitarbeiter an der Freien Universität Berlin und dem Hahn-Meitner-Institut. Seit 1988 Projektbereichsleiter und stellv. Fachbereichsleiter bei der GMD FOKUS in Berlin. Sprecher und internationaler Vertreter des Normungsarbeitskreises ODP, Mitglied diverser Programmkomitees, Mitarbeit und Koordination bei verschiedenen europäischen u. a. Projekten sowie zahlreichen Studien und IT-Empfehlungen.

Dipl.-Ing. Karl-Heinz Weiß

Geboren 1957 in Simmern/Hunsrück. Studium der Elektrotechnik an der FH Bingen und an der Technischen Universität Berlin, Diplom 1986. Von 1986 bis 1988 Aufbau des X.400 im Deutschen Forschungsnetz. Von 1988 bis 1991 Mitarbeiter der GMD FOKUS in Berlin. Seit 1992 Angestellter bei der Senatsverwaltung für Inneres in Berlin. Mitarbeit in DIN, ISO und ITU-T, insbesondere im Bereich ODP, Mitarbeit in verschiedenen Forschungsprojekten, Gutachter und Beauftragter für IT-Strategie.

Die Deutsche Bibliothek – CIP-Einhensaufnahme

Popien, Claudia:
Verteilte Verarbeitung in Offenen Systemen : das ODP-
Referenzmodell / von Claudia Popien ; Gerd Schürmann ;
Karl-Heinz Weiss. – Stuttgart : Teubner, 1996
   (Leitfäden der Informatik)
ISBN 978-3-519-02142-1   ISBN 978-3-663-12434-4 (eBook)
DOI 10.1007/978-3-663-12434-4

NE: Schürmann, Gerd:; Weiss, Karl-Heinz:

Einband: Peter Pfitz, Stuttgart
Umschlagbild: nach einem Entwurf von Markus Linnhoff, Aachen

VORWORT

Open Distributed Processing, kurz ODP, - (fast) jeder, der sich mit Verteilten Systemen beschäftigt, hat diesen Begriff schon einmal gehört. Aber was verbirgt sich hinter ebenjenem Schlagwort der 90er Jahre?

Daß diese Thematik auf sehr große Resonanz stößt, zeigt die zunehmende Einbeziehung des Begriffs auf Konferenzen, in Zeitschriften und Forschungsberichten. Teilbereiche des ODP, die sogenannten Client/Server-Lösungen, werden bereits in vielen Bereichen umgesetzt. Da auf dem deutschen Buchmarkt noch keine Literatur über das ODP vorhanden ist, war die Motivation für dieses Buch gegeben.

Das vorliegende Werk entstand mit dem Ziel, dem Leser einen Einblick in die Vielfalt der Ansätze zwischen Betriebssystem und Anwendung bzw. Architekturen von verteilten Plattformen zu geben, die häufig auch als Middleware bezeichnet werden. Die Ausarbeitungen beziehen sich dabei auf die im Februar 1995 zur internationalen Norm verabschiedete Version des Referenzmodells und den derzeitigen Stand der Traderversion.

Unser vorhandenes Umfeld bot die besten Voraussetzungen für die Entstehung dieses Buches. Besonderer Dank gilt Herrn Professor Dr. *Otto Spaniol*, dessen Motivation und Unterstützung für uns sehr hilfreich war. Großer Dank gilt weiterhin Herrn Professor Dr. *Radu Popescu-Zeletin*. Im Rahmen von BERKOM-Projekten schuf er die Möglichkeit, aktiv an den internationalen Normungsaktivitäten des ODP-Referenzmodells mitzuarbeiten.

Ohne die Hilfe vieler Kollegen und Studenten wäre das Erstellen der vorliegenden Version wohl nicht möglich gewesen. Insbesondere während des abschließenden Überarbeitungsprozesses war die Unterstützung von Herrn Dipl.-Inform. *Bernd Meyer* von unschätzbarem Wert. Für zahlreiche Korrekturen möchten wir uns namentlich auch bei Frau Dr. *Angela Scheller*, Herrn Dipl.-Math. *Olaf Kubitz*, Frau *Hadwig Dorsch* und Frau *Undine Künzel* bedanken.

Das Anfertigen der vorliegenden Abbildungen wurde mit großem Engagement von Herrn *Axel Küpper* und Herrn *Frank Sassenscheidt* unterstützt. Unser besonderer Dank gilt Herrn *Axel Küpper* auch für das Layout des Manuskripts und die Vorbereitung der Druckvorlagen.

Aachen und Berlin, Oktober 1995

Claudia Popien
Gerd Schürmann
Karl-Heinz Weiß

INHALTSVERZEICHNIS

1 EINLEITUNG

1.1 Von Insellösungen zu Offenen Verteilten Systemen

Die Überwindung der Heterogenität bei existierender Hard- und Software verursacht große Probleme und hohe Kosten. Gleichgültig, ob man neue Systeme mit vorhandenen kommunizieren lassen will, oder ob bestehende Systeme durch neue Komponenten erweitert werden sollen, immer wieder stößt der Anwender an die nahezu unüberwindliche Schranke der Inkompatibilität. Nicht ohne Grund scheuen viele Anwender die Einführung neuer, weiterentwickelter Techniken. Während die Kosten für die Hard- und Software stetig sinken, steigen die Integrationskosten.

Auch bei rasant fortschreitenden Kommunikationstechnologien stellt die Inkompatibilität eine immer höher werdende Hürde dar, die dem angestrebten Fortschritt im Wege steht. Die unternehmensinterne und -übergreifende Kommunikation ist heute einer der entscheidenden Faktoren für die Wettbewerbsfähigkeit eines Unternehmens. Sowohl in der Produktion als auch in wirtschaftlichen und öffentlichen Bereichen wird ein schneller Zugriff auf aktuelle Informationen immer wichtiger. Dieser Entwicklung muß sich der Anwender mehr und mehr stellen, da eine effektive Zusammenarbeit zwischen Firmen, Forschungs- und Lehreinheiten einen entscheidenden Wettbewerbsfaktor darstellt. Die Entwicklung zur Integration von Tele- und Datenkommunikation ist Voraussetzung für die tatsächliche Realisierung der heute überall angestrebten multimedialen Kommunikation.

Gewünscht werden portable Systeme, mit denen innerbetrieblich aber auch weltweit kommuniziert und gearbeitet werden kann. Darüber hinaus soll es möglich sein, zwischen Rechnern verschiedener Hersteller Daten austauschen zu können. Voraussetzung für das leichte Verständnis unterschiedlicher Systeme ist eine einheitliche Benutzeroberfläche und Begriffswelt.

Die oft geäußerte Meinung, Produkte nur eines Herstellers zu verwenden, kann nicht die Lösung des Heterogenitätsproblems darstellen, da sie den Gegebenheiten des freien Marktes mit vorhandenen Kosten- und Funktionalitätsvorteilen entgegensteht. Daher sind neue Konzepte und Technologien notwendig, die eine Integration bestehender Architekturen in neue Konzepte ermöglichen.

1.2 Das ODP-Referenzmodell

Viele Herstellerfirmen haben dieses Problem bereits erkannt und versuchen, den Wünschen ihrer Kunden durch eigene Standardisierungsvorschläge entgegenzukommen. Die Vielzahl der bereits entstandenen Firmenvorschläge zur Normierung der Verteilten Verarbeitung in Offenen Systemen steht diesen Bestrebungen jedoch im Wege. So gibt es bereits Normen und Referenzmodelle, die Teilbereiche der Offenen Verteilten Systeme betreffen, so beispielsweise das OSI-Referenzmodell für die Interkonnektivität, oder das Referenzmodell für die offene Bürokommunikation.

Aus diesem Grunde haben sich bereits 1987 namenhafte internationale Experten aus Industrie, Wirtschaft und Forschung zusammengefunden, um ein Normenpaket zur Integration unterschiedlicher Systeme zu erarbeiten. Dieses Normenpaket definiert ein grundlegendes Referenzmodell für die objektorientierte Verteilte Verarbeitung in Offenen Systemen, in das die bereits bestehenden Referenzmodelle und Normen für Teilgebiete der Verteilten Verarbeitung eingeordnet werden können. Das Referenzmodell **Open Distributed Processing (ODP)** wird von der internationalen Standardisierungsorganisation ISO/IEC in Zusammenarbeit mit der internationalen Normierungseinrichtung der Telekommunikationsgesellschaften, der ITU-T, entwickelt. Es besteht z.Z. aus vier Teilen sowie einem Normenentwurf zum ODP-Trader.

Das ODP-Referenzmodell stellt Konzepte bereit, welche die Verteilung von Anwendungen unterstützen und die Zusammenarbeit sowie Wechselwirkung einzelner Komponenten betrachten. Die Zielsetzung für Forschungsarbeiten zum Entwurf Verteilter Systeme besteht darin, verschiedene verteilte Systemtechnologien effizient und kostengünstig in eine Gesamtlösung zu integrieren, die den jeweils gestellten Anforderungen eines Unternehmens genügt. Es gibt zwar Industriekonsortien, die an der Spezifikation und Entwicklung Verteilter Systeme arbeiten und ansatzweise der anzustrebenden Zielsetzung gerecht werden. Die grundlegende Bedeutung des ODP-Referenzmodells geht mit dieser Aufgabenstellung jedoch über bereits existierende industrielle Lösungen weit hinaus.

So wie heute das OSI-Referenzmodell nicht mehr aus der Datenkommunikation wegzudenken ist, bedingen die neuen Anforderungen an die Verteilte Verarbeitung immer mehr ein Auseinandersetzen mit der Thematik des ODP.

1.3 Zielgruppen des Buches

Der vorliegende Stoff richtet sich an verschiedene Lesergruppen, insbesondere an Verantwortliche für Informations- und Kommunikationstechnik in Unternehmen und Verwaltungen, Anwender und Hersteller, wissenschaftliche Einrichtungen und Institute.

Für den Anwender der Verteilten Verarbeitung, Studenten im Grundlagenstudium der Informatik und Forscher bzw. Entwickler, denen es eher um ein Überblickswissen als um die genaue Kenntnis von Modellierung und Realisierung der Offenheit und Verteiltheit eines Rechnernetzes geht, wird empfohlen, sich mit den Übersichtsarbeiten dieses Buches auseinanderzusetzen. Dies sind im wesentlichen alle Kapitel bis auf das sechste und siebente, wobei die einleitenden Abschnitte dieser Kapitel auch dem Allgemeinverständnis dienen können.

Informatiker, die an einem speziellen Problem arbeiten, das mit Offenheit und Verteiltheit verbunden ist, werden im folgenden sicher Anregungen finden, die ihnen weiterhelfen. Eine Erweiterung der herkömmlichen Client/Server-Architekturen befindet sich im Trader/Importer/Exporter-Modell, die Handhabung von Schnittstellen wird im Abschnitt des *Bindings* betrachtet. Nach einem kurzen Überblick über den Buchinhalt ist eine schnelle Einarbeitung in die neue Begriffswelt möglich, und detailliertere Informationen zu dem gesuchten Problem lassen sich finden.

Schließlich ist der Spezialist angesprochen, der sich ggf. schon mit der ODP-Norm auseinandergesetzt hat, sich mit verteilten Betriebssystemen beschäftigt, Heterogenität in Netzen überwindet oder aus informationstechnischer Sicht komplexe Systeme realisiert. In diesem Fall sollen die folgenden Arbeiten einen Schlüssel für neue Ideen liefern. Ein umfangreiches Literaturverzeichnis und die Auflistung von aktuellen Arbeiten, die sich in der Entwicklung befinden, sollen dem Ziel dienen, über die hier vorgestellten Ergebnisse hinaus Ansätze und Anregungen in weiteren Quellen zu finden.

1.4 Struktur des Inhalts

Das ODP-Referenzmodell ist im Original in englischer Sprache verfaßt. Hieraus ergeben sich einige Probleme. Werden Begriffe verwendet, die sich nicht 'gewaltfrei' übersetzen lassen, oder ist einfach nur kein kurzer und präziser deutscher Begriff zu finden, so ist der englische Originalbegriff - zumeist in kursiver Schreibweise - verwendet worden. Ferner soll erwähnt werden, daß die Worte 'offen' und 'verteilt' im Zusammenhang mit Verarbeitung oder System als Eigennamen zu verstehen und groß geschrieben sind.

Nun zur inhaltlichen Seite: Ausgehend von der Struktur der ODP-Norm beschäftigt sich das 2. Kapitel (von Claudia Popien) mit der Notwendigkeit und den Anforderungen sowohl Verteilter Verarbeitung als auch der Offenheit in verteilten Anwendungen. Dabei wird insbesondere auf Transparenz- und Heterogenitätsarten eingegangen.

Kapitel 3 (von Karl-Heinz Weiß) positioniert das ODP-Referenzmodell in der generellen Modellierung Verteilter Systeme. Ferner wird ein Überblick über die Bestandteile des Referenzmodells gegeben.

Die Kapitel 4 bis 6 stellen die inhaltlichen Konzepte des ODP-Modells in enger Anlehnung an die vorläufige internationale Norm dar. In Kapitel 4 (von Karl-Heinz Weiß) sowie den Anhängen A und B werden die Basiskonzepte beschrieben bzw. wichtige Begriffe definiert. Diese Abschnitte enthalten die grundlegenden Modellierungsverfahren und stellen die terminologische Basis für die Architektur dar, die in den Kapiteln 5 und 6 (von Gerd Schürmann) sowie Anhang C beschrieben wird.

Kapitel 7 (von Claudia Popien) beschreibt eine spezielle Funktion des ODP-Standards, die sogenannte Tradingfunktion. Insbesondere wird dabei auf den ODP-Trader eingegangen, ein Objekt, das die Dienstvermittlung in Offenen Verteilten Systemen realisiert.

In diesem Zusammenhang werden auch die vom Trader angebotenen Funktionen - insbesondere in Anhang D - vorgestellt.

Kapitel 8 (von Gerd Schürmann und Karl-Heinz Weiß) vermittelt Relationen des ODP-Referenzmodells zu anderen internationalen Kommunikationsnormen sowie weiteren öffentlich verfügbaren Spezifikationen. Insbesondere werden Herstelleraktivitäten mit ähnlicher Zielsetzung betrachtet.

Schließlich ist in Kapitel 9 eine Bewertung der ODP-Arbeiten im Kontext der Datenkommunikation enthalten.

Die Anhänge A bis D sollen bei dieser Struktur eher als Nachschlagewerk dienen. Diese Seiten enthalten Begriffsbestimmungen und -erläuterungen, die dem Zweck dienen, das in den neun Hauptkapiteln vermittelte Wissen zu ergänzen und zu vertiefen.

2 ANFORDERUNGEN AN DIE OFFENE VERTEILTE VERARBEITUNG

Der Begriff des Verteilten Systems, d.h. eines Systems, in dem Verteilte Verarbeitung stattfindet, wird in der Literatur auf unterschiedlichste Art und Weise definiert. Diese Uneinheitlichkeit spiegelt sich bereits innerhalb einzelner Werke wider. Betrachtet man z.B. [Ta 92], so findet man auf Seite 364 die Aussage, man habe es mit einem Verteilten System zu tun, wenn mehrere, miteinander verbundene CPUs zusammenarbeiten. Auf Seite 382 wird im gleichen Werk ein Verteiltes System als eine Ansammlung von Maschinen verstanden, die über keinen gemeinsamen Speicher verfügen.

Im ODP-Referenzmodell wird ein Verteiltes System in seiner allgemeinsten Form definiert. Ein System ist etwas, das 'sowohl als Ganzes als auch aus Teilen zusammengesetzt von Interesse ist' [ODP P2]. Verteilte Verarbeitung bezeichnet in diesem Zusammenhang Informationsverarbeitung, bei der sich diskrete Komponenten an verschiedenen Orten befinden können und bei der die Kommunikation zwischen Komponenten verzögert erfolgen oder fehlschlagen kann.

Eine konkretere Begriffsbestimmung wird beispielsweise in [SPM 94] vorgenommen. Dort wird auf Seite 86 wie folgt definiert:

Ein Verteiltes System ist ein System mit räumlich verteilten Komponenten, die keinen gemeinsamen Speicher benutzen und einer dezentralen Administration unterstellt sind. Zur Ausführung gemeinsamer Ziele ist eine Kooperation der Komponenten möglich. Werden von den Komponenten Dienste angeboten oder angebotene Dienste genutzt, so entsteht ein Client/Server-System, im Falle einer zusätzlichen zentralen Dienstvermittlung ein Tradingsystem.

2.1 Eigenschaften Verteilter Verarbeitung

Um den zunehmenden Anforderungen an bestehende Systeme gerecht zu werden, erweisen sich Erweiterungen der Systemkonzepte in Form von Verteilten Systemen als notwendig. Eine solche Vorgehensweise hat verschiedene Vorteile im Gegensatz zu einer Zentralisierung von Ressourcen. Um der Vielzahl der zu nennenden Aspekte nachkommen zu können, soll im folgenden eine zwar recht vollständige, jedoch nur knappe, stichpunktartige Auflistung der Gründe für die Realisierung von Verteiltheit vorgenommen werden.

- **Anforderungsgemäße Konfiguration:**
  Den ständig neu hinzukommenden Anforderungen an umfassendere Informationsverarbeitungssysteme kann durch Erweiterungen bestehender Systeme zeitgemäß entsprochen werden.

- **Integrierbarkeit bestehender Lösungen:**
  Es ist möglich, existierende Systeme zu nutzen, wobei durch die Integration bestehender Lösungen in ein System mit höherer Funktionalität nicht zu vernachlässigende Kosten gespart werden können.

- **Risikominimierung:**
  Die sukzessive Systemerweiterung minimiert das Risiko der Überlastung einzelner Systemkomponenten, indem auf eine gleichmäßige Auslastung sowohl bestehender als auch neu hinzukommender Module geachtet wird.

- **Flexible, organisatorische Verwaltung:**
  Durch die entstehende Dezentralisierung und Parallelverarbeitung ist eine höhere Flexibilität vorhanden, die verbesserte Leistungen und eine überschaubare organisatorische Verwaltung des Systems bedingt.

- **Eigenständiges Management:**
  Durch die Realisierung einer verteilten Managementumgebung wird dem Eigentümer einer Ressource die Möglichkeit gegeben, das Management der Systemkomponente selbst zu übernehmen, bzw. soweit einzugreifen, daß seine eigenen Interessen wahrgenommen werden.

- **Autonomie:**
  Im Falle auftretender Ausfälle bzw. Fehler arbeitet jede Einheit autonom und kann ggf. den Ausfall von einzelnen Komponenten überbrücken.

Das entstehende Verteilte System zeichnet sich durch verschiedene Charakteristiken aus, die dieses System von einer zentralen Realisierung unterscheiden. Neben allgemeinen organisatorischen Trends wie beispielsweise *Downsizing*, das den Informationsaustausch sowohl innerhalb einer Organisation als auch zwischen kooperierenden Organisationen unterstützt, und technischen Entwicklungskriterien, gibt es auch objektive Kriterien, die für ein Verteiltes System typisch sind. Derartige Kennzeichen für Verteilte Systeme sind im folgenden gegeben.

- **Entferntheit:**
  Komponenten eines Verteilten Systems sind räumlich voneinander getrennt, Wechselwirkungen können entweder lokal oder entfernt auftreten. Dabei muß jedoch gewährleistet sein, daß keine Verzögerungen bei der Kommunikation auftreten und die entfernten Ausführungen des Dienstes oder Prozesses zuverlässig bearbeitet werden.

- **Nebenläufigkeit:**
  Jede Komponente des Verteilten Systems kann parallel mit anderen Komponenten ausgeführt werden. Die parallele Programmausführung auf separaten Prozessoren ist i.a. schneller als die sequentielle Abarbeitung eines Prozesses auf einem einzelnen Prozessor.

- **Lokale Zustandsbetrachtung:**
  In sehr großen Verteilten Systemen ist es nicht praktikabel, ausschließlich globale Systemzustände zu betrachten.

- **Partieller Systemausfall:**
  Jede Komponente eines Verteilten Systems kann unabhängig von anderen Komponenten ausfallen; der übrige, arbeitsfähige Teil des Systems sollte in der Lage sein, die anstehenden Operationen fortzuführen - in sehr großen Systemen ist es recht unwahrscheinlich, daß alle Teilsysteme gleichzeitig ausfallen.

- **Asynchronität:**
  Kommunikations- und Verarbeitungsprozesse werden nicht durch eine globale Systemuhr gesteuert. Entsprechend werden Änderungen und Prozesse nicht notwendigerweise synchronisiert.

- **Autonomie:**
  In einem Verteilten System dürfen Management- und Steuerfunktionen auf verschiedene autonome Komponenten (Autoritäten) verteilt werden, wobei keine einzelne Autorität eine übergeordnete Gesamtkontrolle ausführen darf. Dabei müssen eventuelle Inkonsistenzen zwischen den einzelnen Einheiten vermieden werden.

- **Föderative Namensverwaltung:**
  Ein Verteiltes System kann durch den Zusammenschluß von bereits existierenden Systemen entstehen. Demzufolge ist eine kontextbezogene Namensverwaltung erforderlich, welche die eindeutige Interpretation der Namen über die Grenzen eines administrativen oder technologischen Bereichs hinaus ermöglicht.

- **Migration:**
  Mit der Zielsetzung, die Leistungsfähigkeit eines Systems zu erhöhen, können in einem Verteilten System Programme und Daten zwischen verschiedenen Orten bewegt werden. Dabei sind zusätzliche Mechanismen einzubeziehen, welche die Lage des jeweiligen Programms bzw. der Daten protokollieren.

- **Dynamische Rekonfiguration:**
  Wenn ein Verteiltes System kontinuierlich laufen soll, so muß es in der Lage sein, dynamische Rekonfigurationen vorzunehmen. Dies ist insbesondere dann von Bedeutung, wenn zur Laufzeit neue Bindungen hinzugefügt werden sollen.

- **Heterogenität:**
  In einem Verteilten System kann nicht davon ausgegangen werden, daß neue, zusätzlich zu integrierende Komponenten bereits vorhandene Technologien und Topologien nutzen. Hinzu kommt, daß sich Rechnerarchitekturen ständig ändern und dieser Entwicklung durch eine höchstmögliche Flexibilität aktuell entsprochen werden muß.

- **Evolution:**
  Während der gesamten Lebenszeit wird ein Offenes System i.d.R. verschiedene Änderungen durchleben, die dadurch motiviert sind, eine bessere Leistung bei einem günstigeren Preis zu erhalten, strategische Entscheidungen infolge neuer Ziele umzusetzen und modifizierte Anwendungen zu integrieren.

- **Mobilität:**
  Quellen von Informationen, Verarbeitungseinheiten und Nutzer eines Systems können physikalisch mobil sein. Ferner können Programme und Daten zwischen Knoten bewegt werden, um die Mobilität des Systems zu erhalten oder dessen Leistungsfähigkeit zu steigern.

Den zahlreichen Vorteilen eines solchen Verteilten Systems mit diesen Charakteristiken
liegen jedoch auch Anforderungen zugrunde, denen Modelle und Technologien bereits in der Phase des Systementwurfs gerecht werden müssen. Das allgemeine Modell
für die Offene Verteilte Verarbeitung zielt darauf hinaus, Systeme zu modellieren und
entwickeln, die folgende Eigenschaften besitzen:

- **Offenheit:**
  Diese Eigenschaft umfaßt zum einen die Portabilität eines Systems, d.h. die Fähigkeit, verschiedene Komponenten auf verschiedenen Verarbeitungsknoten ohne
  Modifikation ausführen zu können, zum anderen das Interworking, d.h. die Anforderung, Wechselwirkungen zwischen Komponenten, die ggf. in verschiedenen Systemen vorhanden sind, zu unterstützen.

- **Integration:**
  Integration ist der Zusammenschluß verschiedener Komponenten und Systeme zu
  einem Ganzen. Integration umfaßt beispielsweise die Integration von Teilsystemen
  mit verschiedenen Architekturen, verschiedenen Ressourcen mit unterschiedlicher
  Leistungsfähigkeit. Die Realisierung der Integrationseigenschaft unterstützt die Lösung des Problems der Heterogenität.

- **Flexibilität:**
  Eigenschaft der Unterstützung von Evolution (s.o.) eines Systems. Eingeschlossen
  ist dabei die Existenz und Fortführung der Lebensfähigkeit von sogenannten hin-
  terlassenen oder geerbten Systemen. Ein Offenes Verteiltes System sollte in der Lage sein, Änderungen zur Laufzeit auszuführen, d.h. dynamische Rekonfigurationen
  unter gegebenen Umständen zu ermöglichen. Flexibilität trägt zur Bereitstellung
  von Mobilität bei.

- **Modularität:**
  Modularität ist die strukturelle Eigenschaft, Teilsysteme zwar autonom, jedoch in
  Beziehung zueinander zu gestalten, d.h. die Hinzunahme von neuen Komponenten
  darf keine Auswirkungen auf bereits vorhandene Anwendungen haben. Modularität ist die Basis für Flexibilität.

- **Föderation:**
  Sie beschreibt die Möglichkeit des Kombinierens von Systemen mit unterschiedlichen administrativen oder technischen Bereichen um ein einzelnes Objekt zu erhalten.

- **Verwaltbarkeit:**
  Unter dieser sogenannten *Manageability* versteht man die Eigenschaft der Überwachung, Kontrolle und Verwaltung der Ressourcen eines Systems, um entsprechende Konfigurationen, Dienstqualitäten und Abrechnungsmechanismen zu unterstützen. Insbesondere sollten Möglichkeiten vorhanden sein, Statistiken über den

Zugriff auf Systemoperationen anzufertigen bzw. die Nutzung von Ressourcen in geeigneter Weise in Rechnung stellen zu können.

- **Sicherstellung von Dienstqualität:**
  Sie bezeichnet das Bereitstellen einer Menge von Dienstanforderungen an das Systemverhalten. Diese Eigenschaft umfaßt beispielsweise die Realisierung einer *Timeliness* (Rechtzeitigkeit) von Ereignissen, die Verfügbarkeit und Zuverlässigkeit entfernter Ressourcen und Wechselwirkungen sowie die Bereitstellung einer gewissen Fehlertoleranz beim Ausfall von Teilsystemen, die insbesondere bei sehr großen Verteilten Systemen von Bedeutung ist.

- **Sicherheit:**
  Sicherheitsanforderungen werden insbesondere durch die Entferntheit von Prozeduraufrufen und Wechselwirkungen sowie die Mobilität des Systems bedingt. Systemsicherheit in Offenen Verteilten Systemen schließt Authentisierungsmechanismen und Möglichkeiten der Zugriffskontrolle ein.

- **Transparenz:**
  Transparenz ist eine zentrale Anforderung, die daraus resultiert, verteilte Anwendungen zu erleichtern, Transparenz umfaßt u.a. das Verbergen von Implementierungsdetails, d.h. bei der Integration von neuen Systemen und Ressourcen sollte das ggf. auftretende Abweichen von Systemarchitekturen und -parametern dem Anwender verborgen bleiben, und die Verteilungstransparenz, d.h. technische Details sollen bei der Realisierung von Verteiltheit möglichst verborgen bleiben.

Die Offene Verteilte Verarbeitung besitzt das Ziel, Offene Systeme zu implementieren, die konsistent und zuverlässig arbeiten, während eine Verteiltheit von Ressourcen und Aktivitäten gewährleistet wird. Aus diesem Grund muß die Infrastruktur eines Verteilten Systems den Zugriff auf Dienste, die in dem Netzwerk verfügbar sind, transparent unterstützen.

Eine ODP-Infrastruktur unterstützt nicht nur eine Verteilungstransparenz, sondern eine ganze Reihe einzelner Transparenzen. Diese besitzen die Aufgabe, die durch Verteilung auftretenden Ausprägungen des Systems zu verbergen. Jede einzelne Transparenz wird durch eine Menge spezifizierter Standardfunktionen realisiert. Das Anwendungssystem, das die bereitgestellte Infrastruktur nutzt, kann dann auswählen, von welchen Transparenzen es Gebrauch machen will und von welchen nicht.

In diesem Zusammenhang sind die folgenden Arten der Transparenz von Bedeutung.

- **Zugriffstransparenz:**
  Sie verbirgt die verschiedenen Zugriffsmechanismen für den lokalen und entfernten Dienst- und Ressourcenaufruf.

- **Ortstransparenz:**
  Dabei bleibt die zugrundeliegende Systemtopologie verborgen.

- **Replikationstransparenz:**
  Bei dieser Art von Transparenz bleibt verborgen, ob es sich um das Original oder eine Kopie von Diensten oder Informationen handelt.

- **Abarbeitungstransparenz:**
  Hierbei bleibt dem Anwender verborgen, in welcher Weise sein Programm ausgeführt wird. Es ist nicht ersichtlich, ob die Abarbeitung sequentiell oder parallel erfolgt.

- **Migrationstransparenz:**
  Verbirgt Heterogenität von Systemkomponenten und ermöglicht so auch das Ausla-
  gern von Funktionen und Anwendungen auf andere Systemkomponenten.

- **Ausfalltransparenz:**
  Im Falle eines Ausfalls einer Systemkomponente oder eines Kommunikationsprozes-
  ses wird in geeigneter Weise nach einem Ersatz gesucht, um diesen Sachverhalt
  nach außen zu verbergen.

- **Ressourcentransparenz:**
  Die Zuweisung konkreter Ressourcen zu Anwendungsprozessen bleibt dem Nutzer
  verborgen.

- **Verbundtransparenz:**
  Verbirgt die Grenzen zwischen administrativen oder technologischen Bereichen des
  Verteilten Systems.

- **Gruppentransparenz:**
  Werden mehrere Objekte oder Gruppen von Objekten benötigt, um einen einzelnen
  Dienst oder Prozeß ausführen zu können, so bleibt dieser Sachverhalt dem Anwen-
  der verborgen.

Aus diesen Anforderungen folgt die allgemeine Zielsetzung für Forschungsarbeiten
zum Entwurf Verteilter Systeme: völlig verschiedenen verteilten Systemtechnologien
muß es ermöglicht werden, effizient und kostengünstig in eine Gesamtlösung integriert
zu werden, die den jeweils gestellten Anforderungen eines Unternehmens sowie o.g.
Anforderungen an die Verteiltheit genügt. Bislang gibt es noch kein Konsortium, das
an der Spezifikation und Entwicklung Verteilter Systeme arbeitet und dieser Zielsetzung gerecht wird. Das ODP-Referenzmodell hat sich dagegen diese Aufgabenstellung
zu seinem Ziel gemacht, wodurch die grundlegende Bedeutung der ODP-Arbeiten über
die bereits existierenden industriellen Lösungen deutlich hinausgeht.

Bei allen ODP-Bestrebungen wird jedoch auch erkannt, daß es keine allgemeingültige
Infrastruktur geben kann, die universellen Heterogenitäts- und Transparenzanforderungen nachkommt. Vielmehr besteht die Notwendigkeit, Komponenten auszuwählen,
die für spezielle Anwendungen entsprechende Anforderungen erfüllen. Ein Framework bereitzustellen, das Komponenten zu einer Infrastruktur kombiniert, die Nutzeranforderungen entspricht, kann vielmehr als das eigentlich realistische Ziel angesehen
werden.

2.2 Offenheit in der Verteilten Verarbeitung

Das Ziel des ODP-Standards besteht darin, die Implementierung eines Offenen und Verteilten Systems zu ermöglichen, das konsistent und zuverlässig arbeitet und dabei die

Verteilung von Objekten, Ressourcen und Aktivitäten realisiert. Die dem System zugrundeliegenden Komponenten haben die oben aufgeführten Eigenschaften, insbesondere die erwähnte Heterogenität. In diesem Zusammenhang kann man eine Einteilung der Heterogenität in folgende Arten vornehmen:

- **Ausrüstungsheterogenität:**
  Sie resultiert z.T. daraus, daß einzelne Bestandteile der Ausrüstung von verschiedenen Herstellern beschafft werden oder ist durch die Entwicklung neuer Technologien bedingt.

- **Betriebssystemheterogenität:**
  Sie kommt durch abweichende Versionen von Betriebssystemtypen zustande.

- **Rechenheterogenität:**
  Darunter ist die Nutzung verschiedener Programmiersprachen, Datenbanksysteme o.a. Software zu verstehen.

- **Heterogenität der Autoritäten:**
  Sie tritt dann auf, wenn miteinander kooperierende Systemkomponenten unterschiedliche Zuständigkeitsregelungen besitzen.

- **Anwendungsheterogenität:**
  Sie ist vorhanden, falls separate informationsverarbeitende Anwendungen gemeinsam arbeiten müssen, um eine einzelne Aufgabe ausführen zu können.

Das ODP-Referenzmodell versucht, diesen Heterogenitätsanforderungen gerecht zu werden. Dazu definiert es eine allgemeine Sprache zur Beschreibung Verteilter Systeme und nutzt diese Sprache, um eine allgemeine Struktur für Verteilte Systeme zu erhalten, die Funktionen zur Unterstützung notwendiger Eigenschaften einbezieht. Zur Einschränkung dieser globalen Aussage muß bemerkt werden, daß es keine allgemeingültige Infrastruktur geben kann, die jeder Form von Heterogenität gerecht wird und allen Formen von Transparenz entspricht. Vielmehr besteht die Notwendigkeit, in einem Auswahlprozeß Komponenten zu selektieren, die den Anforderungen an die jeweilige Anwendung entsprechen. Sind mehrere Einschränkungen auf bestimmte Aspekte notwendig, so müssen die entstehenden Modelle in geeigneter Weise zusammengesetzt werden.

Das Grundprinzip der Handhabung von Heterogenität besteht in dem Konzept der *Common Services*. Dieses Konzept geht davon aus, daß alle mit einem Dienst zusammenhängenden Informationen, wie z.B. Datenrepräsentation, Transportprotokolle, Algorithmen für Dienstanbieter etc. in einer übergreifenden Dienstspezifikation zusammengefaßt werden. Durch die Gruppierung von Eigenschaften unterschiedlicher Dienste wird die Gesamtheit der Heterogenität in einem Verteilten System in einer überschaubaren und kontrollierten Art strukturiert. Dieses Modell zeigt zum einen, daß komplexere Probleme auf einfache Analysen zurückgeführt werden können, zum anderen zeigt es aber auch, wie viele verschiedene Abstraktionsstufen im ODP-Referenzmodell betrachtet werden müssen.

2.3 Das Normierungskonzept der Verteilten Verarbeitung

Während die *Open Software Foundation* (OSF) und die *Object Management Group* (OMG) Architekturen und Funktionen zur Unterstützung der von ihnen betrachteten Verteilten Systeme veröffentlicht haben, bereichert das ODP-Referenzmodell diese Ideen noch. Durch das Betrachten von Föderationen, Transparenz, Systemmanagement und das Definieren eines feingranularen Frameworks von Referenzpunkten ermöglicht es, verschiedene Technologien Verteilter Systeme in kostengünstige Systemlösungen zu integrieren, die gestellten Unternehmensanforderungen genügen.

Das ODP-Referenzmodell kann in verschiedene Kategorien unterteilt werden, die sich durch ihren Detaillierungsgrad unterscheiden. Es ist selbstverständlich, daß die detaillierteren Konzepte den allgemeinen Grundlagen nicht widersprechen dürfen. Die vier Kategorien sind im einzelnen:

- **Basismodell:**
  Das Basisreferenzmodell des ODP definiert Konzepte und *Common Functions* (allgemeine Funktionen).

- **Spezielle Referenzmodelle:**
  Diese kommen den Anforderungen individueller Unternehmensarten nach, wobei Konzepte und *Common Functions* des Basismodells genutzt werden. Zusätzlich werden in den speziellen Referenzmodellen detaillierte konzeptuelle Betrachtungen vorgeschlagen - ein Beispiel für ein spezielles Referenzmodell ist die *Telecommunication Information Networking Architecture (TINA)*.

- **Realisierung der *Common Functions*:**
  Diese Kategorie umfaßt Standards für die Realisierung von *Common Functions* des ODP-Referenzmodells, die ein breites Anwendungsgebiet besitzen. Als Beispiel kommt hier die ODP-Tradingfunktion ebenso in Betracht, wie eine Schnittstellenbeschreibungssprache.

- **Realisierung der *Specific Functions*:**
  Zu dieser Kategorie gehören Standards für die Realisierung von *Specific Functions* (spezieller Funktionen), die für ganz bestimmte Anwendungen benötigt werden, z.B. eine Schnittstellenbeschreibung für einen Telefonverbindungsaufbau.

Das ODP-Referenzmodell ist nicht einfach ein beschreibendes Hilfsmittel. Es legt einen grundlegenden Stil für den Systementwurf und die spätere Implementierung fest. Durch die Nutzung allgemeiner Komponenten und Entwurfsmethoden wird eine einheitliche Basis geschaffen.

Die vollständige Spezifikation eines Verteilten Systems umfaßt einen sehr großen Informationsumfang. Der Versuch, alle Entwicklungsaspekte in der Beschreibung einer Komponente zu erfassen, ist naturgemäß zum Scheitern verurteilt. Die meisten Entwurfsmethoden besitzen das Ziel, eine koordinierte Menge von Entwurfsmodellen aufzustellen, welche den Anforderungen der mitarbeitenden Entwickler genügen. In ODP wird die Aufteilung verschiedener Aspekte durch die Einführung von fünf sogenannten *Viewpoints* (**Sichtweisen**) vorgenommen. Zu jedem *Viewpoint* gibt es eine zugehörige *Viewpoint Language* (Sprache der zugehörigen Sichtweise), welche Informationen, die von speziellem Interesse in der jeweiligen Betrachtungsweise sind, in Regeln oder Termen ausdrückt.

Diese *Viewpoints* sind jedoch nicht unabhängig voneinander. Jeder einzelne *Viewpoint* ist eine spezielle Sichtweise der vollständigen Systemspezifikation. Deshalb können einige Beschreibungsmerkmale auch in mehr als einer Sichtweise auftreten. Durch solche Gemeinsamkeiten sind Konsistenzbedingungen gegeben, die durch Zusammenhänge zwischen in Beziehung stehenden Termen und Aussagen in Beschreibungssprachen unterschiedlicher Sichtweisen entstehen.

Die fünf im ODP-Referenzmodell definierten *Viewpoints* sind im folgenden in drei Kategorien zusammengefaßt und werden kurz beschrieben.

1. *Enterprise* **und** *Information Viewpoint*

   Diese beiden Sichtweisen abstrahieren dahingehend von Verteilungseinzelheiten, daß sie sich lediglich auf Anforderungsaussagen beziehen, die unabhängig von dem eigentlichen Verteilungsprozeß sind. Der *Enterprise Viewpoint* befaßt sich mit dem Unternehmensverhalten, Management und der Rolle des Menschen bezüglich eines Systems und seiner Umgebung, mit der es in Wechselwirkung steht. Dabei wird keine Beschränkung auf ein einzelnes Unternehmen vorgenommen, ganz im Gegenteil: das entstehende Modell kann auch die Randbedingungen und Anforderungen in dem Zusammenspiel einer Reihe von verschiedenen Organisationen beschreiben. Der *Information Viewpoint* beschäftigt sich mit der Informationsmodellierung. Das zugrundeliegende Informationsmodell wird unabhängig von einzelnen Komponenten erstellt. Es gibt einen widerspruchsfreien, allgemeinen Überblick, der durch die Spezifikation von Informationsquellen und -senken sowie den Informationsflüssen, aus denen das Verteilte System besteht, modelliert wird.

2. *Computational Viewpoint*

   Diese Sichtweise beschäftigt sich mit der Beschreibung des Systems als Menge wechselwirkender Objekte, wobei genaue Realisierungsdetails der Wechselwirkungen außer Betracht gelassen werden. Aus dieser Sichtweise werden vielmehr die Algorithmen und Datenflüsse beschrieben, welche die Funktionalität des Verteilten Systems realisieren. Einzelne Komponenten werden dabei als Quellen und Senken der Informationsflüsse spezifiziert. So definiert der *Computational Viewpoint* ein abstraktes Programmiermodell für Verteilte Systeme. Die im Modell betrachteten Elemente sind entsprechend den Anforderungen an das System ausgewählt. Im *Computational Viewpoint* ist die Darstellung objektorientiert und enthält sowohl diskrete Wechselwirkungen zwischen den einzelnen Objekten, als auch die Beschreibung kontinuierlicher Informationsströme.

3. *Engineering* **und** *Technology Viewpoint*

   Diese beiden *Viewpoints* umfassen die Bereitstellung einer Umgebung, in der die rechnermäßige Beschreibung des Systems interpretiert werden kann. Insbesondere stehen dabei Mechanismen im Zentrum der Betrachtungen, die den jeweiligen Programmierungsmodellen entsprechen und abstrakte Systemkomponenten definieren, welche die Rechenaktionen ausführen können. Der *Engineering Viewpoint* beschäftigt sich insbesondere mit den Verteilungsmechanismen und unterstützt die verschiedensten Arten von Transparenz, die in dem Verteilten System gefordert werden. Der *Technology Viewpoint* betrachtet sowohl Komponenten des Verteilten Systems als auch deren Verbindungen bis ins Detail.

Die Konzepte der *Viewpoints* liefern einen Weg, die Anforderungen an die Spezifikation in verschiedene Bereiche einteilen zu können und ermöglichen es trotzdem, Konsistenz zwischen alternativen Spezifikationen ein und desselben Systems überprüfen zu können. Auch wenn es so aussieht, als wenn jeder *Viewpoint* das ganze System mit Modellen und Modellierungskonzepten beschreibt, die ihm zugeordnet sind, so nutzen doch alle *Viewpoints* den gleichen Modellierungsansatz, der sich durch ein Objektmodell und eine gemeinsame Menge von spezifischen Konzepten auszeichnet. Durch die Beziehungen von einzelnen Termen kommt eine Relation der Viewpointmodelle wieder zustande.

Dieser allgemeine Modellierungsansatz und die allgemeinen Konzepte geben den unterschiedlichen Viewpointmodellen eine gemeinsame Basis, so daß es möglich ist, die Modelle untereinander in Beziehung zu setzen und Zusammenhänge in den einzelnen Darstellungen des Systems zu erklären. Die Objektmodellierung wurde dabei gewählt, weil sie am geeignetsten für ODP zu sein scheint. Dafür gibt es die folgenden Gründe:

- Objekte sind nützlich für das Strukturieren und die Spezifikation, da ihnen Prinzipien der Modularität und Datenabstraktion zugrunde liegen.
- Die Wechselwirkungen zwischen den Objekten beschreiben das Objektverhalten unabhängig von deren interner Struktur. In diesem Zusammenhang verkörpern sie die gleichen Eigenschaften, wie es auch bei Diensten der Fall ist, die von einem Objekt dessen Umgebung, d.h. einem anderen Objekt, angeboten werden.
- Objekte unterstützen die Beschreibung von Verteilungseigenschaften. Getrennte Komponenten können durch verschiedene Objekte beschrieben werden. Der Isolation und Autonomie werden Objektmodelle durch das Konzept der Kapselung gerecht.

Um die Informationsverarbeitung effektiv zu beschreiben und Problemen der Verteilung nachzukommen, gibt das ODP-Referenzmodell eine Reihe von Funktionen an. Diese ODP-Funktionen liefern grundlegende Bestandteile für die Modellierung eines Systems aus flexibel einsetzbaren Komponenten. Den Funktionen werden Objekte mit speziellen Aufgaben zugeordnet, außerdem Informationen, und Schnittstellen- sowie Verhaltensdefinitionen. Im präskriptiven Teil des ODP-Referenzmodells ist ein ganzer Katalog solcher Funktionen definiert, jede einzelne dieser Funktionen ist Gegenstand detaillierterer Beschreibungen.

Eine Reihe weiterer Konzepte ist Gegenstand des ODP-Referenzmodells. Stellvertretend sei an dieser Stelle das Problem der Konformität angesprochen. Die im OSI-Referenzmodell betrachtete Form von Konformität wird deutlich erweitert, indem im ODP-Referenzmodell die Definition von sogenannten Zugriffspunkten vorgenommen wird. Auf alle diese und viele weitere Konzepte wird in den folgenden Kapiteln konkret eingegangen.

3 DIE NORMUNG DES ODP-REFERENZMODELLS

Die Normierungsaktivitäten der ISO zur Erarbeitung des ODP-Referenzmodells began-
nen im Jahre 1987. Nahezu gleichzeitig startete die ITU-T (damals noch CCITT genannt) mit der Standardisierung eines *Distributed Application Framework* (DAF). Wegen der großen Übereinstimmung der Zielsetzungen beider Normierungsbestrebungen,
ein Rahmenwerk für verteilte Anwendungen bzw. für die Verteilte Verarbeitung zu
entwickeln, wurden 1990 in Seoul die zunächst getrennt entwickelten Arbeitspapiere
zusammengefaßt und die weiteren Arbeiten gemeinsam fortgeführt. Die Normung des
ODP-Referenzmodells wird voraussichtlich im Jahre 1996 abgeschlossen sein.

Die beiden wichtigsten Teile des vierteiligen Modells wurden bereits im Jahre 1995 als
Norm der ISO *(Draft International Standard, DIS)* bzw. als ITU-T Empfehlung
(Recommendation) verabschiedet - sie werden in Kapitel 4, 5 und 6 sowie in Anhang
A, B und C beschrieben.

Die Entwicklung des ODP-Referenzmodells und seine Einbettung in den Modellierungsprozeß sowie eine Übersicht über die Struktur der ODP-Normen sind Gegenstand
dieses Kapitels. Es wird erläutert, wie der Modellierungsprozeß dazu genutzt werden
kann, das Verhalten eines Informationssystems bzw. eines Unternehmens zu beschreiben. Insbesondere bringt der Modellierungsprozeß dabei zum Ausdruck:

- die Unterscheidung der Arbeitsschritte Design, Implementierung und Anwendung
  des Informationssystems,
- die Zuordnung unterschiedlicher Modellierungsstadien, d.h., die Beschreibung der
  realen Welt und der idealisierten Modellwelt im Verhältnis zu den identifizierten
  Komponenten (siehe Abbildung 3.1) und
- die Einschränkungen, denen die Komponenten unterliegen können.

Die Abbildungen 3.2 bis 3.5 zeigen die chronologische Abfolge der Entstehung des
ODP-Referenzmodells, d.h., die Auswahl von normenkonformen Modellen bis zum Einsatz des Informationsverarbeitungssystems. In diesem Modellierungsprozeß lassen sich
die Komponenten 'Unternehmen', 'Modell' und 'Informationsverarbeitungssystem' identifizieren, die durch die Prozesse 'Idealisierung', 'Realisierung' und 'Verwendung' verbunden sind.

Das Ergebnis des Modellbildungsprozesses ist eine Modellmenge, welche die Anforderungen eines Unternehmens an Informationsstrukturen und Informationsverarbeitung
beschreibt. Dabei werden im Laufe des Modellierungsprozesses notwendige Entwurfs-

entscheidungen durch die benutzten Methoden und Formalismen beeinflußt. Um
auftretende Mängel beheben zu können, wird die Modellmenge durch Simulation der
in einem Unternehmen vorkommenden Situationen überprüft und überarbeitet. Indem
die entwickelten Modelle bereits sehr früh implementiert werden, läßt sich ihre Verifika-
tion durch den Einsatz von Rechnern unterstützen.

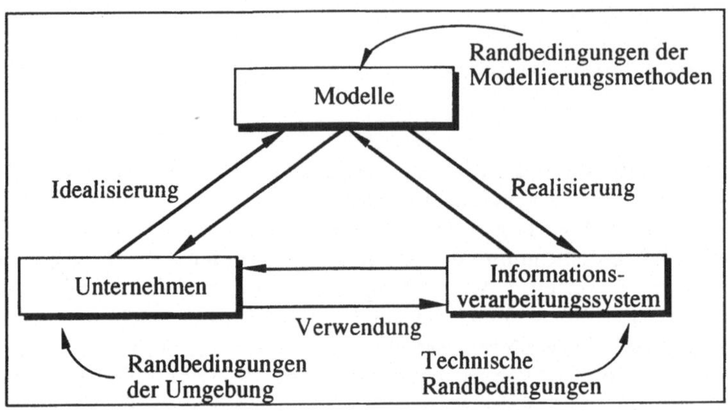

Abb. 3.1: Idealisierungs-, Realisierungs- und Verwendungsprozeß

Die Umsetzung der Modelle führt zu einem Informationsverarbeitungssystem, das die
geforderte Funktionalität des Unternehmens an das System erfüllt. Entwurfsentschei-
dungen, die während der Implementierung getroffen werden, hängen jetzt von den
verfügbaren Hard- und Softwarekomponenten ab. Die drei Komponenten 'Unternehmen', 'Modell' und 'Informationsverarbeitungssystem' werden durch fünf Relationen
miteinander verknüpft.

1. Während des Modellbildungsprozesses werden in Zusammenarbeit von Systemana-
   lytikern, Softwareentwicklern und den späteren Nutzern Anforderungen festgelegt
   und ein geeignetes Systemmodell entworfen, das diesen genügt. Hilfsmittel sind
   dabei bestehende Entwurfsmethoden und Informationsmodelle.
2. Die Verwendung des Informationsverarbeitungssystems führt zu einem Rückkopp-
   lungsprozeß, der Auswirkungen auf das Unternehmen hat, da die Einführung eines
   Informationsverarbeitungssystems möglicherweise Änderungen in dessen Arbeits-
   abläufen zur Folge hat.
3. Aufgrund der entwickelten Modelle werden Hard- und Software bereitgestellt, die
   im Realisierungsprozeß zur Umsetzung der Modelle in einem Informationsverarbeitungssystem benötigt werden.
4. Der Gebrauch des Informationsverarbeitungssystems durch Mitarbeiter eines Unternehmens stellt eine Beziehung dar, die sich im allgemeinen mit der Eingabe und
   Verarbeitung von Daten befaßt.

5. Ein Mitarbeiter eines Unternehmens kann auf die Modelle zurückgreifen, um Arbeitsweise und Interaktionsmechanismen des Systems besser verstehen zu können.

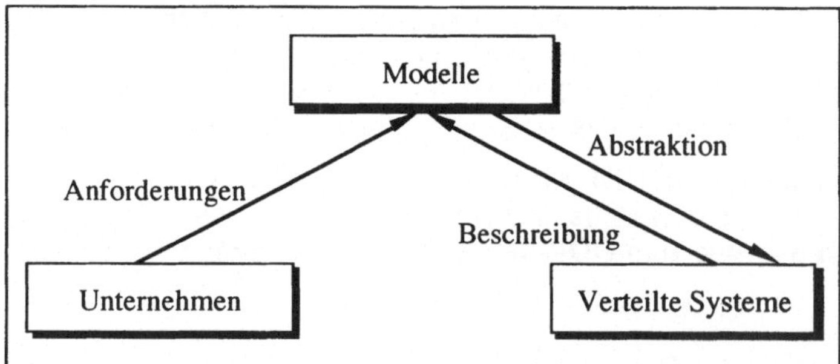

Abb. 3.2: Erstes Stadium eines allgemeinen Modells für die Verteilte Verarbeitung

Die in Abbildung 3.1 dargestellten Komponenten lassen sich in zwei Bereiche aufteilen. Der obere Bereich steht für die Modellwelt, d.h. die idealisierte Sicht als Ergebnis des Modellierungsprozesses, während der untere Bereich die reale Welt beschreibt.

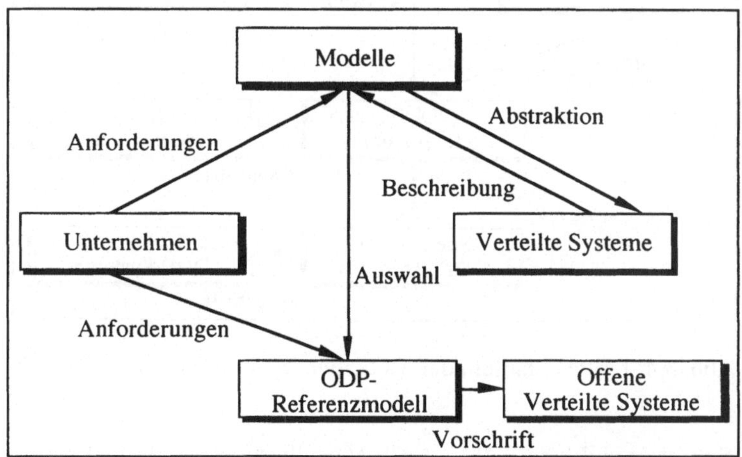

Abb. 3.3: Zweites Stadium der Modellierung Verteilter Verarbeitung

Im folgenden wird beschrieben, wie der Modellierungsprozeß genutzt werden kann, um im Rahmen von ODP offene und verteilte Telekommunikationsanwendungen zu beschreiben. Dabei wird zwischen realer und idealisierter Welt unterschieden sowie zwischen vorschreibenden und beschreibenden Schritten im Modellierungsprozeß.

Modellierung Offener Verteilter Systeme

In Abbildung 3.2 sind die Beziehungen zwischen einem beliebigen Verteilten System, dessen Modell und dem zugehörigen Unternehmen dargestellt. Ein solches Modell erhält man durch Abstraktion relevanter Aspekte des Verteilten Systems. Das Modell beschreibt dieses System mittels geeigneter Sprachen.

Im nächsten Stadium des ODP-Modellierungsprozesses (Abbildung 3.3) wird aus der Menge aller relevanten Modelle eine Auswahl getroffen, um sicherzustellen, daß sich die Verteilten Systeme zum ODP-Referenzmodell konform verhalten, also auch offen sind.

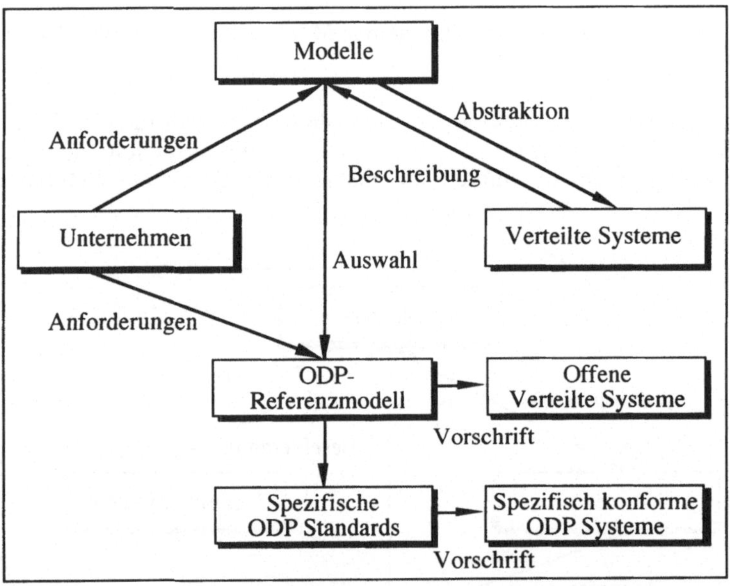

Abb. 3.4: Drittes Stadium der Modellierung Verteilter Verarbeitung

Der letzte Schritt (Abbildung 3.4) im ODP-Modellierungsprozeß legt spezifische Normen - beispielsweise für Protokolle - fest, die sich konform zum ODP-Referenzmodell verhalten und gleichzeitig die Art und Weise weiter einschränken, in der konforme Systeme arbeiten.

Abbildung 3.5 faßt die Darstellung des ODP-Modellierungsprozesses und des allgemeinen Modellierungsprozesses sowie das Systemdesign zusammen. Dabei hat der Entwickler des Systems weitgehend die Freiheiten, um mit der Modellierung alle geforderten Anforderungen beschreiben zu können.

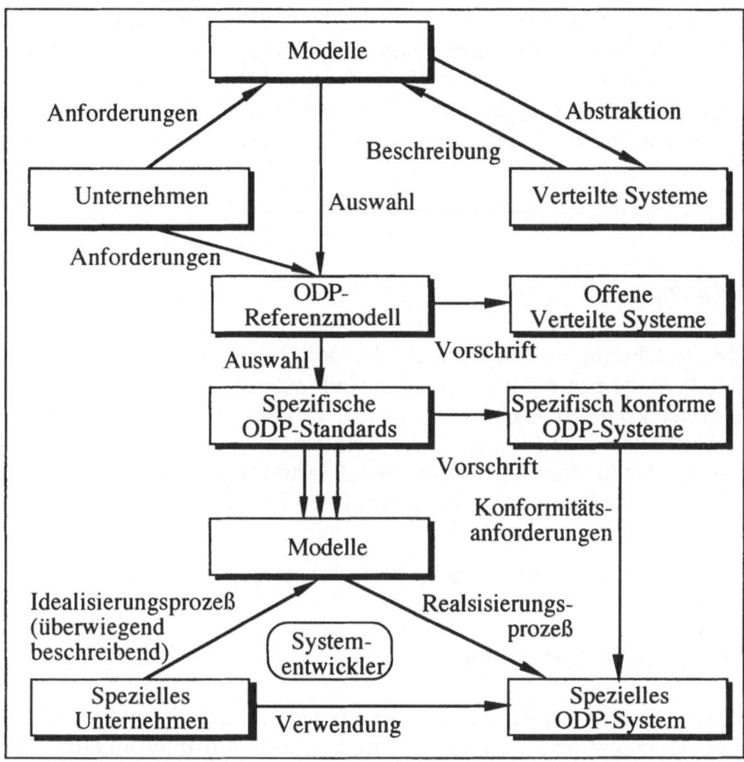

Abb. 3.5: ODP-Systementwicklung

Das ODP-Referenzmodell besteht aus vier Teilen, die bis auf den ersten Teil alle normativ sind. Eine kurze Beschreibung dieser vier Teile enthalten die Abschnitte 3.1 bis 3.4.

3.1 Überblick und Anwendungsleitfaden

Ziel des ersten Teils ist es, einen Überblick über die Inhalte der übrigen drei Teile des ODP-Referenzmodells zu vermitteln, ohne dabei Anspruch einer vollständigen Zusammenfassung zu erheben. Er enthält keine Vorschriften oder verbindliche Vorgaben, vielmehr soll der erste Teil den Anwendern des ODP-Referenzmodells den Zugang zu den anderen Teilen erleichtern.

3.2 Grundlagen

Der zweite Teil des ODP-Referenzmodells schafft eine sprachliche Grundlage und leistet damit einen wesentlichen Beitrag zur Beseitigung einer babylonischen Situation in der Welt der Informationsverarbeitung. Dieser Teil definiert Sprachmittel zur Beschreibung von sowohl vorhandenen, als auch hypothetischen verteilten Informationsverarbeitungssystemen. Die in diesem Teil des Referenzmodells festgelegten Modellierungskonzepte beschränken dabei die Ausdrucksmöglichkeiten bei der Modellbildung.

Diese Thematik ist Gegenstand des vierten Kapitels.

3.3 Architektur

Der dritte Teil beschreibt die Vorgaben für die Definition dessen, was Verteilte Verarbeitung in Offenen Systemen qualifiziert. Dies sind insbesondere die Erfordernisse, zu denen ODP-Normen konform sein müssen. Dieser Teil definiert damit eine Architektur mit deren Hilfe beurteilt werden kann, ob ein betrachtetes Systemmodell oder eine Funktion ein Offenes System oder ein Teil davon ist. Grundlagen für dieses präskriptive Modell sind die im Grundlagenteil, d.h. deskriptiven Modell definierten beschreibenden Techniken.

Diese Konzepte werden in den Kapiteln fünf und sechs genauer erläutert.

3.4 Architekturelle Semantik

Der vierte Teil enthält Formalisierungen der im zweiten Teil definierten grundlegenden Modellierungskonzepte und Spezifikationskonzepte durch Interpretation der Konzepte in Sprachelementen der standardisierten formalen Sprachen LOTOS, SDL, Z[1] und voraussichtlich Estelle. Keine der Sprachen weist dabei alle gewünschten Eigenschaften auf. Eine Kombination unterschiedlicher Sprachen scheint gegenwärtig die zweckmäßigste Lösung zu sein. Da auf diesen Teil in den folgenden Kapiteln nicht eingegangen wird, sollen an dieser Stelle einige Erläuterungen folgen.

Unter dem Begriff der architekturellen Semantik (*Architectural Semantics*) versteht man eine Menge von formal definierten elementaren Entwurfs- und Architekturkonzepten. Diese Konzepte dienen als Bausteine für die Zusammensetzung von komplexeren Entwürfen. Beispiele für derartige elementare Konzepte sind: die Wechselwirkung, Wechselwirkungspunkte, Datentyp, Objekt, beobachtbares Verhalten oder die Komposition von Objekten. Im Gegensatz dazu werden für komplexe Entwürfe beispielsweise

---

[1]. Z ist bisher nicht, wie Estelle, LOTOS und SDL, als formale Beschreibungstechnik (*Formal Description Technique*, FDT) der ISO oder ITU standardisiert worden, sondern hat sich als eine Spezifikationssprache, insbesondere zur Spezifikation von Informationsmodellen und im Securitybereich, zum internationalen defacto Standard entwickelt.

folgende Konzepte angenommen: der Dienst, das Protokoll, Schnittstellen oder Referenzmodelle.

Gemäß [Vi 94] ist die Basis eines solchen Semantikmodells eine Anforderung an die Wechselwirkung zwischen Entwurf, Beschreibung und deren Interpretation. Dabei ist der Entwurf ein 'mentales Produkt', das heißt, eine Menge von Ideen, die durch einen Designer entworfen wurden. Solch ein Entwurf sollte in einer allgemeinverständlichen Sprache beschrieben werden, um eine Kommunikationsbasis als Diskussionsgrundlage dieses Entwurfs zu erhalten. Kritisch ist dabei nur die mehrdeutige Interpretation der Beschreibung oder Spezifikation, bzw. eine Interpretation, die von der ursprünglichen Intension des Entwerfenden abweicht. Der Zweck der architekturellen Semantik ist es nun, eine eindeutige Interpretation der Spezifikation des komplexen Architekturkonstrukts in zusammengesetzten Termen elementarer Architekturkonzepte zu ermöglichen. Dabei soll keine neue formale Beschreibungssprache definiert werden, oder eine andere Art des OSI- oder ODP-Referenzmodells vorgestellt werden, vielmehr soll eine oft vermißte Klarheit bezüglich der verwendeten Architekturkonzepte geschaffen werden.

Obwohl die Arbeiten zum Thema *Architectural Semantics* noch nicht so ausgereift sind, wie es für die Verabschiedung eines Standards erforderlich wäre, gibt es doch eine Reihe von Ansätzen und Ideen zu dieser Thematik. In [SPV 94] wird ein Entwurfskonzept für Offene Verteilte Systeme vorgeschlagen. Dabei wird die Anforderung gestellt, eine Entwurfsmethode für ODP-konforme Systeme bereitzustellen. Solch eine Methode sollte auf der Definition einer konsistenten Menge von geeigneten Architekturkonzepten basieren. Es wird davon ausgegangen, daß ein sauberes Entwurfskonzept auf höchstem Abstraktionsniveau der Dienst ist. Obwohl das Dienstkonzept eine lange Geschichte in der Entwicklung des OSI-Referenzmodells besitzt, ist es oft fehlinterpretiert und daher ineffektiv genutzt worden. Eine Schlußfolgerung in [SPV 94] besteht darin, daß das Konzept von Dienst, Diensterbringer und Protokoll die Definition eines Systems auf drei aufbauenden Abstraktionsniveaus unterstützt. Diese Niveaus können iterativ in einer Entwurfsmethode Verwendung finden.

4 ODP-GRUNDLAGEN

Das deskriptive Modell des ODP-Referenzmodells definiert Konzepte für die Modellierung von ODP-Systemen und enthält eine Einführung in die Prinzipien der ODP-Konformität. Diese Konzepte werden zur Unterstützung folgender Definitionen verwendet:

- der Struktur von Standards, die Gegenstand des Referenzmodells sind,
- der Struktur von Verteilten Systemen, die Übereinstimmung mit dem Referenzmodell beanspruchen (*Compliance*, also Konformität einer Norm zu einer Referenznorm),
- der Konzepte, die zur Beschreibung der kombinierten Verwendung unterschiedlicher Standards benötigt werden und
- der grundlegenden Konzepte, die in Spezifikationen der unterschiedlichsten Komponenten, die das Offene Verteilte System bilden, zu berücksichtigen sind.

In Abbildung 4.1 ist der Zusammenhang graphisch dargestellt.

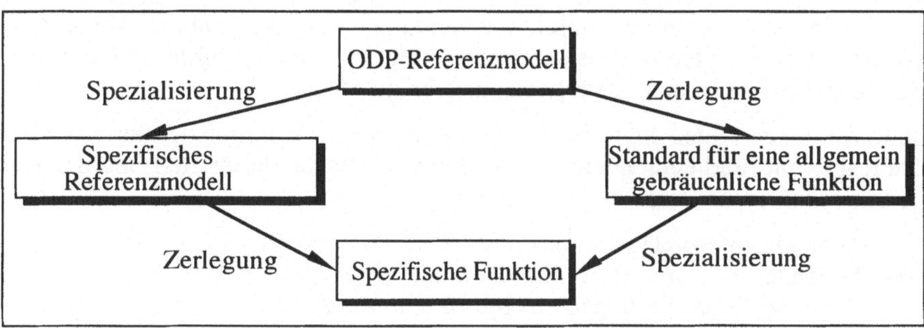

Abb. 4.1: Beziehungen zwischen Kategorien der ODP-Standards

4.1 Basiskonzepte

Innerhalb dieses Abschnitts werden grundlegende Begriffe sowie das Modellierungs- und Architekturkonzept für die Offene Verteilte Verarbeitung vorgestellt. Dabei liegt eine objektorientierte Betrachtungsweise zugrunde.

4.1.1 Klassifizierung Verteilter Verarbeitung

Eine Vielzahl von Definitionen bildet den Hintergrund für die in den Abschnitten 4.2 bis 4.4 verwendeten Modellierungskonzepte. Die wichtigsten Definitionen werden im folgenden eingeführt.

Unter der **Verteilten Verarbeitung** (dem *Distributed Processing*) versteht man Informationsverarbeitung, bei der sich diskrete Komponenten an unterschiedlichen Orten befinden. Ferner ist es möglich, daß bei der Kommunikation zwischen den Komponenten eine Zeitverzögerung auftritt, oder die Kommunikation nicht als atomare Aktion betrachtet werden kann. Ein **ODP-Standard** ist das ODP-Referenzmodell zusammen mit den Standards, die diesem Modell direkt oder indirekt entsprechen. **Verteilte Verarbeitung in Offenen Systemen** *(Open Distributed Processing)* bezeichnet jede Form von Verarbeitung, die konform zum ODP-Referenzmodell ist. Ein **ODP-System** ist dann ein System, welches den an das ODP-Modell gestellten Anforderungen entspricht.

Unabhängig von dem Verteilten System gibt es elementare Definitionen. **Informationen** bezeichnen jede Art von Wissen über Dinge, Fakten, Konzepte etc., die in einem *Universe of Discourse* (Betrachtungsrahmen) zwischen Anwendern austauschbar sind. Obwohl Informationen notwendigerweise eine Repräsentationsform besitzen müssen, um mitteilbar zu sein, ist die Interpretation von Informationen von primärer Bedeutung. **Daten** sind die Repräsentationsform der Informationen, die seitens der Informationssysteme und Anwender bereitgestellt werden.

Um der Komplexität eines Verteilten Systems nachkommen zu können, wird eine Abstraktion vorgenommen. Eine Sichtweise oder **Sicht** *(Viewpoint)* auf ein System ist eine Form der Abstraktion, die durch Verwendung einer ausgewählten Menge von architekturellen Konzepten und Strukturierungsregeln erreicht wurde, um sich auf besondere Belange in einem System konzentrieren zu können.

Diese Definitionen bilden die terminologische Basis zur Definition der übrigen Konzepte. Die insgesamt rund einhundert in den ODP-Grundlagen definierten Begriffe werden in die folgenden sechs Bereiche unterteilt:

1. Grundlegende Interpretationskonzepte *(Basic Interpretation Concepts)*,
2. Grundlegende linguistische Konzepte *(Basic Linguistic Concepts)*,
3. Grundlegende Modellierungskonzepte *(Basic Modelling Concepts)*,
4. Spezifikationskonzepte *(Specification Concepts)*,
5. Strukturierungskonzepte *(Structuring Concepts)*,
6. Konformitätskonzepte *(Conformance Concepts)*.

Um eine bessere Verständlichkeit dieser Konzepte zu erreichen, wird in den folgenden Abschnitten und den Anhängen A und B detaillierter darauf eingegangen.

4.1.2 Objekt und Aktion

Objekt und Aktion sind die grundlegenden ODP-Modellierungskonzepte. Jede Entität, die von Interesse ist, wird als Objekt modelliert. Alles, was sich ereignen kann, wird als Aktion modelliert (vgl. auch Abschnitt A.3 in Anhang A). Der Aufruf einer Smalltalkmethode, die Objekterzeugung mit Hilfe einer C++ 'new'-Operation und eine Benachrichtigung (*Notification*) des OSI-Managements sind Beispiele für Aktionen.

Informationen sind in Objekten eingekapselt, d.h., auf die Information, die ein Objekt enthält, kann nicht direkt von anderen Objekten zugegriffen werden. Objekte können die in anderen Objekten gespeicherten Informationen nur manipulieren, wenn sie mit ihnen interagieren. Eigene Informationen kann ein Objekt durch interne Aktionen verändern.

Objekte werden durch ihr Verhalten und ihren initialen Zustand charakterisiert. Verhalten und Zustand sind miteinander verbundene Konzepte. Der gegenwärtige Zustand eines Objekts wird durch sein vergangenes Verhalten bestimmt, und das mögliche zukünftige Verhalten des Objekts ist durch den gegenwärtigen Zustand bedingt.

4.1.3 Objektverhalten

Das Verhalten eines Objekts wird durch Aktionen beschrieben und typischerweise mit Hilfe von Schnittstellen strukturiert, die alle Aktionen des Objekts in die Mengen der internen Aktionen und Interaktionen unterteilen.

* Interaktionen eines bestimmten Objekts finden an dessen Interaktionspunkten statt, sie werden - je nach Sprache - auch als Operationen, *Gates* oder Methoden bezeichnet.
* Das Verhalten eines Objekts wird durch eine Schablone (*Template*) definiert.
* Objekte können explizit bezeichnet und adressiert werden.

Ein Verhalten beschreibt, welche Folgen von Aktionen vorkommen können. Einzelne Aktionen sind kein ausdrucksstarkes Modell, vielmehr ist es erforderlich, Regeln für bestimmte Reihenfolgen und Auswahlmöglichkeiten von Aktionen anzugeben.

Im ODP-Referenzmodell verkörpert der Begriff der Aktion (interne Aktion und Interaktion) das Verhalten. Vereinfacht ist das Verhalten in ODP die Schnittstelle zu einem Objekt, das als eine Projektion des Gesamtverhaltens die Menge der möglichen Interaktionen bzw. Interaktionsfolgen an dieser Schnittstelle definiert. Wenn Objekte eines bestimmten Typs nur eine einzelne Schnittstelle besitzen, ist die Projektion relativ einfach - Objekttyp und Schnittstellentyp sind in diesem Fall äquivalent.

Es gibt kein Konzept zur Schnittstellenerzeugung, das unabhängig von einem Objekt ist; Schnittstellen werden entweder bereits als Teil des Instanziierungsprozesses eines Objekts erzeugt, oder sie werden später als Ergänzung zu vorhandenen Objekten erzeugt. In jedem Fall muß jede Schnittstelle Bestandteil eines Objekts sein.

Wenn es mehrere Schnittstellen zu einem einzelnen Objekt gibt, ist die Projektion schwieriger. Wird ein Objekt mit zwei Schnittstellen betrachtet - einer Managementschnittstelle und einer funktionalen Schnittstelle - so ist im allgemeinen das Verhalten an einer Schnittstelle von dem Verhalten an der anderen Schnittstelle abhängig. So können beispielsweise die Schnittstellen gemeinsame Variablen benutzen, oder die Interaktionen zwischen der Umgebung und einer der Schnittstellen könnten die Interaktionen mit der anderen Schnittstelle beeinflussen.

Das Verhalten eines Objekts repräsentiert alle möglichen Aktionsfolgen, an denen sich
das Objekt beteiligen kann. Im einfachsten Fall kann das eine festgelegte Folge oder eine durch Auswahl bestimmte Menge von Verzweigungen (korrespondierend zu einzelnen Ausführungsverläufen bei einem bestimmten Algorithmus) sein. Verhalten kann jedoch wesentlich komplexere Formen annehmen. Es kann ein Element paralleler Aktivität beinhalten, wobei die resultierenden Verhalten *Interleaving* oder Überlappung von
Aktionen zeigen. Auf diese Art und Weise können durch geeignete Zusammensetzung
von Objekten mit nur einem Ausführungsverlauf Objekte erzeugt werden, die Nebenläufigkeit (*Concurrency*) aufweisen.

Sobald es sich um Nebenläufigkeit handelt, besteht die Notwendigkeit zur Synchronisation. Sie kann in einem Verhaltensausdruck durch das Hinzufügen eines Synchroni-
sationsereignisses zwischen zwei nebenläufigen Verhaltensphasen erreicht werden. So
kann in dem Ausdruck

$$(A \mathbin{\|\|} B) \mathbin{|[s]|} (C \mathbin{\|\|} D)$$

's' einen Synchronisationspunkt repräsentieren. Ein einzelnes Synchronisationsereignis
kann bei Bedarf zu dem Verhalten eines verteilten Synchronisationsmechanismus verfeinert werden.

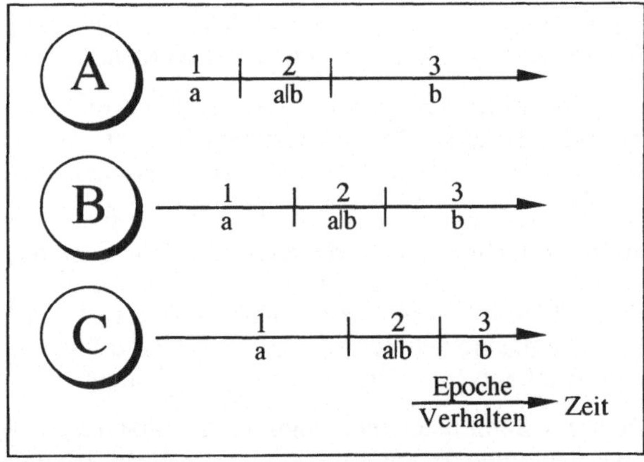

Abb. 4.2: Objektkommunikation in unterschiedlichen Epochen

Das Verhalten über einen längeren Zeitraum kann in Epochen konstanten Verhaltens
unterteilt werden. Wie in der Abbildung 4.2 veranschaulicht, können sich beispielswei-
se die Objekte A, B und C mit ihren unterschiedlichen Kommunikationsverhalten a, a|b
oder b in den Epochen 1, 2 oder 3 entwickeln. Die Kommunikationsverhalten können
beispielsweise die X.400-Versionen 1984 für a, die Versionen 1984 und 1988x für a|b
und die Version 1988y für b sein. Auf diese Weise werden die Evolution des Verhaltens sowie das Versionsmanagement verteilter Objekte unterstützt.

4.1.4 Objekteigenschaften

Objekte sind neben den *Viewpoints* die zentralen Strukturierungselemente der ODP-Modellwelt. Die Objektmodellierung wurde für das ODP-Referenzmodell gewählt, weil sie für diesen Zweck ein geeignetes und sinnvolles Mittel ist.

Die folgenden Abschnitte beschreiben die im ODP-Referenzmodell am häufigsten verwendeten Objekteigenschaften.

I. Abstraktion

Ein Objekt definiert eine Menge von Diensten, die Clients (Dienstnutzern) angeboten werden. Die Beschreibung des Dienstes abstrahiert von der Technologie, die zur Implementierung des Dienstes verwendet wird.

Ein spezieller Dienst kann durch zahlreiche unterschiedliche Technologien realisiert werden. Eine Abstaktion wird durch das Fokussieren auf das Verhalten des Objekts erreicht. Verhalten wird in diesem Zusammenhang durch Interaktionen des Objekts, die Informationen, die das Objekt austauschen kann, und den Effekt, den Interaktionen auf das Objekt haben, beschrieben. Bei der Repräsentation von Informationen kann ebenfalls abstrahiert werden. Lediglich die Eigenschaften der Informationen und die Mengen von angebotenen Diensten werden dann definiert.

II. Interaktion

Objekte bieten ihre Dienste über Schnittstellen an. Jede zweite Schnittstelle besteht aus einer Menge von Prozeduren, die von anderen Objekten aufgerufen werden können. Objektinteraktionen haben typischerweise die Form eines Prozeduraufrufs, d.h., sie bestehen aus einem Aufruf, dem ein Resultat folgt (das ein Ergebnis oder Fehler sein kann). Die Art und Weise, wie Prozeduren aufgerufen und Resultate zurückgeliefert werden, ist bei allen Objekten gleich. Diese Abstraktion verbirgt Unterschiede der lokalen Aufrufmechanismen.

III. Kapselung

Kapselung *(Encapsulation)* ist eine Technik, bei der auf Informationen eines Objekts nur über Dienstaufrufe zugegriffen werden kann. Dies impliziert, daß die Implementierung eines Objekts vor dem Objekt, mit dem es interagiert, verborgen ist. Im wesentlichen erzwingt das Prinzip der Kapselung eine Abstraktion, die sicherstellt, daß die Aktivität von einer Gruppe von Objekten nur in den Begriffen der Interaktionen beschrieben wird, die zwischen ihnen und ihrer Umgebung stattfinden können. Da Objekte gekapselt sind, gibt es keine verborgenen Seiteneffekte durch Prozeduraufrufe. Kein Objekt kann den Zustand eines anderen Objekts verändern, ohne daß eine Interaktion zwischen ihnen stattfindet. Diese Art der Entkopplung begrenzt Abhängigkeiten zwischen Objekten und erlaubt es, sie zu reimplementieren und ohne Beeinflussung existierender Clients zu verändern oder zu erweitern. In großen, heterogenen und verteilten Umgebungen erfüllt diese Art der Erweiterbarkeit eine elementare Anforderung und ist damit essenziell.

IV. Verteilung

Objekte sind integrale Einheiten, deren Aufenthaltsort ohne Modifikation ihrer *Clients* geändert werden kann (*Relocation*). Alle Interaktionen zwischen Objekten werden explizit modelliert; deshalb wird kein Unterschied zwischen lokaler und örtlich entfernter Interaktion gemacht.

V. Ausfall, Fehler und Replikation

Ein Objekt kann nur in seiner Gesamtheit ausfallen. Diese Eigenschaft unterstützt *'Graceful Degradation'* bei dem Auftreten eines individuellen Objektausfalls. Es wird normalerweise durch Anordnung des ganzen Objekts auf einem Prozessor erreicht.

Durch gezielte Redundanzen und geeignete Maßnahmen kann beispielsweise durch eine Replikation der Ausfall des Objekts auch bei auftretenden Fehlern vermieden werden. Durch die Verwendung von Replikationstechniken können hochzuverlässige und fehlertolerante Implementierungen kritischer Objekte realisiert werden.

VI. Klassen- und Typenhierarchien

Objekte können anhand der Dienste, die sie erbringen, klassifiziert werden. Objekte, welche die gleiche Menge von Diensten erbringen, werden dabei zusammen gruppiert. Sie gehören zu der gleichen Klasse und erfüllen den gleichen Typ. Da Objekte eines Typs alle Dienste eines anderen Typs anbieten können und trotzdem in anderer Hinsicht unterschiedlich sind - z.B. durch das Angebot zusätzlicher Dienste -, können Typen in einer Untertyphierarchie angeordnet werden. Wenn ein Objekttyp in der Lage ist, alle Dienste zu erbringen, die ein anderer Objekttyp erbringt, so ist der erste Typ ein Untertyp des zweiten Typs. Der erste Typ erscheint dann in der Hierarchie unter dem zweiten Typ. Eine Unterteilung der Objekte nach diesem Prinzip bietet die Möglichkeit, ihr Verhalten leichter verstehen zu können.

VII. Vererbungshierarchien

Wenn ein neuer Objekttyp entwickelt wird, kann es vorkommen, daß ein bereits existierender Typ dem geforderten ähnlich ist. Die inkrementelle Vererbung erlaubt es, diesen Sachverhalt auszunutzen. Der neue Typ kann die Definition von einem existierenden Typ erben. Inkrementelle Vererbung und Untertyphierarchien sind unabhängig voneinander. Ein von einem anderen Typ durch Vererbung abgeleiteter Typ kann ebenfalls ein Untertyp sein.

Im allgemeinen wird inkrementelle Vererbung als Designtechnik benutzt, die zu einer Hierarchie von Typen führt, welche die Geschichte ihrer Ableitung widerspiegelt. Inkrementelle Vererbung ist ein generelles Konzept, das auf Spezifikationen und Programme angewendet werden kann. Bei Spezifikationen ist inkrementelle Vererbung am sinnvollsten, wenn die erlaubten Modifikationen so vorgenommen werden, daß diese Hierarchie zur Untertyphierarchie konsistent ist. Bei Programmen erlaubt die inkrementelle Vererbung den Objekten unterschiedlichen Typs, den gleichen Programmcode zu benutzen (*Code Sharing*).

Im Falle des *Code Sharings* sollte beachtet werden, daß es in einer verteilten Umgebung zu einer Reihe von Problemen führen kann. So ist beispielsweise die Objektmobilität sehr eingeschränkt, wenn nur eine Kopie des Codes vorhanden ist. Wenn andererseits die Implementierungshierarchie auf unterschiedlichen Maschinen dupliziert wird, entstehen Konsistenzprobleme. Im allgemeinen spielt *Code Sharing* in Verteilten Systemen eine untergeordnete Rolle. Es bietet dem Ingenieur eine potentielle Optimierungsmöglichkeit in speziellen lokalen Szenarien.

VIII. Umgebungsbedingungen

Interaktionen zwischen Objekten werden durch die Erfordernisse bzw. Randbedingungen (*Constraints*) ihrer Umgebung bestimmt. Zu den Umgebungbedingungen gehören Qualitätsanforderungen an ein Objekt und seine Umgebung. Diese werden auf die Eigenschaften von Prozeduraufrufen wie beispielsweise zeitliche Beschränkungen, Auflösung, Last und Zuverlässigkeit bezogen.

4.1.5 Schnittstellen

Eine Illustration des Verbindungsaufbauprozesses und der Interaktionen zwischen Schnittstellen ist in den Abbildungen 4.3.1 bis 4.3.8 dargestellt.

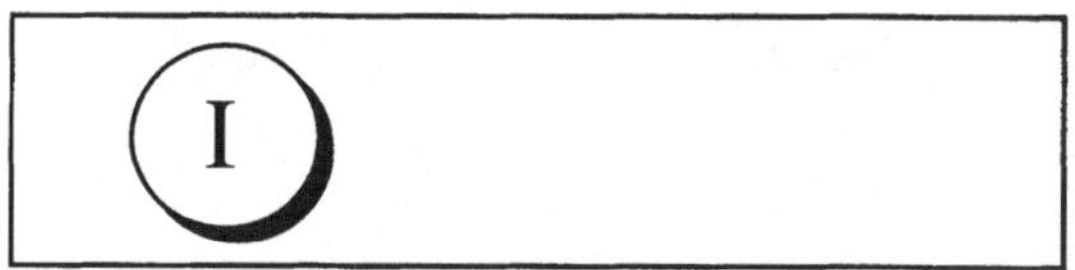

Abb. 4.3.1: Initialer Zustand

1: Initialer Zustand, das Objekt I (das ein *Importer* ist) existiert bereits.

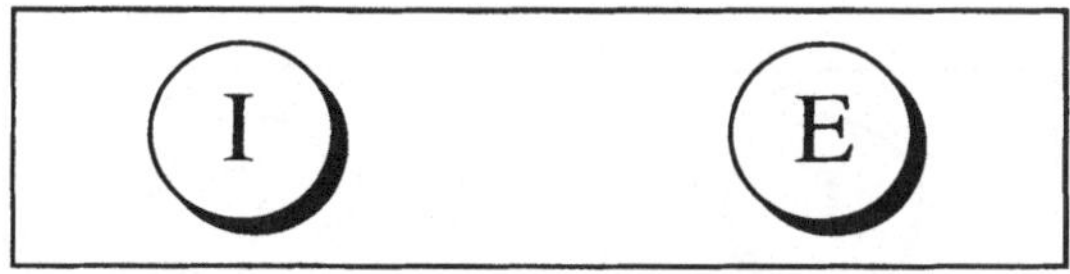

Abb. 4.3.2: Instanziierung des Objekts E

2: Instanziierung eines Objekts E (das sich als *Exporter* herausstellen wird).

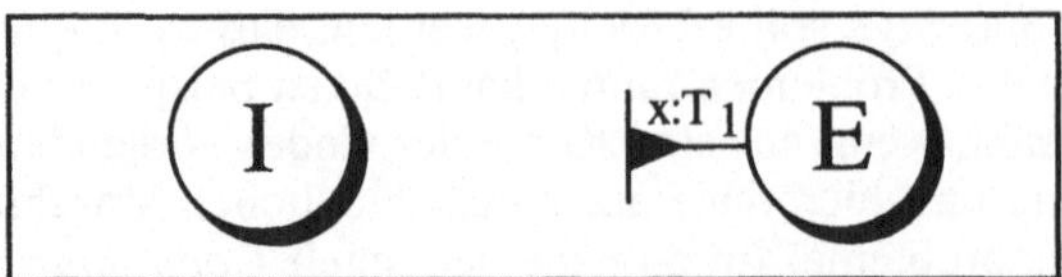

Abb. 4.3.3: Erzeugung einer Schnittstelle von E

3: Erzeugung einer Schnittstelle x vom Typ T_1 (dargestellt als x:T_1). Das Objekt E stellt einen Anschlußpunkt zur Verfügung. An diesem kann das Verhalten der Schnittstelle x beobachtet werden. Der Pfeil in Richtung E kennzeichnet, daß der Schnittstelle die Rolle eines Servers zugeordnet wurde. Die Schnittstelle hätte auch bereits zum Zeitpunkt der Objektinstanziierung erzeugt werden können. Es wurde lediglich für dieses Beispiel eine solche Reihenfolge gewählt, um die nicht notwendigerweise mit der Objektinstanziierung verbundene Schnittstellenerzeugung zu veranschaulichen.

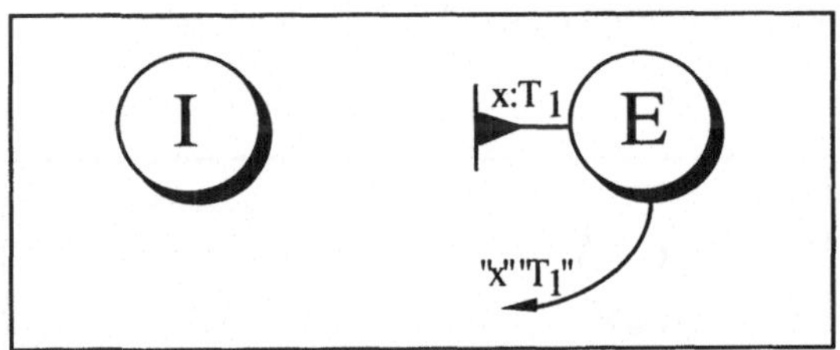

Abb. 4.3.4: Bekanntmachung der Schnittstelle von E

4: Das Objekt E macht die Existenz der Schnittstelle x bekannt. Dies kann z.B. durch das Exportieren der Schnittstellenreferenz 'x' und der Typreferenz 'T_1' geschehen.

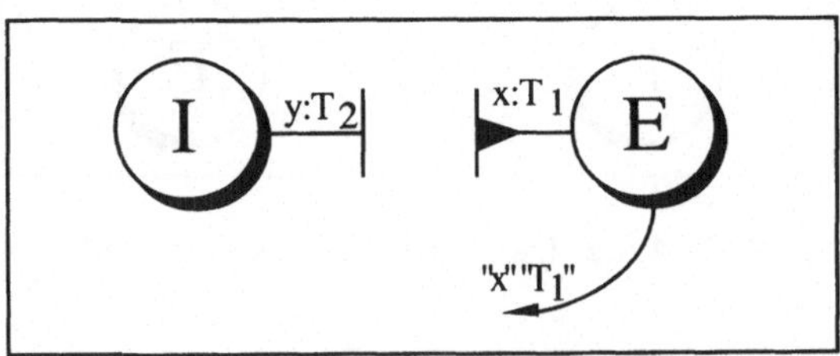

Abb. 4.3.5: Erzeugen einer Schnittstelle von I

5: Erzeugung der Schnittstelle $y:T_2$.

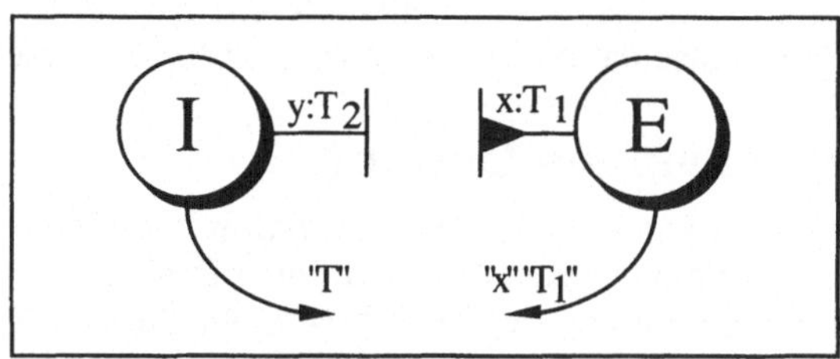

Abb. 4.3.6: Interaktionswunsch

6: Das Objekt I zeigt an, daß es mit einer Schnittstelle vom Typ T interagieren will.

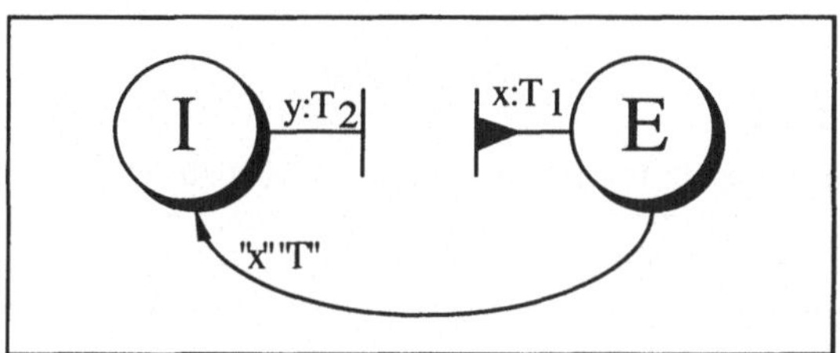

Abb. 4.3.7: Verbinden der Referenzen

7: Verbinden der Referenzen. Das Objekt I stellt z.B. durch eine Importoperation fest, daß 'x' eine Referenz auf eine Schnittstelle vom Typ T ist, weil T_1 ein Untertyp von T ist.

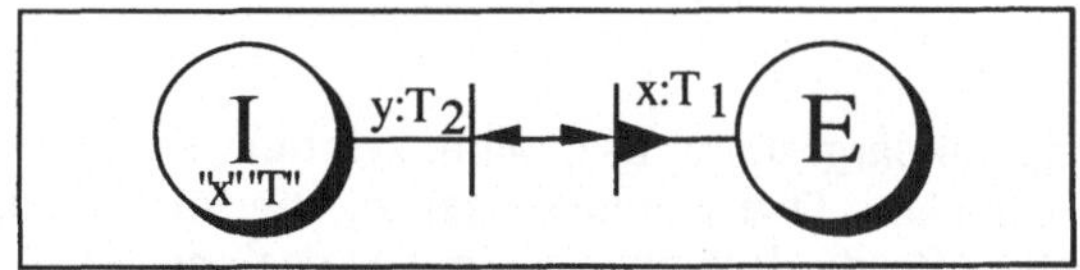

Abb. 4.3.8: Verbinden der Schnittstellen

8: Verbinden der Schnittstellen: Die Objekte I und E erleben einen Zeitraum von Interaktionen. Beispielsweise kann I einen Prozeduraufruf bei E ausgelöst haben und E gerade mit der Prozedurausführung, dem Aufbereiten und Übermitteln der Ergebnisse beschäftigt sein. Sowohl das Objekt I als auch das Objekt E sind im Besitz des Bezeichners der Verbindung (dem sog. *Binding Identifier*). In dem einfachen Fall einer *Client/Server*-Operation kann die Schnittstellenreferenz des *Servers* (oder des entsprechenden Objekts) als Repräsentation des *Binding Identifiers* betrachtet werden.

4.1.6 Zusammensetzung und Zerlegung

Eine verteilte Anwendung kann als eine Konfiguration von Objekten angesehen werden, von denen einige zusammengesetzt sind. Mit dem Design einer derartigen Anwendung sind daher die Identifizierung der betroffenen Objekte und Konfigurationen und ihr Design verbunden. Bei zusammengesetzten Objekten kann eine rekursive Anwendung erfolgen.

Die Betrachtungsgegenstände und Mechanismen, die für das Design einer verteilten Anwendung von Bedeutung sind, werden durch die Definition von Klassen und Interaktionen ihrer Objekte beschrieben. Während des Systemdesigns kann ein Entwickler eine Menge von Objekten zusammenstellen oder Objekte zerlegen, um deren Verhalten auf einer anderen Abstraktionsebene zu beschreiben oder eine Kombination von beidem zu verwenden.

I. Zusammensetzung

Hierarchische Zusammensetzung ist ein Mittel zur Konstruktion Verteilter Systeme. Es ist ein besonders nützliches und wirksames Modellierungskonzept, das es erlaubt, ein Teilsystem wie ein einzelnes Objekt zu behandeln. Die Klasse eines zusammengesetzten Objekts kann als eine Konfiguration spezifiziert werden, welche die Beziehung zwischen den Objektinstanzen definiert.

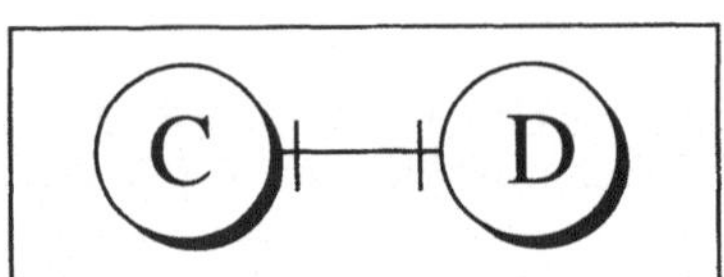

Abb. 4.4: Zwei zusammengesetzte Objekte

Das in der Abbildung 4.4 dargestellte Diagramm zeigt die Zusammensetzung von zwei Objekten C und D. Um C mit D zusammensetzen zu können, muß das Verhalten von C so definiert sein, daß es für die Interaktionen mit D geeignet ist. Auf einer hohen Abstraktionsebene kann die Schnittstelle zwischen C und D so einfach wie eine einzelne Interaktion sein, z.B. um Informationen von C an D zu übermitteln. Es kann sich auch um ein komplexeres Verhalten handeln, wie dies bei einer Folge von Interaktionen der Fall ist, beispielsweise wenn C eine Prozedur von D aufruft und D das Ergebnis liefert.

Die Schablone einer Klasse eines zusammengesetzten Objekts ist eine Konfigurationsspezifikation. Sie stellt eine Beschreibung der Softwarestruktur des Systems (d.h. ein zusammengesetztes Objekt) in den Begriffen ihrer Bestandteile und ihrer Verbindungen zur Verfügung. Dies stellt eine Grundlage, sowohl für das Systemmanagement, als auch für die Weiterentwicklung des Systems dar. Es muß betont werden, daß eine Konfiguration eines zusammengesetzten Objekts eine Beziehung eher zwischen den Objektinstanzen als zwischen den Klassen definiert. Trotzdem kann eine Konfigurationsspezifikation selbst eine Klassenschablone sein, mit der Instanzen erzeugt werden. Es existiert eine Reihe von Sprachen zur Konfigurationsbeschreibung, welche die Konzepte der hierarchischen Zusammensetzung unterstützen. Idealer Weise sollten derartige Sprachen deklarativ sein und sowohl statische als auch dynamische Konfigurationen unterstützen.

II. Zerlegung

Zerlegung ist eine Designmethode, die dem Konzept der schrittweisen Verfeinerung sehr ähnlich ist, wie es beim Design von Programmen benutzt wird. Sie erlaubt die Zerlegung einer komplexen verteilten Anwendung in eine Anzahl von einfacheren Objekten.

Eine Zerlegung postuliert eine Sammlung von Objekten. Sie muß so vorgenommen werden, daß das gleichwertige Objekt für die Konfiguration zu der Objektklasse gehört, deren Verhalten erklärt wird. Ein Beispiel, das einen dieser Zerlegungsschritte veranschaulicht, ist in Abbildung 4.5 dargestellt. In dieser Zerlegung wird das Verhalten eines Objekts der Klasse A durch das kollektive Verhalten der Konfiguration von Objekten der Klassen K, L und M erklärt.

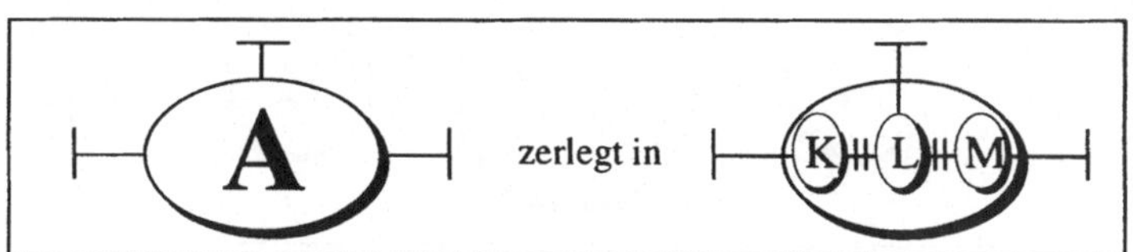

Abb. 4.5: Zerlegung eines Objekts

Das erforderliche Wissen, um eine Anwendung in eine Sammlung von Objekten zerlegen zu können, ist nicht trivial. Es kann eine Reihe von verschiedenen Zerlegungen geben, die mit dem zerlegten Objekt gleichwertig sind. Der Zerlegungsprozeß liefert eine hierarchische Spezifikation für eine verteilte Anwendung. In dieser Zerlegungshierarchie sind Objektklassen auf einer höheren Ebene aus Konfigurationen der Klassen von Komponenten zusammengesetzt, die Objekte niedrigerer Ebenen sind.

Diese Hierarchie ist orthogonal zur Klassenhierarchie und darf deshalb nicht mit ihr verwechselt werden. Im allgemeinen besteht keine Beziehung zwischen den Klassen der Komponenten und der Klasse des zusammengesetzten Objekts. Es können sogar

Beispiele gefunden werden, in denen das zusammengesetzte Objekt zu einer Unterklasse gehört, z.B. wenn die Objekte Kommunikationsdienste repräsentieren, zu denen das zusammengesetzte Objekt einen 'Mehrwert' zu einer seiner Komponenten hinzufügt.

III. Kombination von Zusammensetzung und Zerlegung

Die Konzepte der Komposition und Zerlegung können in einem Spezifikationsprozeß kombiniert werden. Ein Beispiel dafür ist in Abbildung 4.6 in drei Schritten dargestellt.

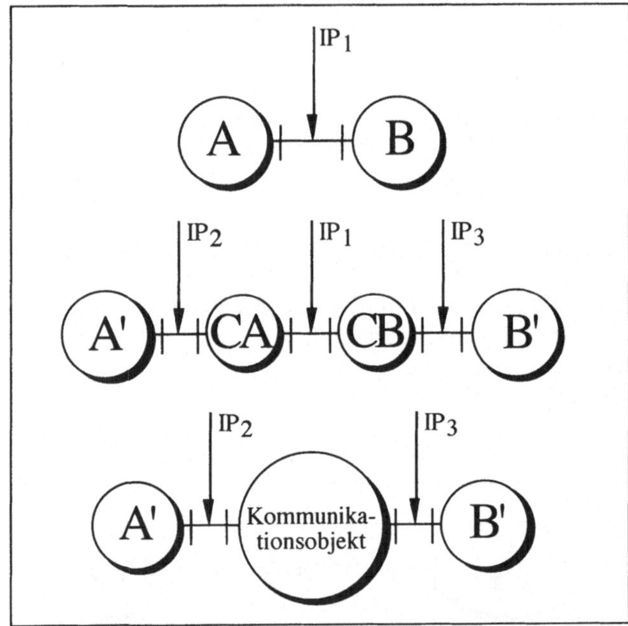

Abb. 4.6: Zerlegung und Komposition

1. Es sind A und B zwei Objekte, die direkt an dem Interaktionspunkt IP_1 interagieren.

2. Das Ergebnis der Zerlegung jedes der beiden Objekte führt zu den separaten Objekten, welche die Kommunikation zwischen den physikalisch getrennten Interaktionspunkten repräsentieren. Im allgemeinen führt dieser Schritt zu einer Änderung des spezifizierten Verhaltens von A nach A' und von B nach B'. Anstelle der Kommunikation kann prinzipiell auch jeder andere Infrastrukturaspekt separiert werden.

3. Die Kombination der beiden Kommunikationsobjekte CA und CB zu einer Komposition führt zu einem einzelnen Kommunikationsobjekt, bei dem der ursprüngliche Interaktionspunkt verborgen ist.

4.1.7 Schablonen, Typen und Klassen

I. Schablonen und Objekterzeugung

Schablonen werden zur Beschreibung von Objekten benutzt, die wiederum so entwickelt werden, daß sie Dienste erbringen. Objekte, die den gleichen Dienst erbringen, können durch die gleiche Schablone beschrieben werden. Eine Schablone beschreibt gemeinsame Merkmale, z.B. Zustandsvariable oder Operationen. Einer der wesentlichen Unterschiede, von denen abstrahiert wird, ist der Initialzustand des Objekts bei seiner Erzeugung.

Für die Erzeugung eines neuen Objekts aus einer Schablone wird der Prozeß der Instanziierung verwendet. Dabei wird typischerweise jede Zustandsvariable mit einem Initialwert versorgt. So kann beispielsweise ein Pufferobjekt mit leeren Pufferinhalten erzeugt werden. Abbildung 4.7 veranschaulicht den Instanziierungsprozeß und die Beziehung zwischen den Konzepten Schablone, Objekt und Instanziierung.

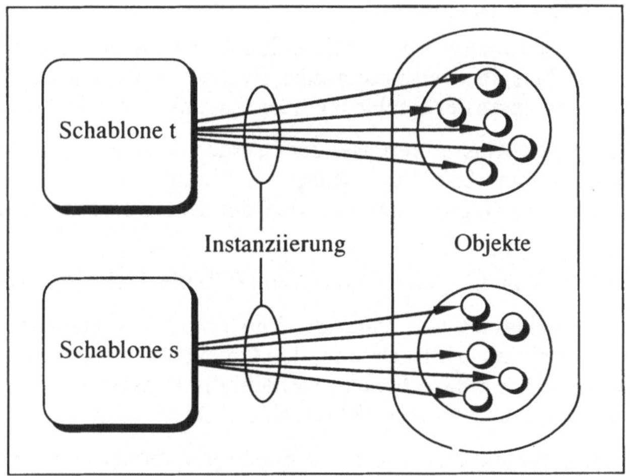

Abb. 4.7: Der Prozeß der Instanziierung

Objekte, die mit unterschiedlichen Schablonen instanziiert wurden, können Ähnlichkeiten aufweisen. Deshalb ist es zweckmäßig, die Objekte unabhängig von ihren Schablonen klassifizieren zu können. Zu diesem Zweck werden Typen verwendet.

II. Typen und Klassen

Ein Typ ist ein Prädikat. So ist beispielsweise 'ist grün' ein Typ. Man sagt, daß ein Objekt einen Typ erfüllt oder von einem Typ ist, wenn das Prädikat für das Objekt erfüllt ist. Objekte müssen keineswegs ähnlich sein, um den gleichen Typ zu erfüllen; sie müssen lediglich die Eigenschaften, die der Typ vorschreibt, aufweisen. So könnten z.B. eine Flagge, ein Baum und ein Auto alle grün sein.

Typen klassifizieren implizit Objekte in Mengen, die Klassen genannt werden. Jeder Typ führt zu einer assoziierten Klasse. Insbesondere ist eine Klasse die Menge von Objekten, die einen Typ erfüllen. In Begriffen der Mengenlehre ausgedrückt heißt das, wenn T ein Typ und x irgendein Objekt ist, kann die Klasse C definiert werden als: $C = \{x \mid x \text{ erfüllt } T\}$.

Die Aussagen 'x ist ein Element von C' und 'x erfüllt T' sind gleichwertig. Mit Klassen und Typen kann das gleiche unterschiedlich ausdrückt werden. Typen sind intentional, d.h. zweckbestimmt oder mit einer Intention bestimmt; sie definieren die Eigenschaften, die das Objekt einer Klasse erfüllen muß. Im Gegensatz dazu sind Klassen extensional, d.h. die Ausdehnung betreffend; sie stellen eine Aufzählung der Objekte dar, die den Typ erfüllen. Die Menge der Objekte, die einen Typ erfüllen, kann sich mit der Zeit ändern. So kann z.B. eine Ellipse - je nach Zustand der Parametervariablen - auch den Typ eines Kreises erfüllen.

III. Untertypen und Unterklassen

Klassen sind nicht schnittmengenfrei; unterschiedliche Klassen können gleiche Objekte enthalten. So kann beispielsweise ein grünes Rechteck zu der Klasse der grünen Objekte gehören und die Klasse der Rechtecke oder Quadrate zu der Klasse der Vierecke.

Da Objektmengen durch Klassen repräsentiert werden, können sie mit Hilfe der Mengenlehre verglichen werden. Die Unterteilung von Klassen ist so bedeutsam, daß es dafür einen eigenständigen Begriff, nämlich den der Unterklassenbildung *(das Subtyping)* gibt:

C1 ist eine Unterklasse von C2 genau dann, wenn C1 eine Teilmenge von C2 ist.

Die Bildung von Unterklassen und damit die Entstehung von unter- sowie übergeordneten Klassen trägt der Tatsache Rechnung, daß Objekte zu einer Vielzahl von Klassen gehören können. Sie können dazu benutzt werden, die Klassen in einer Hierarchie anzuordnen. Man spricht dann von einer Klassenhierarchie.

Die Bildung von untergeordneten Typen ist mit Implikationen von Typen verbunden. Ein Typ ist ein Untertyp eines anderen genau dann, wenn für alle Objekte die Erfüllung des ersten Typs auch die Erfüllung des zweiten Typs impliziert, d.h.:

T1 ist ein Untertyp von T2 genau dann, wenn für alle x gilt: x erfüllt T1 => x erfüllt T2.

Unterklassen und Untertypen sind eng miteinander verbundene Modellierungskonzepte. Jeder Typ erzeugt eine assoziierte Klasse. Betrachtet man beispielsweise zwei Typen T1 und T2, dann muß es auch assoziierte Klassen C1 und C2 geben. T1 ist ein Untertyp von T2 genau dann, wenn C1 eine Unterklasse von C2 ist.

IV. Verhaltenskompatibilität

Ein Verhalten nennt man kompatibel zu einem anderen, wenn das erste Verhalten durch das zweite Verhalten ersetzt werden kann, ohne daß seitens der Umgebung irgendein Unterschied bemerkt wird. Jede spezielle Interpretation von Verhaltenskompatibilität ist mit einer Einschränkung des erlaubten Verhaltens der Umgebung verbunden. Eine übliche Vorgehensweise besteht darin, anzunehmen, daß sich die Umgebung wie ein Tester des Originalobjekts verhält. Verhaltenskompatibilität wird gleichermaßen auf Objekte und Schablonen angewendet.

V. Instanziierungen und Instanzen

Objekte sind Instanziierungen von Schablonen. Die Beziehungen zwischen Schablonen, Klassen und Objekten sind in Anhang A und B sowie Abbildung 4.8 dargestellt.

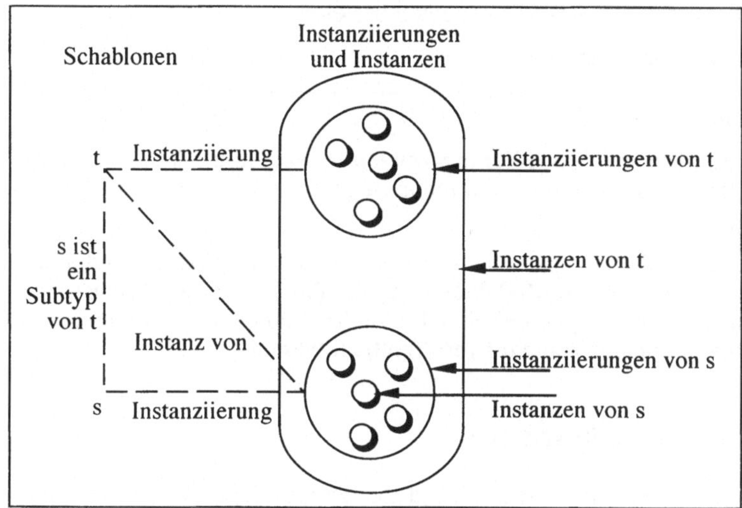

Abb. 4.8: Beziehung zwischen Schablonen, Klassen und Objekten

Dabei können aus t Elemente instanziiert werden, welche durch eine grüne Farbe charakterisiert sind, aus s kann eine Instanziierung von Elementen vom Typ Computer erfolgen. Wird nun eine Instanziierung von sowohl Elementen von t als auch von s vorgenommen, erhält man die Menge der grünen Computer. Diese Menge ist in der Menge der grünen Elemente enthalten; der Typ der Klasse grüner Computer ist in diesem Zusammenhang ein Untertyp der Klasse grüne Elemente.

4.2 Modellierungskonzepte

Modellierungskonzepte bilden die Basis für den Entwurf jedes Verteilten Systems. Mit ihnen können Syntax und Semantik von Modellen beschrieben werden und vollständige Spezifikationen erfolgen. Modellierungskonzepte zeichnen sich durch eine große

Anzahl und Vielfalt ihrer Begriffe, Konzepte und Definitionen aus und werden deshalb in vier Klassen unterteilt:

- **Grundlegende Interpretationskonzepte:**
  Sie legen die Semantik für die Interpretation von Modellierungskonstrukten fest, die zur Beschreibung eines Verteilten Systems verwendet werden.

- **Grundlegende linguistische Konzepte:**
  Sie beschreiben die Grammatik jeder Sprache des ODP-Referenzmodells.

- **Grundlegende Modellierungskonzepte:**
  Sie dienen dem Aufbau der ODP-Architektur; die Modellierungskonstrukte jeder Sprache müssen auf diesen Konzepten basieren.

- **Spezifikationskonzepte:**
  Sie beziehen sich auf die Anforderungen an die in ODP benutzten Spezifikationssprachen.

Diese vier Klassen von Modellierungskonzepten werden im Anhang A detaillierter betrachtet. Dabei wird auf die konkreten Begriffe jeder einzelnen Konzeptkategorie eingegangen.

Der Teil 4 des ODP-Referenzmodells, die architekturelle Semantik, enthält eine Formalisierung der grundlegenden Modellierungs- und der Spezifikationskonzepte. Nach dem gemeinsamen gegenwärtigen Zeitplan der ISO/IEC und ITU-T wird dieser Teil im Jahre 1996 als Internationaler Standard veröffentlicht werden.

4.3 Strukturierungskonzepte

Strukturierungskonzepte sind aufgrund der Berücksichtigung unterschiedlicher Aspekte von Verteiltheit, Eigenschaften eines Verteilten Systems und zu Verwaltungszwecken entstanden. Sie können von der Spezifikationssprache, die für die jeweilige Aufgabenstellung angemessen erscheint, unterstützt werden.

Da die Gesamtheit der Strukturierungskonzepte sehr umfangreich ist, werden diese Konzepte in folgende Bereiche unterteilt:

- **Organisatorische Konzepte:**
  Sie beinhalten grundlegende Strukturierungskonzepte wie beispielsweise Gruppen, Domänen oder die Konfiguration von Objekten.

- **System- und Objekteigenschaften:**
  Sie beschreiben Eigenschaften, die ein Verteiltes System besitzen kann, Beispiele sind Transparenzen, Verträge und Dienstqualität.

- **Namens- und Bezeichnerkonzepte:**
  Darunter versteht man grundlegende Konzepte, die zur Bezeichnung von Objekten verwendet werden. Beispiele sind Bezeichner, Name, Namensraum und Namenskontext.

- **Verhaltenskonzepte:**
  Sie dienen der Beschreibung von Aktionen und anderem Verhalten; Beispiele für Verhaltenskonzepte sind Aktionsketten, Ausführungsverläufe sowie Objektbeziehungen.

- **Managementkonzepte:**
  Die Managementkonzepte in ODP beziehen sich auf das gesamte Systemmanagement einschließlich des Anwendungs- und Kommunikationsmanagements.

Auf die Gesamtheit dieser Begriffe und Konzepte wird in Anhang B detailliert eingegangen.

4.4 Konformität

Die Konformität zu ODP-Modellen garantiert nicht automatisch ein problemloses Interworking. Betrachten wir zwei Systeme, welche über gleiche Hardware, Protokolle und Programmiersprachen verfügen. Zur Abarbeitung eines Prozesses nutzen sie jedoch unterschiedliche Strategien.

Zum Beispiel wäre es denkbar, daß in einem Flugreservierungssystem Stornierungen zum einen durch Umbuchungen bearbeitet werden, zum anderen liegt dem zweiten System eine Geld-Zurück-Strategie zugrunde. Wenn beide Systeme verbunden werden, könnten die unverträglichen Strategien Probleme verursachen. Zur Überwindung dieses Problems müssen die Dienstspezifikationen sowohl zwischen Anwendungskomponenten als auch zwischen deren unterstützenden ODP-Komponenten aus verschiedenen Sichtweisen überprüft werden.

Aus diesem Grunde ist die Einführung sogenannter Konformitätskonzepte und -mechanismen notwendig, die innerhalb der einzelnen Sichtweisen bei Verteilten Systemen allgemeingültig angewendet werden können. Zu diesem Zweck werden verschiedene neue Konzepte und Begriffe im folgenden eingeführt.

Konformitätskonzepte sind dabei die Konzepte, die für eine Erläuterung der Ausdrücke 'Konformität zu ODP-Standards' und 'Konformitätstest' notwendig sind.

4.4.1 Konformität in ODP

Konformität bezieht eine Implementierung auf Standards. Jede Annahme, die in der Spezifikation erfüllt ist, muß auch in der Implementierung erfüllt sein. Eine Konformitätsaussage identifiziert Konformitätspunkte in einer Spezifikation und das an diesen Punkten einzuhaltende Verhalten.

Das ODP-Referenzmodell identifiziert in seiner Architektur bestimmte Referenzpunkte, die als potentiell deklarierbare Konformitätspunkte in Spezifikationen verwendet werden können. Die Anforderung, daß ein bestimmter Referenzpunkt als ein Konformitätspunkt betrachtet wird, muß dabei explizit in der Konformitätsaussage der betreffenden Spezifikation zum Ausdruck gebracht werden.

Während des Standardisierungsprozesses werden Anforderungen für die notwendige Konsistenz von einem Mitglied aus der Familie der ODP-Standards mit einem anderen Standard etabliert.

4.4.2 Referenzpunkte

Die Erfüllung einer Konformitätsaussage bezüglich einer Implementierung kann nur durch Testen ermittelt werden und basiert auf der Abbildung von Termini in der Spezifikation auf beobachtbare Aspekte der Implementierung.

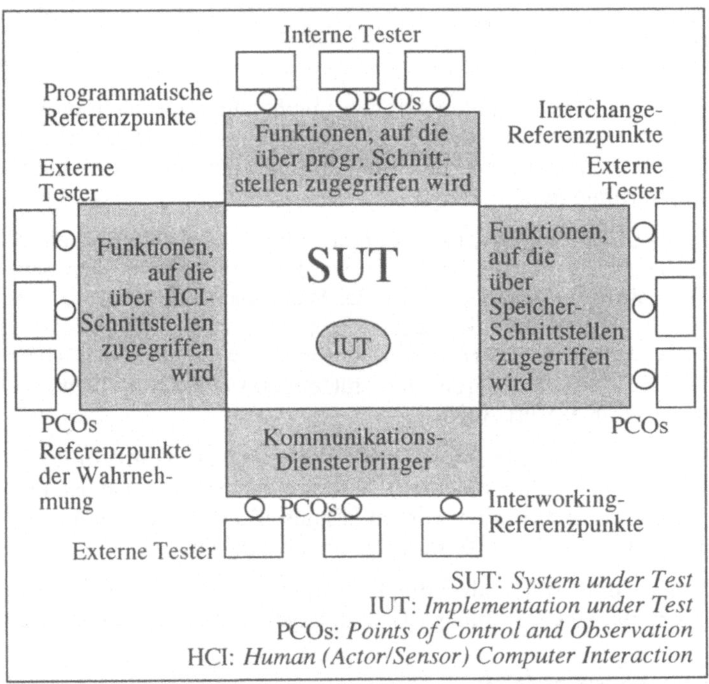

Abb. 4.9: Testarchitektur für ODP

Auf jeder der Abstraktionsebenen ist ein Test eine Serie von beobachtbaren *Stimuli* (Stimulationen) und Reaktionsereignissen, die an Referenzpunkten durchgeführt werden. Diese Referenzpunkte sind Schnittstellen, auf die zugegriffen werden kann.

Wird für eine Systemkomponente der Anspruch auf Konformität erhoben, so wird sie als *Black Box* betrachtet, die nur an ihren externen Schnittstellen getestet werden kann. Somit ist beispielsweise Konformität zu OSI-Protokollspezifikationen nicht abhängig von irgendeiner internen Struktur des getesteten Systems.

Ein Konformitätspunkt ist ein Referenzpunkt, an dem der Test eines Objekts durchgeführt werden kann, um zu sehen, ob dieses Objekt eine Menge von Konformitätskriterien erfüllt. In den ODP-Grundlagen werden vier Klassen von Referenzpunkten definiert, an denen Konformitätstests durchgeführt werden können.

Eine schematische Darstellung der Referenzpunktklassen in einer Testarchitektur für ODP ist in Abbildung 4.9 dargestellt.

I. Programmatischer Referenzpunkt (*Programmatic Reference Point*):

Dieser Referenzpunkt erlaubt den Zugriff auf eine Funktion. Eine Anforderung an einen programmatischen Referenzpunkt wird durch Begriffe der Verhaltenskompatibilität zum Ausdruck gebracht. Dies geschieht mit der Absicht, daß ein Objekt durch ein anderes ersetzt werden kann. Eine programmatischer Referenzpunkt kann beispielsweise zu einem Datenbankstandard gehören, um auf einer bestimmten Abstraktionsebene ein *Language Binding* zu unterstützen.

II. Referenzpunkt der Wahrnehmung (*Perceptual Reference Point*):

An diesem Referenzpunkt können sich Interaktionen zwischen dem System und seiner physikalischen Außenwelt ereignen. Ein Referenzpunkt der Wahrnehmung kann beispielsweise eine Mensch/Maschine-Schnittstelle oder eine Roboterschnittstelle sein, die in Begriffen der Interaktionen eines Roboters mit seiner physikalischen Umgebung spezifiziert ist.

III. Interworking-Referenzpunkt (*Interworking Reference Point*):

Ein Referenzpunkt, an dem Kommunikation zwischen zwei oder mehr Systemen ermöglicht wird. Eine entsprechende Konformitätsanforderung wird in Form von Informationsaustausch zwischen mindestens zwei Systemen zum Ausdruck gebracht. *Interworking*-Konformität ist mit dem Zusammenwirken von Referenzpunkten verbunden, wie dies z.B bei OSI-Standards der Fall ist.

IV. Interchange-Referenzpunkt (*Interchange Reference Point*):

Ein Referenzpunkt, an dem ein externes physikalisches Speichermedium in das System eingefügt werden kann. Eine *Interchange*-Konformitätsanforderung wird in der Form des Verhaltens eines pysikalischen Mediums so zum Ausdruck gebracht, daß Informationen auf einem System aufgenommen und dann physikalisch transferiert werden können, um anschließend auf einem anderen System benutzt zu werden. Beispielsweise basieren einige Standards für den Informationsaustausch auf *Interchange*-Referenzpunkten.

4.4.3 Der Prozeß des Konformitätstestens

Das Testen der Konformität kann entweder an einem einzelnen Referenzpunkt durchgeführt werden oder mehrere Referenzpunkte betreffen. Das Konformitätskonzept kann auf jeder Abstraktionsebene angewendet werden.

Im Zusammenhang mit dem Konformitätstestprozeß sind zwei Begriffe von besonderer Bedeutung.

- **Portabilität (*Portability*):**
  Die Eigenschaft, daß die Referenzpunkte eines Objekts es erlauben, daß es einer Vielzahl von Konfigurationen angepaßt werden kann.

  Wenn der Referenzpunkt ein programmatischer Referenzpunkt ist, kann das Ergebnis Quellcode- oder Binärkompatibilität sein. Wenn es sich um einen Interworking-Referenzpunkt handelt, ist das Ergebnis Ausrüstungskompatibilität.

- **Migrationsfähigkeit (*Migratability*) :**
  Unter der Migrationsfähigkeit versteht man die Fähigkeit, die Konfiguration durch Substitution von einem Referenzpunkt des Objekts durch einen anderen zu verändern, während ein Objekt benutzt wird.

Je abstrakter eine Spezifikation ist, desto schwieriger ist sie zu testen. Eine zunehmende Menge an implementierungsspezifischen Interpretationen wird benötigt, um nachzuweisen, daß die abstrakteren Annahmen (oder Sachverhalte) tatsächlich erfüllt sind. Es ist nicht geklärt, ob das direkte Testen sehr abstrakter Spezifikationen gegenwärtig mit vertretbaren Kosten möglich ist.

Der Testprozeß referenziert eine Spezifikation. Die vollständige Spezifikation muß dabei folgendes beinhalten:

- das Verhalten des standardisierten Objekts und die Art und Weise, wie dieses Verhalten erreicht werden muß,
- eine Liste der Spezifikationsprimitiven, die zur Verhaltensbeschreibung verwendet werden und
- eine Konformitätsaussage, die für Konformitätspunkte Hinweise enthält, was Implementierungen tun müssen und welche Informationen Implementierer bereitstellen müssen (korrespondierend zu den OSI-Begriffen *Protocol Implementation Conformance Statement PICS* und *Protocol Implementation Extra Information for Testing* PIXIT).

Es gibt zwei Rollen in jedem Testprozeß - die des Implementierers und die des Testers.

In der Rolle des Implementierers wird eine Implementierung auf der Basis einer Spezifikation realisiert. Insbesondere müssen ausreichende Hinweise auf korrespondierende Schnittstellen vorhanden sein und die Repräsentation von *Signals* (Testsignalen) festgelegt werden.

Wenn die Spezifikation abstrakt ist, kann die Abbildung ihrer elementaren Begriffe auf die reale Welt recht komplex sein. So können z.B. in einer Spezifikation der Verarbeitungssichtweise die elementaren Begriffe eine Menge von Interaktionen zwischen Objekten sein. Der Implementierer, der Konformität zu einer funktionalen Spezifikation anstrebt, muß Hinweise liefern, wie Interaktionen bereitgestellt werden, entweder durch eine Referenz auf eine Engineeringspezifikation, d.h. die Systembeschreibung in der Sprache des *Engineering Viewpoints*, oder durch Bereitstellung einer detaillierten Beschreibung eines nicht standardisierten Mechanismus.

Die zweite Rolle ist die des Testers, der das im Test befindliche System beobachtet. Das Testen betrifft teilweise das gemeinsame Verhalten zwischen dem Testprozeß und dem im Test befindlichen System. Wenn dieses Verhalten unter Verwendung von Kausalitätskonzepten (z.B. Client/Server oder Erzeuger/Verbraucher) definiert ist, gibt es ein ganzes Spektrum unterschiedlicher Testtypen, von

- passivem Testen, bei dem das gesamte Verhalten von dem im Test befindlichen System erzeugt und von dem Tester protokolliert wird, bis zum
- aktiven Testen, bei dem Verhalten von dem Tester erzeugt und protokolliert wird.

Normalerweise ist die Spezifikation eines sich im Test befindlichen Systems in der Form einer Schnittstelle ausgeführt, welche die Spezifikation des Testers (d.h. sein Objekt- oder Schnittstellenverhalten) und der Testprozeduren enthält. Wenn das Testen stattfindet, sind die Schnittstellen verbunden.

Der Tester muß seine Beobachtungen durch Verwendung der vom Implementierer bereitgestellten Abbildung interpretieren, um zu Annahmen/Sachverhalten über die Implementierung zu gelangen. Diese können dann überprüft werden, um zu zeigen, daß sie die Spezifikation erfüllen.

Der Testprozeß gelingt, wenn alle Überprüfungen gegenüber der Spezifikation gelungen sind. Er kann jedoch auch fehlschlagen, weil einer der folgenden Gründe vorliegt:

- Die Spezifikation ist logisch inkonsistent oder unvollständig, so daß die Annahmen oder Sachverhalte über die Implementierung nicht überprüft werden können (dies sollte jedoch möglichst nicht vorkommen).
- Die vom Implementierer bereitgestellte Abbildung ist logisch unvollständig, so daß sie inkonsistent ist oder Beobachtungen nicht auf die Begriffe der Spezifikation bezogen werden können. Testen ist dann nicht möglich.
- Das beobachtete Verhalten mit Bezug auf die vom Implementierer bereitgestellten Abbildungen kann nicht interpretiert werden. Das Verhalten des Systems ist bedeutungslos in Begriffen einer Spezifikation, und so schlägt der Test fehl.
- Um zu den Begriffen zu gelangen, die in der Spezifikation verwendet werden, wird das Verhalten interpretiert, aber dies geschieht auf eine Weise, die Annahmen oder Sachverhalte hervorbringt, die in der Spezifikation nicht zutreffen. So schlägt der Test ebenfalls fehl.

Der Informationsfluß zwischen den modellierten Systemkomponenten kann mehr als einen Referenzpunkt durchlaufen. So kann beispielsweise ein Verteiltes System die Interaktionen von zwei Komponenten A und B betreffen, aber die Kommunikation zwischen ihnen kann ihrerseits einen programmatischen Referenzpunkt, Interworking-Referenzpunkte der Zusammenwirkung und weitere programmatische Schnittstellen durchlaufen. In jedem Fall können Konformitätstests

- das Testen des Informationsflusses an jedem dieser Referenzpunkte und
- das Testen der Konsistenz zwischen Ereignissen an Referenzpunktpaaren

betreffen. Der allgemeine Begriff der Konformität berücksichtigt die Relation zwischen mehreren Konformitätspunkten. Da die Spezifikation, die sich auf einen bestimmten Konformitätspunkt bezieht, auf recht unterschiedlichen Abstraktionsebenen ausgedrückt werden kann, wird das Testen an einem bestimmten Konformitätspunkt immer die Interpretation auf einer geeigneten Abstraktionsebene betreffen. Demnach erfordert das Testen von globalem Verhalten das koordinierte Testen an allen betroffenen Konformitätspunkten und die Verwendung einer geeigneten Interpretation an jedem Punkt.

5 ODP-ARCHITEKTUR

Der dritte Teil des ODP-Referenzmodells beschreibt die Architektur und Rahmenvorschriften für die Verteilte Verarbeitung in Offenen Systemen. Diese Thematik ist Gegenstand des folgenden Kapitels.

5.1 Einleitung

Das ODP-Referenzmodell bildet den Rahmen für die Normung der Informationsverarbeitung in Offenen Verteilten Systemen. 'Offen' bedeutet in erster Linie Hard- und Softwareunabhängigkeit, 'Verteilt' heißt, daß die Systeme sich nicht zentral an einem, sondern an unterschiedlichen Orten befinden. Damit verschiedene Systeme hard- und softwareunabhängig miteinander kommunizieren, müssen Rahmenbedingungen (Normen) für die Systeme erarbeitet und festgelegt werden.

In Analogie zu dem Referenzmodell für *Open Systems Interconnection* (OSI), dem bekannten Sieben-Schichten-Modell für die Kommunikationsverbindungen zwischen verschiedenen Rechnern [OSI], wird durch den Teil 3 des ODP-Referenzmodells die Struktur aller ODP-Normen festgelegt und ihre Relation zueinander definiert.

Das ODP-Referenzmodell bildet in seiner Gesamtheit eine Norm, die weltweit bei den wichtigsten Forschungsinstituten und in der Industrie immer größeren Zuspruch findet. Ein wichtiger Anlaß für die Entwicklung dieses Modells war die Unzufriedenheit über die monolithische Struktur und schlechte Kombinierbarkeit von Softwaresystemen. Insbesondere wenn Software von verschiedenen Herstellern integriert werden soll, kann man sehr negative Überraschungen erleben. Mit Hilfe des ODP-Referenzmodells, seiner Architektur und den daraus abgeleiteten Standards und Produkten soll die Effizienz und Qualität von zentralen und verteilten Softwaresystemen wesentlich verbessert werden.

Die Norm selbst darf keinesfalls mit dem Entwurf einer verteilten Verarbeitungsumgebung verwechselt werden, sie stellt vielmehr in Form eines Referenzmodells einen Rahmen dar, in dem Normen und Standards für derartige Umgebungen positioniert werden können (wie z.B. die *Distributed Computing Environment* der *Open Software Foundation* (OSF DCE) und die *Common Object Request Broker Architecture* der *Object Management Group* (OMG CORBA), siehe Kapitel 8). Innerhalb dieses Rahmens können die Basisfunktionen und deren Relationen identifiziert werden.

Die Normen für Offene Verteilte Systeme müssen verschiedensten Anforderungen gerecht werden und sind daher sehr komplex. Ihre Gliederung, Strukturierung und Beschreibung ist die Aufgabe der ODP-Architektur. Durch die Festlegungen von Konzepten, Regeln und 'Kochrezepten' ergibt sich ein auf den definierten Grundlagen aufbauendes fachspezifisches Vokabular. Wesentliche Konzepte sind dabei die Präzisierungen des Objekt- und Schnittstellenbegriffs. Diese Konzepte erklären, wie Systemanforderungen durch die Nutzung von Elementen aus dem Rahmenwerk erfüllt werden können. Aufgabe des Rahmens ist die Positionierung von Normen relativ zueinander, eine Anleitung für die Auswahl von geeigneten Modellen und eine Hilfe für die Festlegung der Grenzen von Offener Verteilter Verarbeitung.

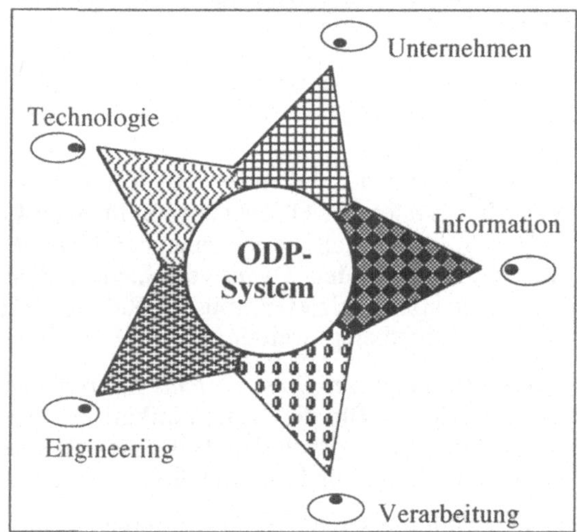

Abb. 5.1: Ein unter verschiedenen Sichtweisen betrachtetes System

Die Normen werden nach fünf verschiedenen Sichten gegliedert, die jeweils einem Schwerpunkt der Systemspezifikation entsprechen. Diese Betrachtung wird als notwendig erachtet, um die Komplexität von Offenen Verteilten Systemen handhabbar zu machen. Jede Sicht repräsentiert eine andere Abstraktion des Originalsystems, die nicht relevante Eigenschaften ignoriert. Dadurch ist das System einfacher zu beschreiben.

Folgende Sichten (*Viewpoints*) wurden zur Strukturierung der Anforderungen von ODP-Normen ausgewählt, vergleiche Abbildung 5.1.

- Der *Enterprise Viewpoint* (die Unternehmenssicht) umfaßt Zweck und Strategie des Systems, in ihm werden die Systemanforderungen beschrieben.
- Der *Information Viewpoint* (die Informationssicht) legt Wert auf die Bedeutung der Informationen und Aktivitäten der Informationsverarbeitung innerhalb des Systems.

- Der *Computational Viewpoint* (die Verarbeitungssicht) betrachtet die funktionale Zerlegung des Systems in Objekte, die Kandidaten für die Verteilung sind.
- Der *Engineering Viewpoint* (die Engineeringsicht) konzentriert sich auf die für die Verteilung notwendige Infrastruktur, die auch als Middleware bezeichnet wird.
- Der *Technology Viewpoint* (die Technologiesicht) befaßt sich mit der Auswahl der für das System notwendigen Technologie.

Die Gestaltung des ODP-Referenzmodells und die Strukturierung nach fünf Sichten lassen sich mit der Architektur bzw. der Erstellung eines Gebäudes vergleichen. Beide müssen unterschiedlichsten Anforderungen gerecht werden.

Damit der Architekt seine Arbeit ausführen kann, muß der Bauherr seine Anforderungen definieren. Der Architekt erstellt einen Plan des gewünschten Gebäudes. So kann sich der Bauherr von der Gestaltung sowie den verschiedenen Nutzungsmöglichkeiten des geplanten Werks einen Eindruck verschaffen. Analog zum Bauherrn steht innerhalb des ODP-Referenzmodells ein Unternehmen, das mit Offenen Verteilten Systemen arbeiten will oder eine Komponente erstellen (lassen) möchte. Das Unternehmen muß zunächst aus seiner Sicht die Anforderungen an das System definieren.

Zurück zum Hausbeispiel: Aufgrund der Anforderungen des Bauherrn wird der Plan des Architekten überarbeitet, verfeinert und schließlich akzeptiert. Anschließend muß ein Bauingenieur die zum Erstellen des Gebäudes notwendigen Maurer-, Elektriker-, Klemptner- u.a. Arbeiten planen und koordinieren. Für ODP-Systeme bedeutet dies, daß ein Systemanalytiker eine Systemanalyse erstellt und grob Schnittstellen beschreibt sowie aufeinander abstimmt. Dabei wird ein Informationsmodell entwickelt, das die Anforderungen aus Unternehmenssicht berücksichtigt. Anschließend erfolgt der funktionale Entwurf des Systems, der ein Verarbeitungsmodell ergibt. Anwendungsprogrammierer müssen die Schnittstellen spezifizieren und aufeinander abstimmen (Verarbeitungssicht).

Der Bauingenieur gibt seinen Plan an die Gewerke und den Polier weiter. Deren Einsatz muß beschrieben und zeitlich aufeinander abgestimmt werden. Gibt es mehrere Möglichkeiten, eine bestimmte Arbeit durchzuführen, wählt ein Spezialist eine geeignete aus. Dies entspricht dem Systemprogrammierer, der Mechanismen für das 'wie' realisiert. Genau wie das Gebäude, so wird auch ein ODP-System mit den erhältlichen technologischen Mitteln, Werkzeugen und Materialien errichtet, d.h. es werden die zur Verfügung stehende Hard- und Software verwendet sowie vorhandene Normen berücksichtigt.

Da es wenige allgemeingültige Aussagen gibt, die auf die Strategie und Struktur der unterschiedlichsten Unternehmen zutreffen, gibt es auch wenige allgemein akzeptierte Festlegungen und Normen. Die wichtigste Voraussetzung aus Unternehmenssicht ist, daß das System zeigt, welche Funktionen es zur Verfügung stellt und wie es in die Umgebung eingebettet wird. Die Unternehmenssicht eines Systems ist geeignet, die Nutzersicht zu beschreiben. Dies bedeutet z.B., daß in einem zu entwerfenen Modell die Strategie und Randbedingungen des Unternehmens ausgedrückt werden können.

Die Festlegungen und Normen, die sich in der Verarbeitungs- und Engineeringsichtweise befinden, tragen dazu bei, daß getrennt voneinander entwickelte Komponenten zusammen genutzt werden können. Festlegungen und Normen, die der Informationssichtweise entlehnt sind, ermöglichen, daß die zwischen den Systemen und Komponenten ausgetauschten Informationen verstanden werden. Normen der Technologiesichtweise werden zur Auswahl der für das System geeigneten Technologie, wie Hard- und Software, verwendet. Die Gesamtheit aller Konzepte ergibt schließlich ein vollständiges Rahmenwerk für die Systemspezifikation Offener Verteilter Systeme.

Sprachen, Funktionen und Transparenzen

Die ODP-Architektur besitzt zwei Hauptteile: die Sprachen der fünf ODP-Sichten (*Viewpoint Languages*) sowie die ODP-Funktionen und Transparenzen.

'Sprache' wird in einem sehr generellen Sinn verwendet: Die **ODP-Sprachen** legen eine konzeptionelle Basis für Spezifikationen fest. Die Formalisierung von ODP-Sprachsyntaxen ist kein Bestandteil des Referenzmodells. Sprachen beinhalten vielmehr Konzepte und Regeln des ODP und erlauben konsistente Spezifikationen für alle ODP-Normen. Sie werden zur Beschreibung der ODP-Funktionen verwendet.

ODP-Funktionen umfassen die technischen Basiskomponenten, die eine Offene Verteilte Verarbeitung unterstützen, siehe Kapitel 6. Sie werden als verteilte Verarbeitungsumgebung oder Middleware bezeichnet. Die Beschreibung jeder ODP-Funktion enthält

- eine Erklärung, wie diese Funktion für die Verteilte Verarbeitung in Offenen Systemen genutzt werden kann,
- eine Aussage über Abhängigkeiten von anderen ODP-Funktionen,
- Vorschriften über die Struktur und das Verhalten der Funktion, die für eine Gesamtkonsistenz des Referenzmodells notwendig sind.

Verteilungstransparenz (*Distribution Transparency*) ist eine wichtige Anwendungsentwickler- und Nutzeranforderung in Verteilten Systemen. Unter diesem Begriff versteht man, daß bestimmte Eigenschaften, die sich aus der Verteilung von Systemkomponenten ergeben, verborgen sind, siehe ebenfalls Kapitel 6. Damit werden die Abhängigkeiten zwischen den verschiedenen Teilen eines Systems auf ein Minimum reduziert. Insbesondere die technischen Abhängigkeiten zwischen Dienstanforderer (*Client*) und -erbringer (*Server*) sind in Anwendungsprogrammen nicht mehr sichtbar. Die aufgrund des Aufrufs einer Operation erfolgte Zustellung, Konvertierung von Parametern, die Ausführung im Server und Bereitstellung bzw. Rückgabe des Ergebnisses erfolgen transparent. Diese Anforderungen müssen in den Sprachen ausgedrückt werden. Jede Beschreibung einer Transparenz enthält

- ein Schema, um Anforderungen auszudrücken und
- einen Verfeinerungsprozeß, der eine allgemeine Spezifikation in eine Spezifikation von Engineeringstrukturen abbildet.

Diese Vorschriften stellen die Gesamtkonsistenz des Referenzmodells sicher, d.h. Änderungen an einem Objekt haben nur dann sichtbare Auswirkungen, wenn die Schnittstelle eines Objekts geändert wird. Änderungen, die sich nicht an Schnittstellen auswirken, bleiben nach außen verborgen. Verteilungstransparenz ist auswählbar (*Selective*

Transparency). In diesem Sinne enthält das Referenzmodell Regeln für die Auswahl und Kombination von Transparenzen.

5.2 Sprachen für verschiedene Sichtweisen

Die Architektur des ODP-Referenzmodells definiert fünf Sprachen, die mit den jeweiligen Sichtweisen korrespondieren. Diese Sprachen sind im einzelnen die

* *Enterprise Language* (Unternehmenssprache),
* *Information Language* (Informationssprache),
* *Computational Language* (Verarbeitungssprache),
* *Engineering Language* (Engineeringsprache),
* *Technology Language* (Technologiesprache).

Jede Sprache baut auf bekannten Begriffen auf und definiert Regeln und/oder zusätzliche, sichtenspezifische Konzepte, sofern diese notwendig sind. Die Strukturen der Sprachen sind so gewählt, daß Konsistenzaussagen zwischen den Spezifikationen in verschiedenen Sprachen ausgedrückt werden können. Eine Systemspezifikation besteht aus einer oder mehreren Viewpointspezifikationen, die jeweils konsistent zueinander sind. Die Spezifikation eines in mehreren Sichtweisen beschriebenen Systems ist häufig restriktiver. Objekte, die innerhalb einer Sichtweise identifiziert werden, können mit Hilfe der dieser Sichtweise assoziierten Sprache spezifiziert werden.

5.2.1 Unternehmenssprache

Die Sprache für die Unternehmenssicht umfaßt Konzepte, Regeln und Strukturen zur Spezifikation von Anforderungen an ein System aus Unternehmenssicht. Die Sprachkonzepte konzentrieren sich auf Zweck, Vorschriften (Strategien) und Erfordernisse, wie beispielsweise die Grenzen hinsichtlich der Offenheit des Systems. Die Unternehmenssprache hat einen sehr kleinen und übersichtlichen Sprachumfang. Eine Spezifikation aus Unternehmenssicht modelliert Einheiten der realen Welt (*Real World Entities*). Sie dient der Definition von Zielen eines ODP-Systems. Dies wird beschrieben durch

* die Rollen, die von dem System eingenommen werden,
* die Aktivitäten des Systems und
* Strategien, einschließlich derer, die sich auf Relationen zur Umgebung beziehen.

Wird - wie in dem in Abbildung 5.2 stark vereinfachten Beispiel - ein Nachrichtenübertragungssystem (E-Mail) aus Unternehmenssicht modelliert, so sind sowohl die künftigen Nutzer als auch das System zu modellieren.

Zusätzlich zu den im Teil Grundlagen definierten Konzepten gibt es zwei Sprachkonstrukte bzw. Definitionen: die Gemeinschaft und die Föderation. Diese Begriffe sind Gegenstand des Anhangs C.1.

Bei der Ausübung einer Rolle werden Verpflichtungen, Verbote und Berechtigungen an Objekte delegiert. Dabei sind die fünf grundlegenden **Aktionstypen** im Kontext von Vertragsangelegenheiten bedeutend.

- Ein Objekt geht eine Verpflichtung gegenüber einem anderen Objekten ein.
- Ein Objekt erfüllt eine Verpflichtung gegenüber einem anderen Objekt.
- Ein Objekt verzichtet auf eine Verpflichtung seitens anderer Objekte.
- Ein Objekt bittet um Erlaubnis, eine zuvor verbotene Aktion ausführen zu dürfen.
- Ein Objekt darf keine Aktion mehr durchführen, die ihm vorher erlaubt war.

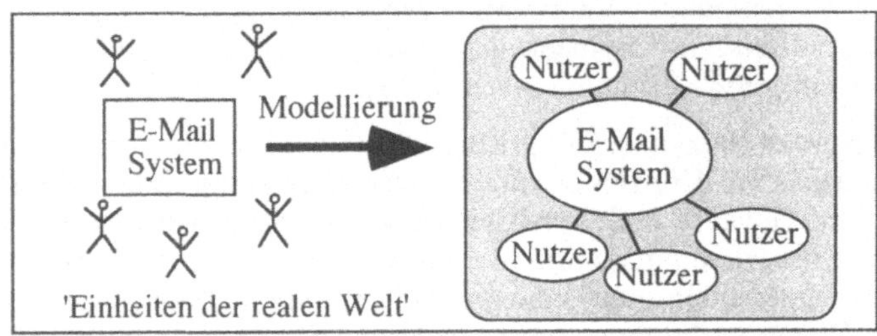

Abb. 5.2: Modellierung der 'realen Welt' aus Unternehmenssicht

Verpflichtungen beinhalten die Abrechnung der Nutzung von Ressourcen oder Betriebsmitteln. Eine Ressource kann entweder verbraucht oder aber nicht verbraucht werden. Im ersten Fall zerstört sich die Ressource nach einer bestimmten Nutzungsdauer selbst. In einer Föderation wird festgelegt, welche ihrer Domänen mit anderen Föderationsmitgliedern welche Ressourcen teilt. Dabei können verschiedene Arten von Regeln existieren, wie die Verwendung von Ressourcen u.a. Objekten zu erfolgen hat. Dies wird im folgenden Beispiel skizziert: Die Unternehmensspezifikation eines Systems definiert eine Vorschrift für die Ressourcennutzung. Die entsprechenden Regeln definieren von außen auferlegte Erfordernisse in Abhängigkeit davon, ob die Ressourcennutzung öffentlich, privat oder von dritter Seite erfolgt.

Eine Unternehmensspezifikation kann **Regeln für Domänen** enthalten, die

- die Zugehörigkeit zu einer Domäne,
- die Interaktionen zwischen Domänen des gleichen Typs und
- die Domänennamen

spezifizieren. Regeln für die Lösung von Konflikten drücken aus, wie in- und externe Konflikte lösbar sind. Für eine Unternehmensspezifikation kann ferner die Definition von **Organisationsregeln** notwendig sein, die Aussagen machen über

- die Verantwortlichkeit für Ressourcen in der Organisation und
- die Art, wie Mitglieder einer Organisation strukturiert sind (z.B. hierarchisch).

Eine Unternehmensspezifikationen kann ferner **Geschäftsregeln** beinhalten, die

- ein Unternehmen oder dessen Vorhaben als eine Geschäftseinheit definieren,
- Anforderungen hinsichtlich Abrechnungsmodalitäten spezifizieren und
- strategische Planungen als Ziel der Unternehmung definieren.

Übertragungsregeln können ausdrücken, wie Eigentumsverhältnisse oder Verpflichtungen geändert werden. Dies umfaßt auch die Delegation von Verantwortlichkeiten und Vergabe von Privilegien sowie die Berechtigung bzw. das Verbot von durchzuführenden Aktionen. Speziellen externen oder internen Schlichtern kann eine Autorität zur Lösung von Konflikten zugewiesen werden.

Sicherheitsregeln werden benutzt zur Definition von:

- Relationen zwischen Rolle, Aktivität und Objekt,
- Regeln für das Erkennen einer Gefährdung der Sicherheit,
- Regeln zum Schutz gegen Gefährdungen und
- Regeln zur Schadensbegrenzung.

Ferner werden **Regeln für Dienstqualitäten** (*Quality of Service, QoS*) benötigt. Darunter versteht man die

- Identifizierung relevanter Qualitätsattribute für Ressourcen,
- quantitative Aussagen und die
- Aushandlung von Dienstqualitäten.

Das zu spezifizierende System (*Universe of Discourse*) kann eine einzelne Komponente sein, die in der Systemumgebung eingebettet ist, beispielsweise ein Dienst, eine ODP-Funktion, oder auch ein Gesamtsystem.

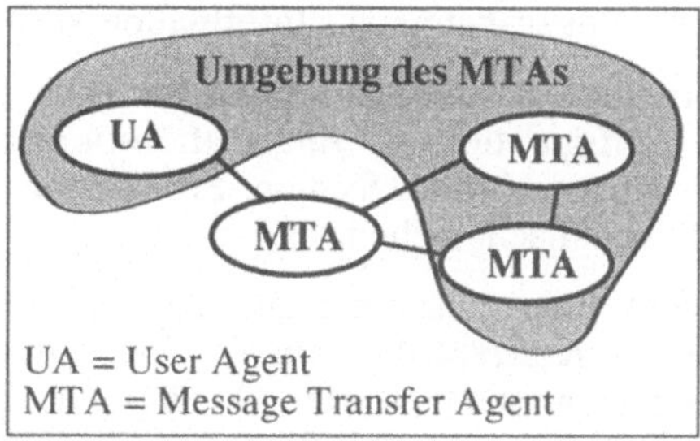

Abb. 5.3: Der *Message Transfer Agent* und seine Umgebung

Soll beispielsweise eine Übertragungskomponente eines Nachrichtenübermittlungssytems (E-Mail), ein sog. *Message Transfer Agent* (MTA, Nachrichtenübertragungsagent) aus Unternehmenssicht beschrieben werden, so besteht die Umgebung des *Message Transfer Agents* aus benachbarten *Message Transfer Agents* und einem *User*

Agent (UA, Nutzeragent), siehe Abbildung 5.3. Aufgrund dieser Konfiguration werden die Regeln, Vorschriften und Randbedingungen definiert.

5.2.2 Informationssprache

Aus Informationssicht ist ein System ein formale Struktur, dessen Verhalten vorhersagbar und vollständig durch die Aktivitäten, Zustandsübergänge und Attribute der Unternehmung definiert ist. Das System wird durch Informationsobjekte und ihre Relationen dargestellt. Zur Entwicklung einer Spezifikation in dieser Sicht muß

- eine Basis für das Verständnis des allgemeinen Verhaltens geschaffen werden,
- das Modell muß erlauben, Änderungen in der Unternehmung nachzuvollziehen,
- das Informationsmodell muß Qualitätsattribute für die Informationen bereitstellen,
- es muß logische Zerlegungen, Komposition und Schlußfolgerungen ermöglichen,
- Informationsobjekte, die für Implementierer innerhalb der Verarbeitungs- oder Engineeringsicht notwendig sind, müssen in dieser Sicht spezifizierbar sein.

Die zugeordneten Sprachkonzepte konzentrieren sich auf die Bedeutung der verteilten Informationen und Aktivitäten hinsichtlich ihrer Informationsverarbeitung. Eine **Informationsspezifikation** wird durchgeführt, um die Semantik von Informationen - repräsentiert durch gespeicherte oder ausgetauschte Daten - und Anforderungen an die Informationsverarbeitung zu definieren.

Daten ergeben sich in diesem Zusammenhang entweder aus Elementen der Unternehmensspezifikation oder dem System selbst. Der Datenaustausch zwischen Komponenten ist nur dann sinnvoll, wenn beide Seiten die Daten in konsistenter Weise interpretieren.

Ähnlich wie bei der Unternehmenssprache ist der neu definierte Sprachumfang der Informationssprache sehr klein und übersichtlich, da durch die ODP-Architektur wenige Vorschriften für die Art der Spezifikation aus Informationssicht gemacht werden.

Eine Informationsspezifikation definiert die Semantik von Informationen und deren Verarbeitung durch die Konfiguration von Informationsobjekten, das Verhalten dieser Objekte und Umgebungsverträge für das System. Ein Informationsobjekt umfaßt dabei statische, invariante und dynamische Schemata.

Eine **Schablone** (*Template*) eines zusammengesetzten Informationsobjekts repräsentiert ein zusammengesetztes Konzept. Die aus der Schablone instanziierten Objekte existieren nur als Teil des zusammengesetzten Objekts und können ihre Zustände anhand von in der Schablone definierten Regeln ändern. Die Aktivitäten von Informationsobjekten beinhalten Aktionen, die den Zustand der Objekte ändern. Eine Informationsspezifikation kann folgende Arten von Aktivitäten beschreiben:

- Erzeugung: ein neues Objekt wird zu einem *Universe of Discourse* hinzugefügt,
- Zerstörung: ein Objekt wird aus dem *Universe of Discourse* entfernt und
- Zustandsänderung: der Zustand eines Objekts wird konsistent unter Beachtung der Regeln des dynamischen und invarianten Schemas geändert.

Abbildung 5.4 skizziert als Beispiel die Informationsstruktur einer elektronischen Nachricht, die zwischen einem MTA und einem UA ausgetauscht wird. Die Spezifikation derartiger Informationsstrukturen ist jedoch nur ein Teil einer Informationsspezifikation für einen multimedialen elektronischen Nachrichtendienst.

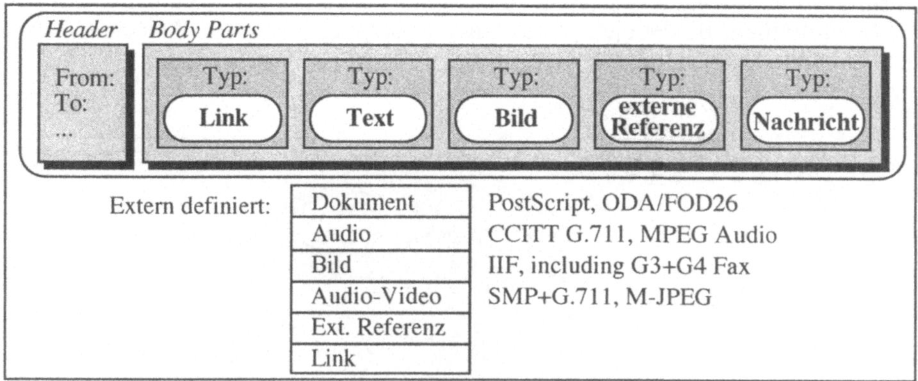

Abb. 5.4: Informationsstruktur einer multimedialen elektronischen Nachricht

5.2.3 Verarbeitungssprache

Aus Verarbeitungssicht kann ein System als eine Menge von interagierenden Objekten betrachtet werden, die anwendungsspezifische Funktionen zur Verfügung stellt. Diese Funktionen werden durch eine Infrastruktur für transparente Interaktionen unterstützt. Somit definiert eine Verarbeitungsspezifikation die funktionale Zerlegung eines Systems.

Die Verarbeitungssprache wurde aufbauend auf entfernten Prozeduraufrufen (*Remote Procedure Calls, RPCs*) und leichtgewichtigen Prozessen (*Lightweight Threads*) definiert. Dieser Stil ist gerechtfertigt, da er eine natürliche Erweiterung der meisten modernen prozeduralen Programmiersprachen ist und die Grundlage von Industriekonsortien, wie OSF DCE und OMG CORBA bildet.

Die Verarbeitungssprache verbirgt den tatsächlichen Grad der Verteiltheit einer Anwendung vor dem Programmierer. Dabei wird angenommen, daß die Anwendungsprogramme nicht vollständig abhängig von Annahmen bezüglich der örtlichen Lage und Verteilungsstrategien implementiert sind. Die Konfigurationen auf verschiedenen Rechnern können ohne große Softwaremodifikationen geändert werden.

Abbildung 5.5 zeigt das Beispiel einer funktionalen Zerlegung eines Nutzeragenten zur Erzeugung und Präsentation von multimedialen elektronischen Nachrichten. Die Erstellungs- und Präsentationskomponenten können weiter zerlegt werden, beispielsweise in Objekte zur visuellen oder akustischen Präsentation oder Erzeugung, ein Fenstersystem und einen *Inter Personal Message* (IPM)-UA.

Die Verarbeitungssprache ermöglicht es, vorhandene Anwendungen als Komponenten einer größeren verteilten Anwendung zu kapseln. Damit wird ein Übergang von monolithischen zu verteilten Anwendungen ermöglicht. Dies bietet Schutz vor Investitionen in vorhandene Software. Die wichtigsten Konzepte der Verarbeitungssprache (wie Schnittstellen, Bindeobjekt, Stream und Subtyping) werden in Anhang C.3 systematisch definiert.

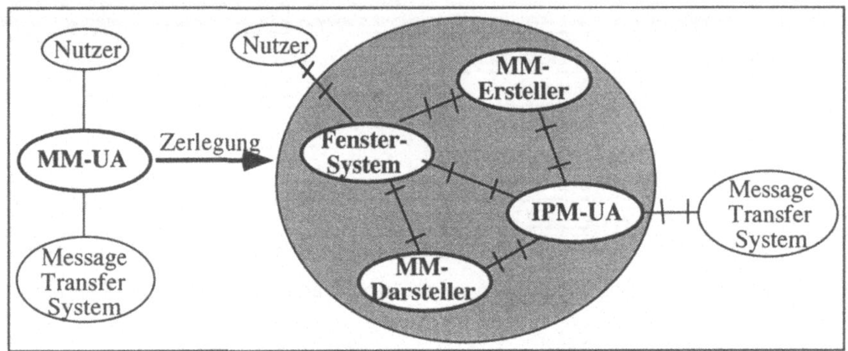

Abb. 5.5: Funktionale Zerlegung eines Nutzeragenten zur Erzeugung und Präsentation von multimedialen Nachrichten

Die Verarbeitungssprache legt Konzepte, Regeln und Strukturen zur Spezifikation eines Systems aus Verarbeitungssicht fest. Die Sprachkonzepte der Verarbeitungssicht konzentrieren sich dabei auf die funktionale Zerlegung des Systems, wobei die mögliche Verteilung der Komponenten identifiziert wird.

Funktionale Spezifikationen müssen entfernte Interaktionen, nebenläufige oder indirekte Zugriffe, bewegliche Objekte, mehrfache Kopien, asynchrone Ereignisse, einen nicht globalen und kontextrelativen Namensraum, teilweise auftretende Ausfälle, spätes Binden und verschiedene Umgebungen berücksichtigen.

Es gibt eine Reihe von Gründen für die Verteilung von Komponenten, dazu gehören

- Effizienzsteigerung durch Nebenläufigkeit,
- Trennung und indirekter Zugriff aus Sicherheitsgründen,
- Vervielfältigung zur Erhöhung von Sicherheit bzw. Fehlerrobustheit,
- Migration, um Verzögerungen zu verkleinern und Lasten zu verteilen,
- Definition und Realisierung von Sicherungspunkten *(Checkpointing)* sowie Fehlerbehandlung *(Recovery)*, um Ausfälle zu maskieren bzw. Störungen zu verbergen,
- Trennung von Funktionen, um spezifische Aufgaben zu optimieren.

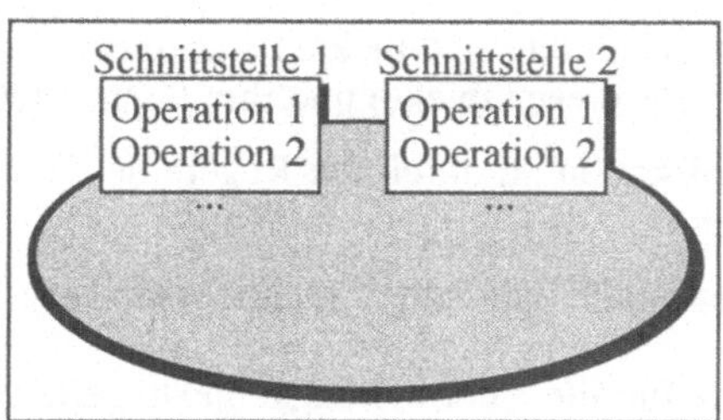

Abb. 5.6: Ein Verarbeitungsobjekt

Eine Verarbeitungsspezifikation dient der Definition von Verteilungstransparenz von

- Objekten innerhalb des Systems,
- Aktivitäten, die innerhalb dieser Objekte stattfinden, und
- Interaktionen, die zwischen den Objekten stattfinden.

Die entsprechende Verarbeitungssprache umfaßt demzufolge Regeln für die

- Interaktionen und Typen, die eine konsistente verteilungstransparente Zusammenarbeit ermöglichen,
- Aktivitäten, die für alle Verarbeitungsobjekte gelten, um die Interaktions- und Typregeln zu erfüllen, und Regeln für die
- Portabilität von Verarbeitungsobjekten, die auf Basis der - durch die Engineering-sprache definierten - verteilten Infrastruktur implementierbar sein müssen.

Nachfolgend werden wichtige Sprachkonstrukte bzw. Definitionen - zusätzlich zu den in den ODP-Grundlagen definierten Begriffen - aufgeführt.

Das Objekt ist die Einheit für die Verteilung, auf das über eine Schnittstelle zugegriffen wird. Ein Objekt kann mehr als eine Schnittstelle besitzen und dynamisch neue Schnittstellen erzeugen sowie existierende beseitigen. Insbesondere können Objekte eine Managementschnittstelle besitzen, falls sie verwaltet werden.

Die Betriebsmittelverwaltung von Servern ist dabei für die Clients bis auf das Auftreten von Verzögerungen transparent. Definierte Managementfunktionen sind u.a.:

- migriere - für die Bewegung zu einem alternativen Ort,
- deaktiviere - gibt alle Ressourcen frei,
- erzeuge Kontrollpunkt - aus Sicherheitsgründen und
- halte an - Abbruch.

Sicherheitsobjekte und Ressourcenmanager können um Objekte gewickelt (*wrapped*) werden. Zum Verständnis dieser und einiger anderer Definitionen dient Anhang C.3.

Eine **Verarbeitungsspezifikation** beschreibt die funktionale Zerlegung eines Systems mit Hilfe von verteilungstransparenten Begriffen als

- Konfiguration von Verarbeitungsobjekten einschließlich Bindingobjekten,
- internen Aktionen dieser Objekte,

- Interaktionen, die zwischen diesen Objekten stattfinden, und
- Umgebungsverträgen für diese Objekte und ihre Schnittstellen.

Eine Verarbeitungsspezifikation ist durch die Regeln der Verarbeitungssprache eingeschränkt. Diese umfassen

- Binding-, Interaktions- und Typregeln, die eine verteilungstransparente Zusammenarbeit gestatten,
- Schablonenregeln, die für alle Verarbeitungsobjekte gelten, und
- Regeln für einen Ausfall, diese können auf alle Verarbeitungsobjekte angewendet werden und mögliche Ausfälle innerhalb einer Aktivität identifizieren.

Portabilitätsregeln werden als Richtlinien für Entwickler von ODP-Portabilitätsnormen zur Verfügung gestellt. Eine Verarbeitungsspezifikation definiert mit ihrem Verhalten eine anfängliche Menge von Verarbeitungsobjekten.

Die Konfiguration ändert sich, wenn Verarbeitungsobjekte

- weitere Verarbeitungsobjekte instanziieren,
- weitere Verarbeitungsschnittstellen instanziieren,
- Bindingaktionen durchführen,
- Kontrollfunktionen auf Bindingobjekten ansprechen,
- Verarbeitungsschnittstellen löschen oder
- Verarbeitungsobjekte löschen.

I. Namensgebung

Im folgenden soll die Namensgebung aus Verarbeitungssicht betrachtet werden. Jede in dieser Sprache definierte Namensart besitzt dabei einen zugehörigen Kontext:

- ein Signalname ist ein Bezeichner innerhalb einer Signalschnittstellensignatur,
- ein Flußname ist ein Bezeichner innerhalb einer Flußschnittstellensignatur,
- ein Operationsname ist ein Bezeichner in einer Operationsschnittstellensignatur,
- ein Terminierungsname ist ein Bezeichner im Kontext einer Operationsschablone,
- ein Parametername ist ein Bezeichner im Kontext einer Aufrufschablone oder einer Terminierungsschablone.

Dies bedeutet, daß beispielsweise Signalnamen innerhalb derselben Signalschnittstellensignatur unterschiedlich sein können, aber unterschiedliche Signale in verschiedenen Signaturen können den gleichen Namen besitzen.

Ein Verarbeitungsschnittstellenbezeichner ist eindeutig innerhalb seines Kontextes; er kann nicht mit mehreren Verarbeitungsschnittstellen in einem Kontext assoziiert werden. Die Kontextauswahl für Verarbeitungsschnittstellenbezeichner ist eine Angelegenheit des Sprachentwurfs. Es werden keine Restriktionen hinsichtlich der Ausdehnung von Kontexten für Verarbeitungsschnittstellenbezeichner gemacht. Deshalb können auch keine allgemeingültigen Annahmen gemacht werden hinsichtlich

- der Ausdehnung von Kontexten für Verarbeitungsschnittstellenbezeichner, wie z.B. Annahmen, die sich auf Relationen zu Engineeringsprachstrukturen - also Knoten oder Kommunikationsdomänen - beziehen,

- der Eindeutigkeit von Schnittstellenbezeichnern, z.B. sind Synonyme erlaubt,
- der Modellierung, daß ein Name für einen Verarbeitungsschnittstellenbezeichner dieselbe Verarbeitungsschnittstelle bezeichnet, wann auch immer der Bezeichner benuzt wird, d.h. Namen müssen nicht global eindeutig sein.

In einigen Notationen der Verarbeitungssichtweise können Verarbeitungsschnittstellenbezeichner enthalten sein.

II. Das Binden

Innerhalb des Referenzmodells wird Binding oder Binden in Bezug auf Bindeaktionen definiert. Die Nutzung derartiger Aktionen wird als **explizites** Binding bezeichnet. Es gibt zwei Arten von Bindeaktionen: einfache Bindeaktionen und zusammengesetzte Bindeaktionen. Eine einfache Bindeaktion bindet zwei Verarbeitungsobjekte direkt. Eine zusammengesetzte Bindeaktion kann durch einfache Bindeaktionen ausgedrückt werden, indem zwei oder mehrere Verarbeitungsobjekte durch ein Bindeobjekt verbunden werden. Das Vorhandensein eines Bindeobjekts ermöglicht es, Konfigurationen von Dienstqualitäten zu beschreiben.

Binding ist **implizit**, wenn eine Bindeaktion in einer Notation nicht ausgedrückt werden kann. Innerhalb des Referenzmodells ist implizites Binding nur für Serveroperationsschnittstellen definiert. Die zusätzlichen Informationen können in einer expliziten Bindeaktion geliefert werden.

Implizites Binden bei Serveroperationsschnittstellen
Wenn ein Aufruf durch einen Client eine Serverschnittstelle referenziert, an die der Client nicht gebunden ist, wird implizites Binding folgendermaßen angewendet:

- Erzeugung einer Clientschnittstelle, die einen zur Serverschnittstelle komplementären Signaturtyp besitzt,
- Binden der Clientschnittstelle an die Serverschnittstelle,
- Aufruf des Serverobjekts unter Nutzung der Clientschnittstelle und
- optionales Löschen der Clientschnittstelle bei Beendigung der Operation.

Einfaches Binden
Einfache Bindeaktionen erlauben es, die Schnittstelle eines Objekts, das eine Aktion durchführt, an eine andere Schnittstelle zu binden. Die Bindeaktion ist mit zwei Bezeichnern für die jeweils betroffenen Schnittstellen parametrisiert. Beide Schnittstellen müssen gleichartig sein (Signal, Stream oder Operation), müssen aber komplementäre Kausalität und Signaturtypen besitzen.

Das Binding zwischen den beteiligten Schnittstellen gelingt oder schlägt fehl. Die Löschung einer durch eine einfache Bindeaktion gebundenen Schnittstelle zerstört das Binding und die Schnittstelle.

Zusammengesetztes Binden
Zusammengesetzte Bindeaktionen erlauben es, eine Menge von Schnittstellen unter Nutzung eines Bindeobjekts zu binden. Prinzipiell ist das Bindeobjekt ein gewöhnliches Verarbeitungsobjekt. In einer Bindeobjektschablone wird die Verhaltensspezifika-

tion durch eine Menge von formalen Rollenparametern ausgedrückt, die jeweils mit einer Schnittstellenschablone assoziiert sind.

Zusammengesetzte Bindeaktionen werden durch eine Bindeobjektschablone und eine Menge von zu bindenden Schnittstellen parametrisiert. Die Bedingungen für zusammengesetztes Binding bestehen darin, daß für jede formale Rolle in der Bindeobjektschablone

- der korrespondierende Schnittstellenparameter von gleicher Art wie die Schnittstellenschablone ist, die mit der Bindeobjektschablone assoziiert ist,
- der korrespondierende Schnittstellenparameter von komplementärer Kausalität zur Schnittstellenschablone ist, die mit der Bindeobjektschablone assoziiert ist und
- der korrespondierende Schnittstellenparameter ein Untertyp des Signaturtyps der Schnittstellenschablone ist, die mit der Bindeobjektschablone assoziiert ist.

Eine zusammengesetzte Bindeaktion umfaßt folgende Schritte:

- ein Bindeobjekt wird aus der Bindeobjektschablone instanziiert,
- jede Schnittstellenschablone innerhalb des Bindeobjekts, die mit einem formalen Rollenparameter in der Bindeobjektschablone assoziiert ist, wird instanziiert,
- das Bindeobjekt nutzt einfache Bindeaktionen, um jede derartige Schnittstelle an die Schnittstelle zu binden, die im korrespondierenden aktuellen Paramater referenziert wird, und
- eine Menge von Kontrollschnittstellen wird instanziiert, und es werden Bezeichner für diese Schnittstellen als Ergebnis der Bindeaktion zurückgegeben.

Die Kontrollschnittstellen des Bindeobjekts können folgende Funktionen bereitstellen:

- Überwachung der Nutzung und Änderung des Bindings,
- Autorisierung der Änderung des Bindings,
- Änderung der Mitgliedschaft des Bindings,
- Änderung des Kommunikationsmusters, das durch das Binding ermöglicht wird,
- Änderung der Dienstqualität und Zerstörung des Bindings.

Die Auswirkung einer Zerstörung eines Bindings an ein Bindeobjekt wird durch das Verhalten des Bindeobjekts bestimmt.

III. Interaktionen

Jede Interaktion eines Verarbeitungsobjekts erfolgt an einer seiner Verarbeitungsschnittstellen. Die Verarbeitungssprache erzwingt Einschränkungen bezüglich des Verhaltens, das an der Schnittstelle eines gegebenen Typs erlaubt ist. Interaktionen an einer nicht gebundenen Schnittstelle verursachen einen Infrastrukturfehler. Die Binderegeln erzwingen dabei Einschränkungen hinsichtlich der Art und Weise, wie Schnittstellen gebunden werden können. Der Interaktionsteil der Verarbeitungssprache unterstützt drei Interaktionsmodelle, die jeweils mit einer spezifischen Art einer Verarbeitungsschnittstelle assoziiert sind:

- Signale und Signalschnittstellen,
- Streams (Flüsse) und Streamschnittstellen sowie
- Operationen und Operationsschnittstellen.

Außer den verschiedenen Interaktionsarten unterscheiden sich die Interaktionsmodelle in Bezug auf ihre Fehlereigenschaften. Ein Signal ist dabei für die Beteiligten an der Interaktion binär entweder erfolgreich oder nicht.

Im folgenden sollen die verwendeten Konzepte etwas präzisiert werden.

Interaktionsregeln für Signale:

Ein Verarbeitungsobjekt, das eine Signalschnittstelle eines gegebenen Signalschnittstellentyps anbietet, muß

- Signale initiieren, die eine initiierende Kausalität besitzen und
- auf Signale antworten, die antwortende Kausalität besitzen.

Interaktionsregeln für Streams:

Ein Verarbeitungsobjekt, das eine Streamschnittstelle anbietet, muß Informationsflüsse erzeugen, die Produzentenkausalität der Schnittstellensignatur besitzen. Ferner muß es Informationsflüsse empfangen, die Konsumentenkausalität der Schnittstellensignatur besitzen.

Interaktionsregeln für Operationen:

Ein Client, der eine operationale Schnittstelle nutzt, ruft die in der Schnittstellensignatur benannten Operationen auf. Ein Server, der eine operationale Schnittstelle anbietet, erwartet irgendeine der in der Schnittstellensignatur bezeichneten Operationen. Im Falle einer Interrogation antwortet der Server auf den Aufruf, indem er eine der Terminierungen initiiert, die für die Operation in der Schnittstellensignatur des Servers benannt sind. Der Client erwartet irgendeine der Terminierungen, die für die Operationen in der Schnittstellensignatur des Clients benannt sind. Die Dauer der Operation ist unbestimmt, wenn sie nicht durch Umgebungsverträge gefordert ist, die sich auf die betroffenen Objekte und Schnittstellen beziehen.

Parameterregeln:

Parameter für Signale, Operationsaufrufe und Terminierungen können Bezeichner für Verarbeitungsschnittstellen und Typen von Verarbeitungsschnittstellensignaturen beinhalten. Explizite Repräsentationen von Signaturtypen sind u.a. beim Trading notwendig. So beinhalten z.B. die Parameter von Import- und Exportoperationen Signaturtypen.

Ein formaler Parameter, der eine Verarbeitungsschnittstelle bezeichnet, wird durch einen Signaturtypen einer Verarbeitungsschnittstelle qualifiziert. Der korrespondierende aktuelle Parameter muß eine Schnittstelle mit diesem Schnittstellensignaturtypen (oder einem Untertypen) referenzieren. Der aktuelle Parameter kann nur benutzt werden, wenn er eine Verarbeitungsschnittstelle mit dem selben Signaturtypen wie der des formalen Parameters oder Untertypen dessen referenziert.

Flüsse, Operationen und Signale:

Flüsse und Operationen können mit Hilfe von Signalen definiert werden. So können Signalschnittstellen als Basis für das Binden von mehreren Parteien, der Ende-zu-Ende-Dienstqualitätsmerkmale und dem zusammengesetzten Binding zwischen verschiedenen Schnittstellenarten verwendet werden (z.B. Stream mit operationaler Schnittstellenbindung).

Eine Definition von Flüssen unter Nutzung von Signalen ist kein Bestandteil des Referenzmodells, da eine solche Definition von den Einzelheiten der Interaktionen abhängt, von denen in der Spezifikation der Streamschnittstelle abstrahiert wurde. Operationen können mit Hilfe von Signalen modelliert werden, indem korrespondierende Signalschnittstellen bei den betroffenen Client- und Serveroperationsschnittstellen eingeführt werden.

IV. Typen

Typregeln werden für Signaturen von Verarbeitungsschnittstellen definiert. Subtypingregeln von Signaturen definieren die minimalen Anforderungen an eine Schnittstelle, damit sie eine andere ersetzen kann. Diese Regeln haben die Interaktionssemantik von Verarbeitungsschnittstellen (Signal, Stream und operationale Schnittstellen) als Grundlage. Sie reichen aus, damit eine ersetzte Schnittstelle die Struktur aller auftretenden Interaktionen interpretieren kann. Untertypregeln für Signaturen von Schnittstellen mit anderer Interaktionssemantik können mit Hilfe von Signalen definiert werden.

Subtyping von Signalschnittstellensignaturen

Ein Signalschnittstellensignaturtyp X ist unter folgenden Bedingungen ein Untertyp eines Signalschnittstellensignaturtyps Y:

- für jede initiierende Signalsignatur in Y gibt es eine korrespondierende, initiierende Signalsignatur in X mit dem gleichen Namen, mit der gleichen Anzahl und den gleichen Namen der Parameter, wobei jeder Parametertyp in X ein Untertyp des korrespondierenden Parametertyps in Y ist,
- für jede antwortende Signalsignatur in X gibt es eine korrespondierende, antwortende Signalsignatur in Y mit dem gleichen Namen, mit der gleichen Anzahl sowie den gleichen Namen der Parameter, wobei jeder Parametertyp in Y ein Untertyp des korrespondierenden Parametertyps in X ist.

Subtyping von Streamschnittstellensignaturen

Die Regeln für das Subtyping von Streamschnittstellen hängen von den Einzelheiten der Interaktionen ab, von denen bei der Definition der betroffenen Schnittstellen abstrahiert wurde.

Für Streamschnittstellentypen, die nicht rekursiv definiert sind, sind Constraints in folgendem Sinne definiert. Eine Streamschnittstellensignatur X ist ein Untertyp einer Streamschnittstellensignatur Y, wenn für alle Flüsse mit gleichen Namen gilt:

- ist die Kausalität die eines Produzenten, so ist der Informationstyp in X ein Untertyp des Informationstyps in Y,
- ist die Kausalität die eines Konsumenten, so ist der Informationstyp in Y ein Untertyp des Informationstyps in X.

Subtyping operationaler Schnittstellensignaturen

Für operationale Schnittstellensignaturtypen, die nicht rekursiv definiert sind, sind die Regeln für das Subtyping nachfolgend definiert. Eine operationale Schnittstelle X ist unter folgenden Bedingungen ein Untertyp einer Schnittstelle Y:

- für jede Operationssignatur in Y gibt es eine korrespondierende Operationssignatur in X, die eine Operation mit dem selben Namens definiert,
- für jede Signatur in Y hat die korrespondierende Signatur in X die gleiche Anzahl und die gleichen Namen der Parameter,
- für jede Signatur in Y ist jeder Parametertyp ein Untertyp des korrespondierenden Parametertyps in der korrespondierenden Signatur in X,
- die Menge der Terminierungsnamen einer Operationssignatur in Y enthält die Terminierungsnamen der korrespondierenden Signatur in X,
- für jede Operationssignatur stimmen Anzahl und Namen der Ergebnisparameter der korrespondierenden Signaturen in X und Y überein, und
- für jede Operationssignatur in Y ist jeder Ergebnistyp, der mit einer Terminierung in der korrespondierenden Signatur in X assoziiert ist, ein Untertyp des Ergebnistyps, der den selben Namen besitzt und zum selben Terminierungsnamen in der Signatur von Y gehört.

V. Schablonen

Bei den Schablonen sind insbesondere Verarbeitungsobjektschablonen von Bedeutung. Ein Verarbeitungsobjekt (einschließlich des Spezialfalls eines Bindingobjekts) kann

- Signale und Operationsaufrufe initiieren oder beantworten,
- Flüsse erzeugen oder konsumieren,
- Operationsterminierungen initiieren und beantworten,
- Schnittstellen- und Objektschablonen instanziieren,
- Schnittstellen binden,
- seinen Zustand lesen und modifizieren,
- eine bzw. mehrere Schnittstellen oder sich selbst löschen,
- Spawning-, Forking- und Joiningaktionen durchführen,
- einen Schnittstellenbezeichner für eine Instanz einer Tradingfunktion erhalten,
- testen, ob eine Verarbeitungsschnittstellensignatur Untertyp einer anderen ist.

Jede dieser Aktionen kann auch ausfallen. Die Instanziierung einer Verarbeitungsschnittstelle etabliert beliebig viele Computationalschnittstellenbezeichner für die neue Schnittstelle in dem die Instanziierung durchführenden Objekt. Auf der anderen Seite beinhaltet der Verhaltensausdruck in einer Verarbeitungsobjektschablone eine Beschreibung des Verhaltens, das vorliegt, wenn die Schablone instanziiert ist.

VI. Der Ausfall

Es gibt verschiedene Arten von Ausfällen, die für ein Objekt erlaubt sind. Diese werden durch das Objektverhalten und den Umgebungsvertrag der Objektschablone definiert. Alle o.g. Verarbeitungsaktionen können zu einem Ausfall führen, der durch das Objekt beobachtet werden kann. Interaktionen können durch den Ausfall von beteiligten Objekten, ihr Binding oder beidem unterbrochen werden. Beispiele für Interaktionsausfälle sind Sicherheits-, Kommunikations- und Betriebsmittelausfälle.

Die Instanziierung einer Verarbeitungsobjektschablone oder einer Verarbeitungsschnittstellenschablone fällt aus, wenn der Umgebungsvertrag nicht erfüllt werden kann. Eine Bindingaktion fällt aus, wenn einer der Umgebungsverträge für die zu bindenden Schnittstellen nicht erfüllt werden kann.

VII. Portabilität

Normen für die Portabilität definieren Aktionsschablonen für jede Aktion. Ferner muß die Portabilität adreßspezifische semantische Probleme behandeln:

- Kompositionsregeln für Aktionsschablonen, einschließlich Schablonen für Fork- und Joinaktionen, um Nebenläufigkeit und Synchronisation zu ermöglichen,
- die Ausdrücke, die sich auf Kompositionsoperatoren für Objekt- und Schnittstellenschablonen beziehen sowie
- Ordnungs- und Zustellungsgarantien für Announcements.

Eine Programmiersprache, die zu einer Portabilitätsnorm konform ist, kann eine erlaubte Aktion direkt - z.B. durch eine Bibliotheksfunktion - oder indirekt mit Hilfe syntaktischer Strukturen repräsentieren. Das Referenzmodell identifiziert zwei Klassen von Portabilitätsnormen. Eine Basisportabilitätsnorm beinhaltet dabei:

- Interrogationen und implizites Binding,
- Objekt-, Schnittstellen- und Terminierungsinstanziierungen,
- Unterstützung für Threads mit Spawning-, Forking- und Joiningaktionen,
- Verarbeitungsschnittstellenbezeichner für eine Instanz einer Tradingfunktion,
- den Test, ob die Verarbeitungsschnittstellensignatur Untertyp einer anderen ist.

5.2.4 Engineeringsprache

Dieses Kapitel enthält einen Überblick über die Engineeringsprache. Nach einer kurzen Einleitung werden die Konzepte dieser Sprache im einzelnen vorgestellt. Anschließend wird mittels Beispielen auf die Transparenzarchitektur eingegangen.

Verarbeitungsobjekte sollen durch Engineeringfunktionen unterstützt werden. Dies hat zur Folge, daß eine Abbildung von Verarbeitungsobjekten auf Engineeringfunktionen durchgeführt werden kann. Falls für eine Spezifikation Engineeringkonzepte und Regeln verwendet werden, erhält man eine Engineeringspezifikation. Abbildung 5.7 veranschaulicht die Abbildung eines Verarbeitungsobjekts auf eine Konfiguration von Engineeringobjekten wie Nukleus, Kapsel, Interzeptor und Cluster, die im Anhang C4 beschrieben sind.

Die Abbildung von Verarbeitungs- auf Engineeringschablonen kann mit der Übersetzung von Programmen zur Erzeugung von Objektcode verglichen werden. Die Verfeinerung von Engineeringschablonen zu Clusterschablonen entspricht in diesem Sinne dem Binden von Modulen zur Bildung eines ausführbaren Programms. Eine Kapsel entspricht dem Adreßraum oder Prozeß in Betriebssystemen. Ein Segment des virtuellen Speichers ist ein Beispiel für ein Cluster. Ein Beispiel für einen Knoten ist ein Computer einschließlich seiner Software.

Die Sprache für die Engineeringsicht umfaßt Regeln und Strukturen zur Spezifikation eines Systems aus Engineeringsicht. Die Engineeringspezifikation wird verwendet, um

- die Organisation einer abstrakten Infrastruktur zu beschreiben; dies ist notwendig, um die funktionale Verteilung eines Systems zu unterstützen und die Ausführung der Funktionen des Systems zu ermöglichen,
- die für das Management der physikalischen Verteilung und lokalen Systemressourcen notwendigen Abstraktionen zu identifizieren,
- die Rolle der verschiedenen Objekte zu identifizieren und zu definieren; Objekte können in diesem Sinne z.B. Funktionen sein, die Transparenz unterstützen,
- die Referenzpunkte zwischen verschiedenen Objekten zu identifizieren.

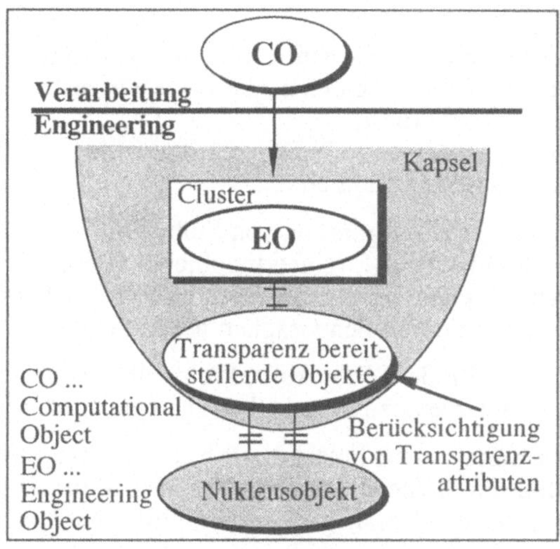

Abb. 5.7 : Abbildung von Verarbeitungs- auf Engineeringobjekte

Eine **Engineeringspezifikation** definiert eine Infrastruktur, welche für die Unterstützung der funktionalen Verteilung eines Systems notwendig ist, indem

- Funktionen identifiziert werden, die für eine Verwaltung der physikalischen Verteilung, Kommunikation, Verarbeitung und Speicherung gefordert werden und
- die Rollen der unterschiedlichen Objekte - z.B. eines Nukleus - identifizieren.

Eine Engineeringspezifikation besteht aus der Beschreibung

- einer Konfiguration von Engineeringobjekten wie Cluster, Kapseln und Knoten,
- den Aktivitäten, die innerhalb dieser Engineeringobjekte ablaufen und
- den Interaktionen zwischen diesen Engineeringobjekten.

Eine Engineeringspezifikation wird durch die Regeln der Engineeringsprache eingeschränkt. Diese Regeln beinhalten

- Kanal-, Schnittstellen-, Binding-, und Relokationsregeln, damit verteilungstransparente Interaktionen zwischen Objekten stattfinden können,
- Cluster-, Kapsel- und Knotenregeln für die Strukturierung von Funktionen und
- Regeln für einen Ausfall.

Zusätzlich zu den im vorangegangenen Kapitel aufgeführten Definitionen werden in der Architektur die in Anhang C.4 beschriebenen Definitionen und Konzepte festgelegt.

I. Der Kanal

Ein Kanal unterstützt verteilungstransparente Interaktionen zwischen Engineeringobjekten. Dies schließt folgendes ein:

- Operationsausführung zwischen einem Client- und einem Serverobjekt,
- eine Gruppe von Engineeringobjekten, die ein Multicasting zu einer Gruppe von Engineeringobjekten durchführt,
- Streaminteraktionen, an denen viele Engineeringobjekte beteiligt sind, die als Produzenten oder Konsumenten fungieren.

Ein Kanal besteht aus einer Konfiguration von Stub-, Binder-, Protokoll- und Interzeptorobjekten, die mindestens zwei Engineeringobjekte verknüpfen. Die Konfiguration besteht aus einem azyklischen Graphen, dessen äußerste Scheitelpunkte aus Stubobjekten bestehen. Jeder Pfad durch den Graphen besteht entweder aus

- einer Reihenfolge von Binder-, Protokoll-, Protokoll- und einem Binderobjekt oder
- Binder-, Protokoll-, Interzeptor-, Protokoll- und einem Binderobjekt.

Das Verhalten eines Kanals wird hinsichtlich Kanalkonfiguration oder Management von Dienstmerkmalen durch Steuerschnittstellen von Stub-, Binder-, Protokoll- und Interzeptorobjekten gesteuert. Derartige Steuerschnittstellen sind optional.

Stubs, Protokoll-, Interzeptor- und Binderobjekte innerhalb eines Kanals können Binding zu anderen Objekten außerhalb des Kanals besitzen, die beispielsweise Relokation- oder Koordinierungsfunktionen erbringen. Ein Interzeptor kann in Abhängigkeit von der Art der benutzten Transformation in Stubs, Binder-, Protokoll-, und Engineeringobjekte zerlegt werden, welche die Kanalstruktur wiederspiegeln.

Objekte innerhalb eines Kanals können selbst wieder Engineeringobjekte sein, die durch Kanäle unterstützt werden.

II. Schnittstellenreferenzen

Engineeringschnittstellen werden zum Zweck des verteilten Bindens eindeutig über Ort und Zeit (*Location in Space and Time*) identifiziert.

Sie werden relativ zum Namensraum einer Managementdomäne definiert. Die Domäne bestimmt die Strategie für Inhalt, Allozierung, Verfolgung und Validierung von Engineeringschnittstellenreferenzen innerhalb der Domäne. Die Domänen können bei Erhaltung von Konsistenz föderiert werden.

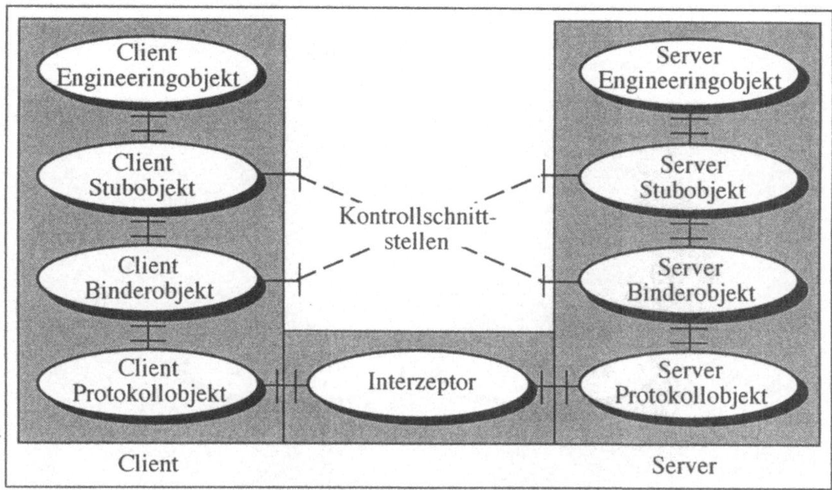

Abb. 5.8 : Ein einfacher Client/Server-Kanal

Engineeringschnittstellenreferenzen enthalten Informationen, die den Aufbau von Bindungen zu Engineeringobjekten gestatten. Diese Informationen erlauben es den Nuklei, Kanäle zu erzeugen. Die Daten, die für das Binding notwendig sind, können aus folgenden Teilen bestehen:

- Schnittstellentyp der bezeichneten Schnittstelle,
- einer Kanalschablone, welche Binder-, Protokoll-, Interzeptor- und Stubobjekte beschreibt, die zur Konfiguration eines Kanals bei verteiltem Binding notwendig sind,
- *Location in Space and Time* (z.B. Adressen) der Kommunikationsschnittstellen,
- Informationen, welche die Entdeckung eines verteilten Bindings ermöglichen, nachdem dieses durch die Relokation eines Engineeringobjekts beschädigt wurde.

Eine Managementdomäne für Engineeringschnittstellenreferenzen kann in Unterdomänen eingeteilt werden. Die Informationen innerhalb der Domäne werden dann als eine Menge von alternativen Informationsmengen organisiert.

Wenn der Nukleus verschiedene Protokolle, Bindeprozesse und Transfersyntaxen unterstützt, gibt die Engineeringschnittstellenreferenz einen Hinweis auf die gültigen Kombinationen, die in einem Binding ausgewählt werden können. Engineeringschnittstellenreferenzen werden durch Nuklei alloziert. Dies erfolgt an Schnittstellen, die Knotenmanagementfunktionen unterstützen. Mit Hilfe der Trackingfunktion kann für Schnittstellenreferenzen festgestellt werden, ob diese an andere Schnittstellen gebunden sind. Die Strategie für ein erneutes Binding an Engineeringschnittstellenreferenzen wird durch die Relokationsfunktion unterstützt.

Diese drei Funktionen (Knotenmanagement, Trackingfunktion und Relokationsfunktion) können durch Nutzung einer Organisationsfunktion für gemeinsame Informationen koordiniert werden.

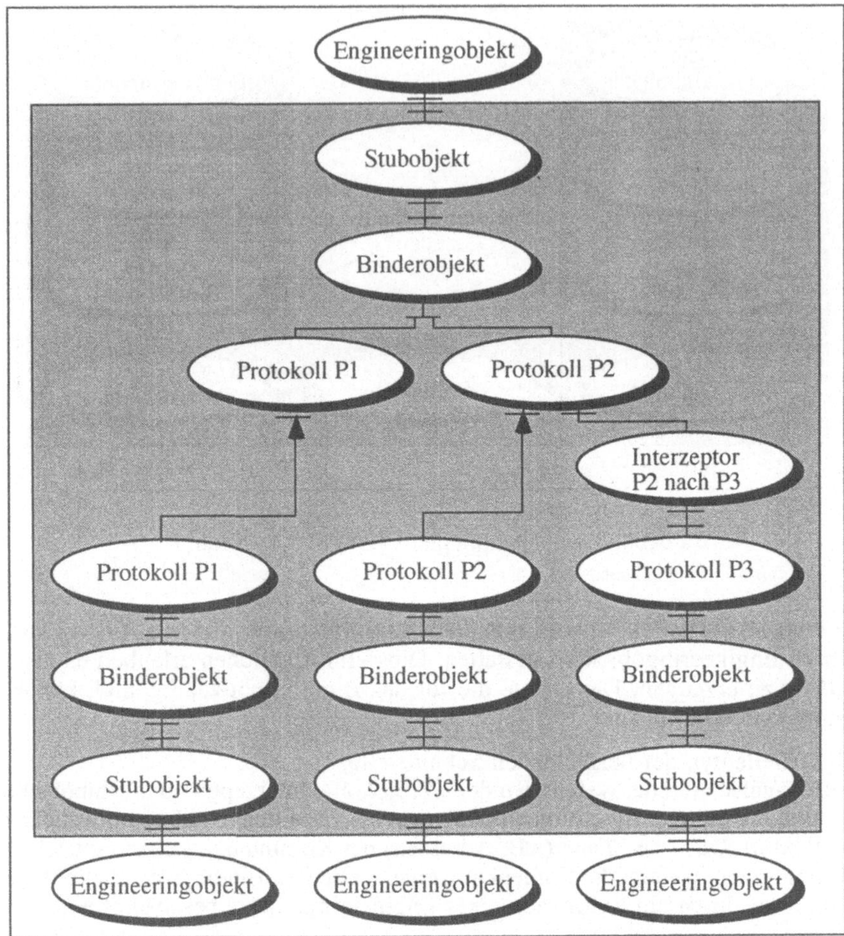

Abb. 5.9: Ein Kanal mit mehreren Endpunkten

Engineeringschnittstellenreferenzen müssen im Namensraum einer Managementdomäne eindeutig sein. Damit diese Eindeutigkeit erreicht wird, müssen die Knoten innerhalb der Domäne koordiniert alloziert werden. Es muß vermieden werden, daß selbst im Falle eines Ausfalls oder einer Relokation eine falsche Schnittstelle oder eine solche, die gar nicht existiert, referenziert wird.

In Systemen, in denen die meisten Schnittstellen ihren Ort nicht wechseln, kann das Management der Schnittstellenreferenzen optimiert werden: der Nukleus kann die Engineeringschnittstellenreferenzen autonom allozieren, der Kanaltyp und der Kommunikationsschnittstellenbezeichner, der mit der Schnittstelle assoziiert ist, können innerhalb der Engineeringschnittstellenreferenz gespeichert und übertragen werden. Die

Relokationsfunktion kann für verschobene Schnittstellen benutzt werden, um Engineeringschnittstellenreferenzen zu validieren und anzupassen.

Bevor der Nukleus eine Engineeringschnittstellenreferenz bereitstellt, konstruiert er eine Kanalschablone, die eine Konfiguration bestehend aus Binder-, Protokoll-, Interzeptor- und Stubobjekten definiert. Zusätzlich baut der Nukleus eine lokale Struktur auf, um ein Binding an die Schnittstelle zu ermöglichen. Außerdem assoziiert er die Schablone und die lokale Struktur mit einer Kommunikationsschnittstelle. Die Engineeringschnittstellenreferenz stellt alle benötigten Informationen zur Verfügung.

Wenn eine Engineeringschnittstellenreferenz über die Grenzen von Managementdomänen übertragen wird, muß sie in geeigneter Weise durch einen Interzeptor transformiert werden, damit sie in der neuen Domäne gültig ist. Für den Wechsel der Domäne muß eine definierte Prozedur existieren.

III. Verteiltes Binden

Kanäle werden durch Nuklei aufgebaut und zwar als Funktion ihrer Knotenmanagementschnittstelle durch Konfiguration der Stub-, Binder-, Protokollobjekte und Interzeptoren. Der Aufbau eines Kanals kann durch ein beliebiges Engineeringobjekt initiiert werden. Verteiltes Binden beinhaltet Interaktionen mit den Nuklei der Knoten, an denen die Schnittstellen gebunden werden. Der Kanalaufbau ist mit einer Kanalschablone und einer Menge von Schnittstellenreferenzen parametrisiert, wobei jeder der Schnittstellenreferenzen eine spezifische Rolle in der Kanalschablone zugewiesen ist. Die Kanalschnittstelle muß mit den Kanaltypen kompatibel sein, die durch Engineeringschnittstellenreferenzen für die zu bindenden Schnittstellen benannt sind. Der Nukleus erzeugt für jedes zu bindende Objekt auf seinem Knoten eine aus Stub-, Binder- und Protokollobjekten bestehende Konfiguration, um die Schnittstellen des zu bindenden Objekts zu unterstützen. Die Protokollobjekte, die den Kanal unterstützen, werden an ihren Kommunikationsschnittstellen verbunden. Die Auswahl und Konfiguration wird durch die Kanalschablone und Kanaltypen der betroffenen Schnittstellenreferenzen bestimmt. Jedem durch den Kanal gebundenen Engineeringobjekt ist für jede Schnittstelle an den Kanal ein Bindeendpunktbezeichner zugewiesen. Dieser wird von Engineeringobjekten benutzt, um die Schnittstelle zu bezeichnen, an der eine verteilte Interaktion zu erfolgen hat.

Kanäle können von beliebigen Engineeringobjekten initiiert werden. Dies ist unabhängig davon, ob sie selbst mit einer Schnittstelle an den Kanal gebunden sind. Dazu benötigt ein Engineeringobjekt eine Menge von Schnittstellenreferenzen. Diese kann das Objekt bei der Initialisierung erhalten: durch Interaktion zwischen dem initiierenden Objekt und dem Nukleus, oder durch eine Kette von Interaktionen mit anderen betroffenen Objekten, z.B. durch Parameterübergabe oder Trading.

Eine Kanalschablone kann verschiedene alternative Konfigurationen enthalten, die unter bestimmten Umständen angewendet werden. Wenn z.B. ein Kommunikationsweg unsicher ist, kann ein Verschlüsselungsstub erforderlich sein.

In Abbildung 5.10 wird ein verteiltes Binden beispielhaft illustriert:

a) zunächst initiiert ein Objekt E1 die Konfiguration eines Kanals, indem es mit seinem Nukleus interagiert:
   1. die Interaktion ist mit einem Kanaltyp, einer Rolle und der Schnittstelle eines Objekts E2, mit dem es gebunden werden soll, parametrisiert;
   2. der Nukleus bindet eine Konfiguration von Objekten bestehend aus Stub S1, einem Binderobjekt und einem Protokollobjekt an die Schnittstelle von E2;
   3. die ausgewählten Typen von Stub-, Binder- und Protokollobjekt werden durch den Kanaltyp- und Rollenparameter bestimmt;
   4. die Ergebnisse der Interaktion sind eine Engineeringschnittstellenreferenz für die Kommunikation mit anderen Objekten und ein Binding der Kontrollschnittstellen des Binders und Stubs an das Objekt E1;

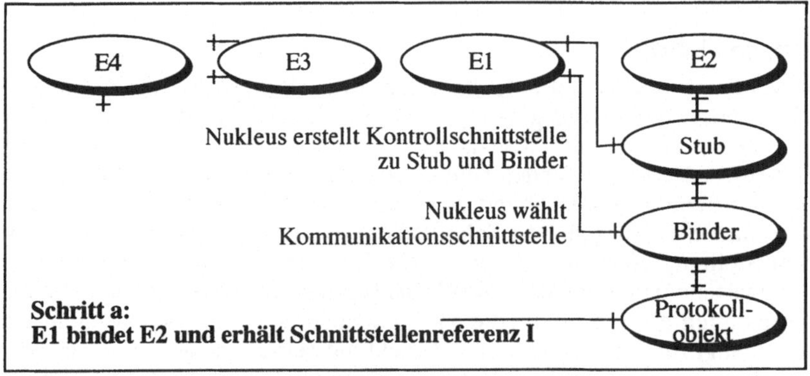

Abb. 5.10.1: Verteiltes Binden - 1. Schritt

b) im zweiten Schritt wird die Schnittstellenreferenz an ein anderes Engineeringobjekt E3 übertragen, das möglicherweise in einem anderen Cluster, einer anderen Kapsel oder einem anderen Knoten liegt;

c) im dritten Schritt interagiert das Objekt E3 mit seinem Nukleus, um an den Kanal gebunden zu werden:
   1. die Interaktion ist mit einem Kanaltypen parametrisiert, einer Rolle und der Schnittstelle des Objekts E4, an das es gebunden werden soll;
   2. der Nukleus bestimmt den Kanaltypen und den Ort des Protokollobjekts aus der Engineeringschnittstellenreferenz I;
   3. der Nukleus bindet eine Kette von Objekten bestehend aus Stub-, Binder-, Protokollobjekt und ggf. einem Interzeptor an das Objekt E4;
   4. die Auswahl der Typen von Stub-, Binder-, Protokollobjekt und Interzeptor wird durch den Rollenparameter und einen gemeinsamen übergeordneten Typ des Kanaltypparameters sowie die Kanaltypen der anderen Beteiligten bestimmt;
   5. das Bindeobjekt des Objekts E2 interagiert mit anderen Bindeobjekten im Kanal, um die Kommunikation durch den Kanal zu ermöglichen;

6. der Nukleus bindet das Objekt E3 an die Kontrollschnittstelle von Bindeobjekt sowie Stub und die Schnittstelle von E4 an die Schnittstelle vom Stub von E2.

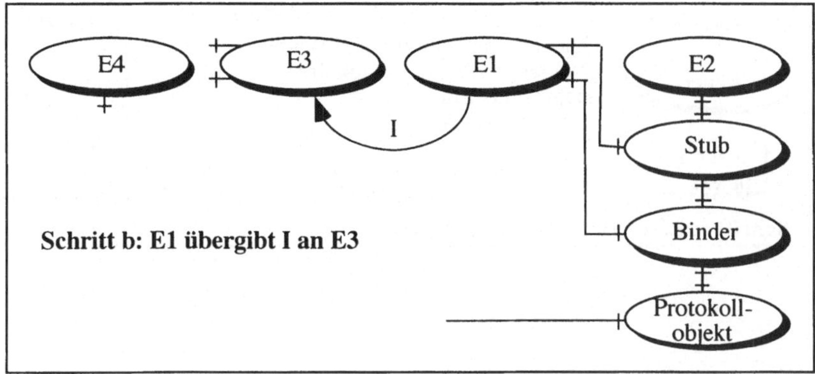

Abb. 5.10.2: Verteiltes Binden - 2. Schritt

Die Schritte b) und c) können mehrfach durchlaufen werden, wenn es sich um Mehrpunktverbindungen handelt. Jedesmal, wenn Schritt c) stattfindet, können Interaktionen an der Kontrollschnittstelle von Stub und Binder des Objekts E1 stattfinden, um dieses Objekt über das Hinzufügen eines weiteren Objekts an das Binden zu benachrichtigen und um E1 ggf. Modifikationen der Eigenschaften des Bindens zu ermöglichen. Stub-, Binder-, Protokollobjekte und Interzeptor können innerhalb eines Kanals in Unterobjekte zerlegt werden.

Wenn ein Kanal Engineeringobjekte verbindet und dabei durch ein gemeinsames Nukleusobjekt unterstützt wird, können alle Protokoll- und Interzeptorobjekte aus der Kanalstruktur entfallen.

IV. Relokation

Engineeringobjekte können reloziert werden als Ergebnis von

- Reaktivierung und Deaktivierung sowie deren Migration,
- Erzeugung eines Sicherungspunktes und Wiederherstellung,
- Managementfunktionen einer Kommunikationsdomäne (z.B. durch Änderung des Bezeichners einer Kommunikationsschnittstelle).

Der Bezeichner einer Kommunikationsschnittstelle kann aufgrund der Änderung einer Netzwerkadresse eines Knotens modifiziert werden. Werden Kanäle erneut aufgebaut, so können auch andere Stub-, Binder- und Protokollobjekte benutzt werden, als vor der Relokation. Deshalb ist ein Kommunikationsschnittstellenbezeichner ausreichend, um eine Schnittstelle eines Engineeringobjekts zu identifizieren.

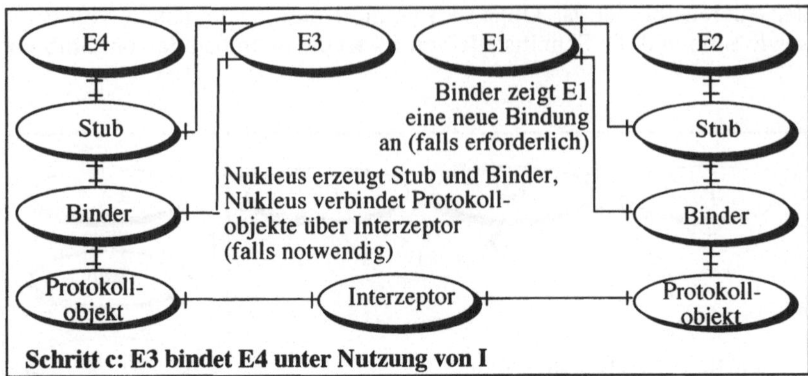

Abb. 5.10.3: Verteiltes Binden - 3. Schritt

Relokation kann den Ausfall eines Kanals verursachen und eine Engineeringschnittstellenreferenz ungültig machen. Ausgefallene Kanäle können dann repariert werden,
wenn die Aktivität, die den Ortswechsel der Engineeringobjektschnittstelle herbei-
führte, die Relokationsfunktion geeignet benachrichtigt.

Die Binder innerhalb eines Kanals können erkennen, ob der Ortswechsel den Kanal be-
einträchtigt. Entweder arbeiten die Binder zusammen, um die Abbildung zwischen Engineeringschnittstellenreferenzen und der Kanalstruktur zu korrigieren - z.B. wenn Relokationstransparenz gefordert ist - oder aber der Kanal fällt aus. Ist diese Transparenz
gefordert, so kann die Relokationsfunktion genutzt werden, um die neuen Orte der beteiligten Engineeringbasisobjekte zu bestimmen.

V. Cluster

Ein Cluster enthält eine Menge von Engineeringobjekten, die mit einem Clustermanager assoziiert sind. Jedes Mitglied des Clusters kann eine Schnittstelle besitzen, welche die Objektmanagementfunktion unterstützt. Eine solche Objektmanagementschnittstelle muß an den Clustermanager des Clusters gebunden sein. Ein Engineeringobjekt innerhalb eines Clusters ist immer an eine Schnittstelle seines Nukleus, der die
Knotenmanagementfunktion bereitstellt, und an seinen Clustermanager gebunden. Zusätzlich kann ein Engineeringobjekt an andere Engineeringobjekte innerhalb desselben Clusters oder in anderen Clustern gebunden werden. Jeder Clustermanager
innerhalb einer Kapsel ist an den Kapselmanager dieser Kapsel gebunden.

Ein Cluster ist immer nur in einer einzelnen Kapsel enthalten. Es ist für seine eigene
Sicherheit selbst verantwortlich, kann jedoch durch Sicherheitsfunktionen unterstützt
werden. Jede unterstützende Funktion muß entweder durch ein Objekt im selben Cluster bereitgestellt werden, oder muß über sichere Interaktionen benutzt werden, wenn
die Funktion außerhalb des Clusters liegt. Engineeringobjekte innerhalb desselben
Clusters können unter Nutzung eines lokalen Bindings interagieren oder unter Nutzung eines verteilten Bindings unterstützt werden. Die Instanziierung eines Clusters

wird durch einen Kapselmanager durchgeführt. Wenn eine Schablone ein Clustersicherungspunkt ist, so ermöglicht es die Instanziierung, ein neues Cluster als Ersatz für das ursprüngliche Cluster zu benutzen, von dem die Clusterschablone abgeleitet worden ist.

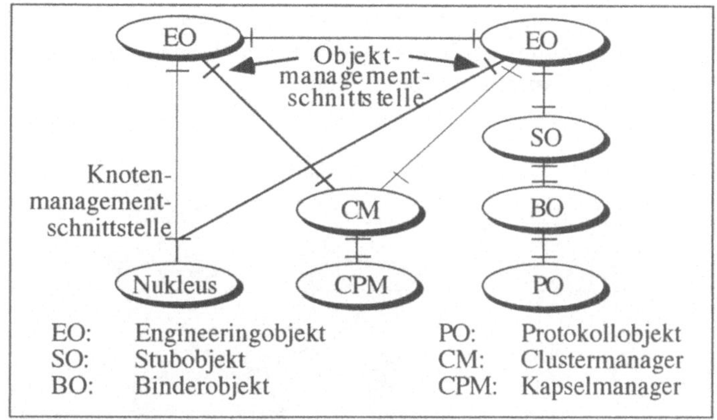

Abb. 5.11: Unterstützung von Engineeringobjekten

Ein Cluster besitzt einen assoziierten Clustermanager. Dieser stellt die Clustermanagementfunktion bereit. Clustermanagementvorschriften können den Clustermanager veranlassen, mit anderen Funktionen zu interagieren. Unabhängig davon enthält der Clustermanager Managementvorschriften für Objekte innerhalb seines Clusters.

Ein Clustermanager unterstützt seinen Kapselmanager bei der Verwaltung von Engineeringschnittstellenreferenzen. Dies kann einen Zugriff auf die sogenannte *Engineering Interface Reference Tracking Function* erfordern. Die Struktur für die Unterstützung eines Engineeringobjekts wird in Abbildung 5.11 illustriert.

VI. Kapseln

Eine Kapsel besteht aus

- einem der mehreren Clustern,
- je einem Clustermanager für jedes Cluster in der Kapsel und
- einem Kapselmanager, an den jeder Clustermanager der Kapsel gebunden ist.

In eine Kapsel können Stub-, Binder- und Protokollobjekte eingefügt werden. Diese unterstützen einen Kanal, der an eine Schnittstelle eines Engineeringobjekts innerhalb eines Clusters in einer Kapsel gebunden ist. Alle Objekte in der Kapsel sind an genau eine Knotenmanagementschnittstelle gebunden, die zu dieser Kapsel gehört. Eine Kapsel ist immer in genau einem Knoten vorhanden und besitzt genau einen Kapselmanager. Der Kapselmanager ist an eine Schnittstelle gebunden, welche die Clustermanagementfunktion für jeden Clustermanager innerhalb der Kapsel bereitstellt. Die Struktur für die Unterstützung eines Engineeringobjekts wird in Abbildung 5.12 illustriert. Dabei wird von den Einzelheiten des Nukleus abstrahiert.

Die Instanziierung einer Kapsel wird durch das Nukleusobjekt unter Nutzung einer Kapselschablone durchgeführt. Diese Schablone spezifiziert die anfängliche Konfiguration der Objekte innerhalb der Kapsel einschließlich des Kapselmanagers. Eine Kapsel besitzt einen Namensraum für *Binding Endpoint Identifier*. Für das Binding werden Engineeringschnittstellenbezeichner genutzt, um Wissen über Engineeringobjektschnittstellen zwischen Kapseln auszutauschen.

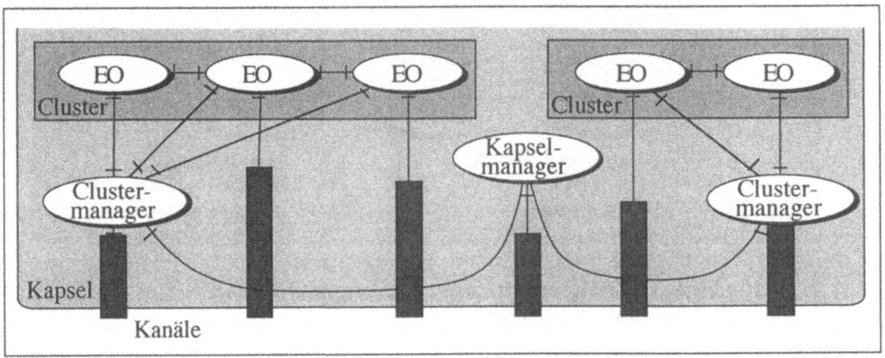

Abb. 5.12: Struktur einer Kapsel

Der Kapselmanager arbeitet nach der Managementstrategie für die Cluster innerhalb der Kapsel. Die Strategie kann den Kapselmanager dazu veranlassen, mit anderen Funktionen zu interagieren, damit die Kapselmanagementaktivitäten vervollständigt werden. Der Kapselmanager verfügt über eine Schnittstelle, an der die Kapselmanagementfunktion bereitgestellt wird.

VII. Knoten

Ein Knoten besteht aus einem Nukleusobjekt und einer Menge von Kapseln. Die Struktur des Knotens ist in Abbildung 5.13 dargestellt. Alle Objekte innerhalb des Knotens teilen gemeinsam Verarbeitungs-, Speicher- und Kommunikationsressourcen. Ein Knoten ist dabei Mitglied von einer oder mehreren Managementdomänen für Engineeringschnittstellenreferenzen. Das Nukleusobjekt stellt jeder Kapsel eines Knotens eine Knotenmanagementschnittstelle bereit.

Die Erzeugung eines Knotens beinhaltet folgende Prozesse:

- das Einbringen des Nukleus, zugehöriger Verarbeitungs-, Speicher- und Kommunikationsfunktionen sowie die Erzeugung von Knotenmanagementfunktionen für das verteilte Binden von Engineeringschnittstellenreferenzen,

- das Einbringen einer Tradingfunktion, sofern diese notwendig ist und
- die Instanziierung von jedem Kanal, der als Teil der Konfiguration des Knotens gefordert ist, z.B. für unterstützende Objekte wie einen Relokator.

Die Menge der Protokollobjekte, die während der Instanziierung des Knotens eingebracht werden, bestimmt die Anfangsmenge der Kommunikationsdomänen, denen der Knoten angehört.

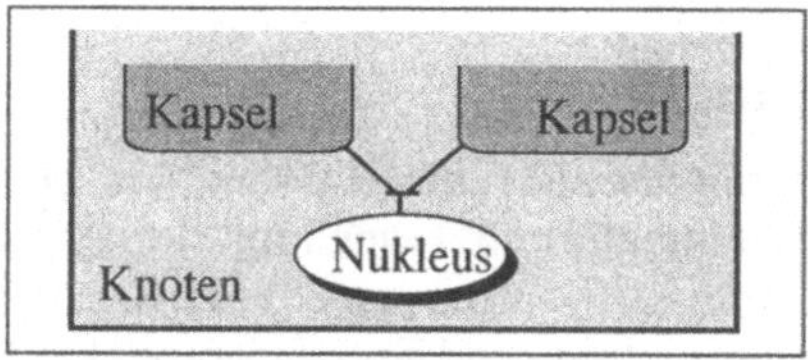

Abb. 5.13: Struktur eines Knotens

Der Nukleus stellt die Knotenmanagementfunktion bereit und enthält eine zugehörige Strategie. Diese kann den Knoten dazu veranlassen, mit anderen Funktionen zu interagieren, damit die Managementaktivitäten vervollständigt werden. Eine Kapsel ist die kleinste Einheit für die Anwendung der Knotenmanagementstrategie, obwohl ein einzelnes Objekt die Knotenmanagementfunktion nutzen kann. Auf verschiedene Kapseln können unterschiedliche Knotenmanagementstrategien angewendet werden.

VIII. Anwendungsmanagement

Anwendungsmanagement ist für die Implementierung von Anwendungsstrategien über den gesamten Lebenszyklus von Clustern (Erzeugung, Deaktivierung, Reaktivierung, Ausfall, Wiederherstellung und Zerstörung) entscheidend. Anwendungsmanagementstrategien können auf einzelne oder eine Menge koordinierter Cluster angewendet werden. Eine Menge verwalteter Cluster bildet einen *Application Management Domain*. Anwendungsmanagement überwacht ferner den Lebenszyklus von koordinierten Mengen von Clustern.

Wenn es angebracht ist - z.B. in Abhängigkeit einer verwendeten Verteilungstransparenz -, so empfängt das Anwendungsmanagement Benachrichtigungen von Ereignissen, die das Cluster beeinflussen. Beispielsweise können Bindingausfälle zu einer Reaktivierung von Clustern oder Berichte über Auslastungen zu einer Migration von Clustern führen. Anforderungen und Benachrichtigungen bezüglich eines Clusters in einem *Application Management Domain* können das Anwendungsmanagement dazu veranlassen, Lebenszyklusaktionen auf anderen Clustern in der Domäne zu initiieren.

IX. Störungen und Ausfall

Ausfälle können danach aufgeteilt werden, ob sie ein Cluster, eine Kapsel, einen Knoten oder Kommunikationsdomänen betreffen.

Die Störung bzw. der Ausfall eines Clusters kann durch den Clustermanager entdeckt werden, die Störung bzw. der Ausfall einer Kapsel durch den Kapselmanager. Die Störung bzw. der Ausfall eines Knotens kann von Protokollobjekten eines anderen Knotens, mit dem eine Verbindung besteht, entdeckt werden; die einer Kommunikationsdomäne von Protokollobjekten, mit denen eine Verbindung besteht.

In Kommunikationssystemen besteht eine prinzipielle Mehrdeutigkeit, die ein Protokollobjekt daran hindert, zwischen Kommunikationsausfällen und entfernten Knotenausfällen zu unterscheiden.

5.2.5 Technologiesprache

Eine Technologiespezifikation definiert die Auswahl von Technologien für ein System. Sie beschreibt u.a. die Implementierung einer Funktion sowie Informationen, die zum Testen notwendig sind. Die Spezifikation wird durch Kosten und Verfügbarkeit von - die Spezifikation erfüllenden - Hard- und Softwareprodukten beeinflußt. Da die Spezifikation sehr implementierungsabhängig ist, gibt es wenige allgemeingültige Regeln.

Zusätzlich zu den Basiskonzepten, die in vorangegangenen Kapiteln eingeführt wurden, definiert die zugehörige Sprache nachfolgende Konzepte und Strukturen zur Spezifikation eines Systems aus technologischer Sicht:

* Implementierbare Norm: ein Muster für ein Technologieobjekt;
* Implementierung: ein Instanziierungsprozeß, dessen Korrektheit getestet wird;
* IXIT (*Implementation Extra for Testing*): Zusatzinformationen für Testzwecke.

Eine Technologiespezifikation definiert die Wahl der Technologie für ein Verteiltes System durch die Konfiguration von Technologieobjekten und ihren Schnittstellen. Eine Technologiespezifikation

* drückt die Art aus, in der Spezifikationen eines Systems implementiert sind,
* identifiziert für die Konstruktion technologierelevante Spezifikationen,
* liefert eine Taxonomie für derartige Spezifikationen und
* macht Aussagen über notwendige Informationen zur Testunterstützung.

Die Technologiespezifikation von ODP-Funktionen kann sich auf Spezifikationen von anderen ODP-Funktionen beziehen. Sie enthält die zusätzlichen Informationen für Konformitätstestzwecke, indem die geforderte Menge von Schablonen und die beschreibenden Namen für alle Referenzpunkte aufgelistet werden. Alle implementierbaren Standards werden in Bezug auf andere Spezifikationen eingeführt.

5.3 Konsistenz zwischen den Sichten

Dieses Kapitel enthält Aussagen und Regeln hinsichtlich der Konsistenz zwischen den Sichten. Spezifikationen in verschiedenen Sprachen der Sichtweisen sollen sich gegenseitig nicht widersprechen, sondern konsistent sein. Deshalb schließt eine vollständige Spezifikation Aussagen hinsichtlich der Übereinstimmung von Ausdrücken und Sprachkonstrukten ein.

Das Referenzmodell definiert keine generischen Übereinstimmungen zwischen Paaren von Viewpointsprachen. Es beschränkt sich auf Spezifikationen und Übereinstimmungen zwischen einer Informationsspezifikation und einer Verarbeitungsspezifikation sowie einer Verarbeitungsspezifikation und einer Engineeringspezifikation. In beiden Fällen werden die Übereinstimmungen als Interpretation von Relationen zwischen Ausdrücken in einer Viewpointsprache und Ausdrücken in einer anderen Viewpointsprache dargestellt. Der Schlüssel zur Konsistenz ist die Idee der Übereinstimmung von Ausdrücken und Sprachkonstrukten einer Viewpointsprache in Relation zu einer anderen.

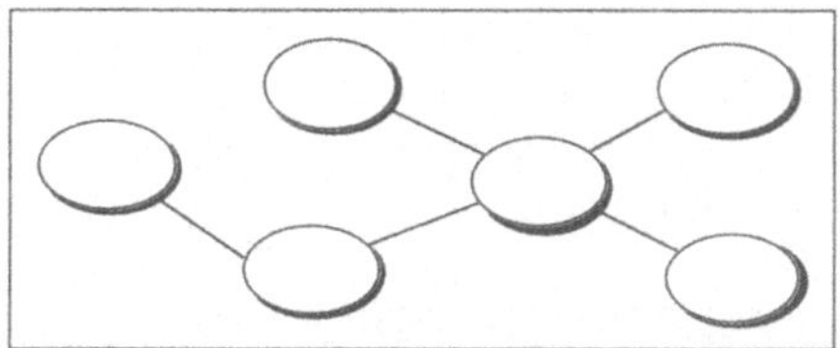

Abb. 5.14: Informationssicht eines Systems

Die Konsistenzanalyse hängt von der Anwendung spezifischer Konsistenztechniken ab. Meist beruhen diese auf Überprüfung hinsichtlich spezifischer Konsistenzfehler und können damit keine absolute Konsistenz zusichern. Eine Art von Konsistenz beinhaltet Übereinstimmungsregeln, die eine Abbildung von einer Sprache auf eine andere steuern. Wenn also eine Spezifikation S1 in der Viewpointsprache L1 und eine Spezifikation S2 in der Viewpointsprache L2 gegeben sind, wobei S1 und S2 das gleiche System spezifizieren, so kann eine Transformation auf S1 angewendet werden, die in einer neuen Spezifikation T(S1) in der Viewpointsprache L2 mündet. Diese kann direkt mit S2 - z.B. zwecks Überprüfung der Verhaltenskompatibilität zwischen den als äquivalent angenommenen Konfigurationen von Objekten - verglichen werden.

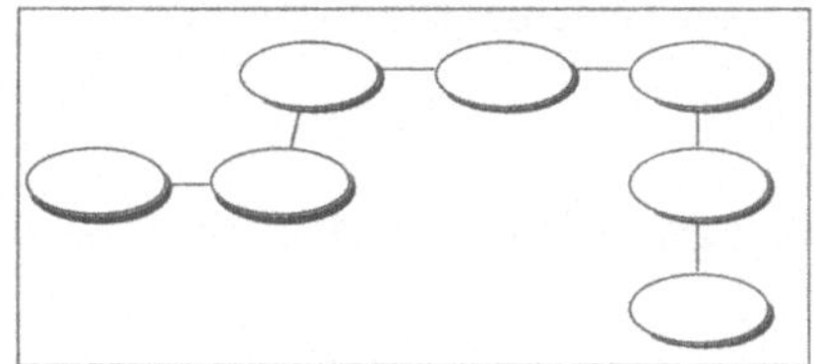

Abb. 5.15: Verarbeitungssicht eines Systems

Konsistenzregeln dürfen nicht als eine Methode für Verfeinerungen betrachtet werden. Die Regeln garantieren noch keine Konfliktfreiheit zwischen den Spezifikationen, vielmehr ist ein Konflikt nachweislich vorhanden, wenn Regeln nicht erfüllt sind. Konsistenzregeln sind folglich notwendige, aber keine hinreichenden Bedingungen.

Im folgenden werde angenommen, daß die Informationsspezifikation eines Systems als eine Menge von interagierenden Informationsobjekten repräsentiert wird, vergleiche Abbildung 5.14.

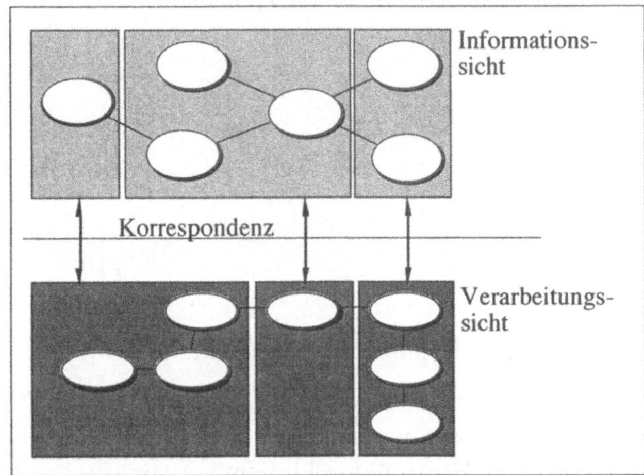

Abb. 5.16: Übereinstimmung zwischen verschiedenen Sichten eines Systems

Das gleiche System kann aus Verarbeitungssicht als eine andere Menge von interagierenden Verarbeitungsobjekten repräsentiert werden, siehe Abbildung 5.15.

Man kann diese Objekte gruppieren, um zu verifizieren, daß die Übereinstimmungsregeln zwischen den Gruppen erfüllt sind. Dies wird in Abbildung 5.16 dargestellt.

Wenn die Konsistenzregeln nicht erfüllt werden können, dann beziehen sich zwei verschiedene Beschreibungen auf verschiedene Systeme.

I. Übereinstimmungen zwischen Verarbeitungs- und Informationsspezifikationen

Das Referenzmodell schreibt keine exakten Übereinstimmungen zwischen Informations- und Verarbeitungsobjekten vor. Insbesondere müssen nicht alle Zustände einer Verarbeitungsspezifikation mit Zuständen der Informationsspezifikation übereinstimmen. Es können Übergangszustände innerhalb von Teilen des Verarbeitungsverhaltens vorhanden sein, von denen als atomare Übergänge in der Informationsspezifikation abstrahiert wird.

Eine Verarbeitungsobjektspezifikation S2 ist konsistent zu einer Informationsspezifikation S1, wenn alle Interaktionen in S1 in Interaktionen einer Verarbeitungsspezifikation S1' abgebildet werden können, so daß S1' verhaltenskompatibel zu S2 ist.

Wenn ein Informationsobjekt mit einer Menge von Verarbeitungsobjekten übereinstimmt, dann stimmen auch die statischen und invarianten Schemata des Informationsobjekts mit den möglichen Zuständen der Verarbeitungsobjekte überein. Jede Zustandsänderung eines Informationsobjekts korrespondiert entweder mit einer Menge von Interaktionen zwischen Verarbeitungsobjekten oder mit einer internen Aktion eines Verarbeitungsobjekts. Die invarianten und dynamischen Schemata des Informationsobjekts korrespondieren mit dem Verhalten und Umgebungsvertrag der Verarbeitungsobjekte. Wenn das Konzept von Informationsschnittstellen in einer Informationsspezifikation benutzt wird, gibt es nicht notwendigerweise eine Korrespondenz zwischen einer Informationsschnittstelle und einer Verarbeitungsschnittstelle.

II. Übereinstimmungen zwischen Verarbeitungs- und Engineering-spezifikationen

Jedes Verarbeitungsobjekt, das kein Bindingobjekt ist, korrespondiert mit einem oder mehreren Engineeringobjekten und allen Kanälen, die sie verbinden. Alle Engineeringobjekte in der Menge stimmen mit diesem Verarbeitungsobjekt überein.

Im allgemeinen korrespondiert jede Verarbeitungsschnittstelle mit genau einer Engineeringschnittstelle und diese Engineeringschnittstelle korrespondiert nur mit dieser Verarbeitungsschnittstelle. Dieser Sachverhalt kann sich jedoch auch anders verhalten, beispielsweise wenn Transparenzen betroffen sind, die Replikationen von Objekten zur Folge haben. In diesem Fall korrespondiert jede Verarbeitungsschnittstelle der replizierten Objekte mit einer Menge von Engineeringschnittstellen.

Jede Verarbeitungs- und Engineeringschnittstelle kann durch beliebig viele Verarbeitungs- bzw. Engineeringschnittstellenbezeichner identifiziert werden. Da eine Verarbeitungsschnittstelle mit einer Engineeringschnittstelle korrespondiert, kann ein Bezeichner für eine Verarbeitungsschnittstelle eindeutig durch einen Bezeichner für eine Engineeringschnittstelle aus der Menge der korrespondierenden Schnittstellen repräsentiert werden.

Jedes Verarbeitungsbinding korrespondiert entweder mit einem lokalen Engineeringbinding oder einen Engineeringkanal. Das lokale Engineeringbinding oder der Engineeringkanal korrespondieren nur mit dem Verarbeitungsbinding. Wenn das Verarbeitungsbinding Operationen unterstützt, muß das lokale Engineeringbinding oder der Engineeringkanal den Austausch von folgenden Komponenten unterstützen:

- Verarbeitungssignaturnamen,
- Verarbeitungsoperationsnamen,
- Verarbeitungsterminierungsnamen und
- Aufruf- und Terminierungsparametern.

Jede Verarbeitungsinteraktion korrespondiert mit einer Kette von Engineeringinteraktionen, die mit einer Interaktion beginnt und endet. Dabei werden ein oder mehrere Engineeringobjekte einbezogen, die mit den interagierenden Verarbeitungsobjekten korrespondieren.

Jedes Verarbeitungssignal korrespondiert entweder mit einer Interaktion zu einem lokalen Engineeringbinding oder einer Kette von Engineeringinteraktionen, welche die konsistente Sicht der Verarbeitungsinteraktion darstellen.

Individuelle Transparenzen spezifizieren zusätzliche Übereinstimmungen. Engineeringobjekte, die mit verschiedenen Verarbeitungsobjekten korrespondieren, können Mitglieder desselben Clusters sein.

In einer vollständig objektorientierten Verarbeitungssprache werden Daten als abstrakte Datentypen repräsentiert. Im Falle der Migration korrespondieren derartige Parameter mit Clusterschablonen. Solche Schablonen können als abstrakte Datentypen repräsentiert werden, deshalb sind strenge Übereinstimmungen zwischen Verarbeitungsparametern und Engineeringschnittstellenreferenzen ausreichend.

5.4 Konformität in Viewpointsprachen

Konformitätsanforderungen werden durch Nutzung aller Sprachen bis auf die Technologiesprache spezifiziert. Alle Schnittstellen, die als Konformitätspunkte definiert sind, besitzen Informationsspezifikationen, um einen gemeinsamen Betrachtungsrahmen für Interaktionen an dieser Schnittstelle aufzubauen.

Ein System ist dadurch gekennzeichnet, daß es an allen als Konformitätspunkten festgelegten Referenzpunkten bezüglich der ODP-Norm konform ist. Referenzpunkte werden innerhalb der Verarbeitungs- und Engineeringsprache bestimmt. Falls ein System zu einer Norm an dem Referenzpunkt konform ist, nicht jedoch an anderen Referenzpunkten, so muß der Implementierer alle notwendigen Informationen über nicht genormte Schnittstellen liefern, damit ein Test der konformen Schnittstellen möglich ist. Nachfolgend werden einige sichtenspezifische Konformitätsaussagen aufgeführt:

- Konformitätsaussagen innerhalb der Unternehmenssprache verlangen, daß das Verhalten eines Systems konsistent bezüglich einer Menge von Zielsetzungen und Strategien ist. Ein Entwickler, der Konformität geltend macht, muß Engineeringreferenzpunkte, die Zugriff zum System ermöglichen, und relevante Engineering-, Verarbeitungs- und Informationsspezifikationen aufführen. Durch diesen Vorgang werden die identifizierten Referenzpunkte zu Konformitätspunkten. Die Menge der an den Konformitätspunkten beobachteten Interaktionen kann in Begriffen der Unternehmenssprache interpretiert werden. Unternehmensspezifikationen können auf alle vier Referenzpunktklassen, vergleiche Kapitel 4, angewendet werden.

- Konformitätsaussagen innerhalb von Informationsspezifikationen erfordern, daß das Verhalten eines Systems konsistent zu einer bestimmten Menge von invarianten, dynamischen und statischen Schemata ist. Ein Entwickler, der Konformität beansprucht, muß die Engineeringreferenzpunkte, die Zugriff zum System ermöglichen, und die Engineering- und Verarbeitungsspezifikationen aufführen, die darauf anzuwenden sind. Durch diesen Vorgang werden die identifizierten Referenzpunkte wieder zu Konformitätspunkten. Die Menge der beobachteten Interaktionen kann dann in Begriffen der Informationssprache interpretiert werden. Auch Informationsspezifikationen können auf alle vier Referenzpunktklassen angewendet werden.

- In der Verarbeitungssprache existiert an jeder Schnittstelle eines Objekts ein Referenzpunkt. Die einzelnen Referenzpunkte können in Abhängigkeit der Anforderungen die vier Referenzpunkte sein, die bereits in Kapitel 4 vorgestellt wurden. Ihre Art wird festgelegt, sobald der Referenzpunkt als Konformitätspunkt durch einen spezifischen Standard oder eine Systemspezifikation bezeichnet wird. In der Verarbeitungssprache werden diese Anforderungen in Begriffen von Schnittstellen und Objektschablonen spezifiziert. Ein Entwickler, der Konformität zu einer Verarbeitungsspezifikation beansprucht, muß die Engineeringreferenzpunkte auflisten, die zum geforderten Verarbeitungsreferenzpunkt korrespondieren. Durch diesen Vorgang werden die identifizierten Referenzpunkte zu Konformitätspunkten. Die Menge der beobachteten Interaktionen kann dann in Begriffen der Verarbeitungssprache interpretiert werden, um festzustellen, ob die Verarbeitungsspezifikation nicht verletzt wurde. Konformität eines Objekts an einem programmatischen Konformitätspunkt kann in Begriffen einer standardisierten Schnittstellenbeschreibungssprache und einer Sprachanbindung erfolgen, welche die Regeln für Portabilität erfüllt. Konformität eines Objekts an einem Interworking-Konformitätspunkt kann in Begriffen von Interaktionen getestet werden, die in Kommunikationsprotokollen sichtbar sind.

- In der Engineeringsprache gibt es programmatische Referenzpunkte am Interaktionspunkt zwischen einem Clustermanager und einem Engineeringbasisobjekt sowie am Interaktionspunkt zwischen einem Engineeringbasisobjekt und einem Nukleus. Außerdem gibt es Interworking-Referenzpunkte jeweils am Interaktionspunkt zwischen Engineeringobjekten. Es kann einen Referenzpunkt der Wahrnehmnung oder einen Interchange-Referenzpunkt an der Schnittstelle eines Engineeringobjekts geben. Für Konfigurationen von Objekten, aus denen ein Kanal besteht, gibt es innerhalb des Kanals einen Referenzpunkt an jedem der folgenden Interaktionspunkte:

  - zwischen Stubs, wobei von Binder-, Protokollobjekten und Interzeptoren innerhalb des Kanals zwischen den Stubobjekten abstrahiert wird,
  - zwischen Stubs und Binderobjekten,
  - zwischen Binderobjekten, wobei von Protokollobjekten und Interzeptoren innerhalb des Kanals zwischen den Binderobjekten abstrahiert wird,
  - zwischen Binder- und Protokollobjekten,
  - zwischen Protokollobjekten und anderen Protokollobjekten innerhalb desselben Knotens, wobei von Interzeptoren abstrahiert wird.

Es gibt außerdem einen Interworking-Referenzpunkt an jedem Interaktionspunkt zwischen Protokollobjekten und anderen Protokollobjekten oder Interzeptoren in verschiedenen Knoten. Steuerschnittstellen von Stubs und Binderobjekten sind programmatische Referenzpunkte. Falls Objekte innerhalb oder außerhalb des Kanals über Schnittstellen mit anderen Objekten außerhalb des Kanals interagieren, dann sind die Referenzpunkte für derartige Schnittstellen durch die rekursive Anwendung dieser Regeln bestimmt. Durch die Definition von Konformität an den Interworking-Referenzpunkten wird die Zusammenarbeit von Systemen ermöglicht, und durch die Definition von Konformität an den programmatischen Referenzpunkten wird Portabilität von Engineeringobjekten zwischen Systemen ermöglicht. Konformität von einzelnen Objekten an programmatischen Referenzpunkten allein garantiert nicht, daß das Objekt auf alle Systeme portiert werden oder mit entsprechenden Objekten, die an andere Nukleusobjekte gebunden sind, zusammenarbeiten kann.

- Die Technologiesprache wird dazu verwendet, sicherzustellen, daß Technologieobjekte Instanzen von implementierbaren Normen sind, die i.a. Konformitätsaussagen enthalten.

5.5 Sichten im Spezifikationsprozeß

Die Sichten können auf den Systemspezifikationsprozeß bzw. den Softwarelebenszyklus angewendet werden, obwohl sie nicht für diesen Zweck definiert wurden. Es ist nicht möglich, eine universelle Methode der Systemspezifikation zu normen, aber einige grobe Richtlinien können vorgegeben werden. Insbesondere können die Sichten den einzelnen Entwurfs- und Implemetierungsphasen zugeordnet werden.

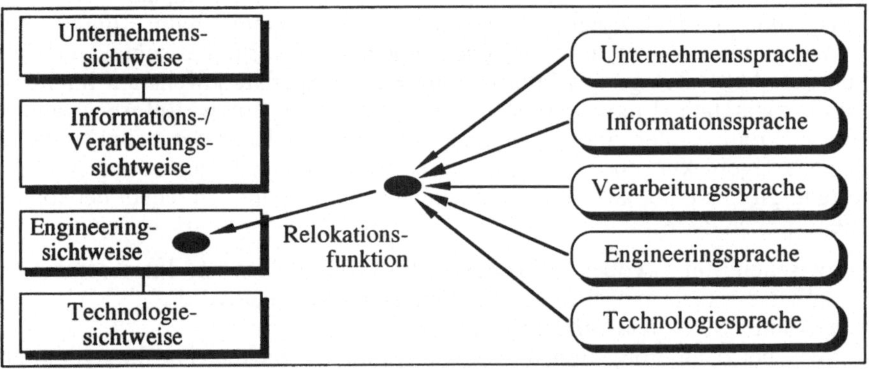

Abb. 5.17: Nutzung von Sichtweisen während der Systementwicklung

Ist ein System neu zu entwickeln, so kann die Realisierung des Systems als Prozeß betrachtet werden, der in Phasen relativ zu den Sichten unterteilt werden kann, siehe Abbildung 5.18. Innerhalb dieses Prozesses wird in der Analysephase das System aus Unternehmenssicht betrachtet. Die Spezifikation der gesamten Anforderungen wird durch einen Prozeß der schrittweisen Verfeinerung in Relation zur Unternehmens-, Informations- und Verarbeitungssicht gewonnen. Entwurfs- und Implementierungsphasen stehen in Relation zur Engineering- und Technologiesicht.

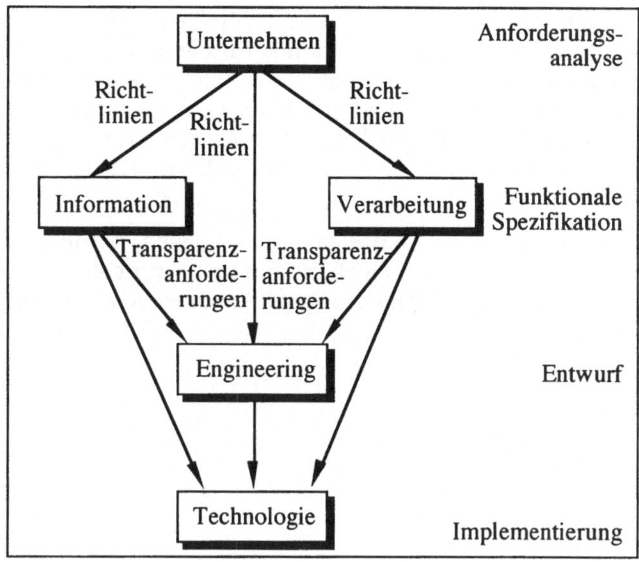

Abb. 5.18: Anwendung von Sichtweisen auf Funktionen

Funktionen können unter Nutzung der Viewpointsprachen beschrieben werden. Gegenwärtig werden ODP-Funktionen innerhalb der Verarbeitungs- oder Engineeringsicht während der Analyse des Systems identifiziert und spezifiziert. Dieser Prozeß wird in Abbildung 5.18 erläutert. Das betrachtete Objekt wird innerhalb der Engineeringsicht während der Systemspezifikation als notwendige Funktion identifiziert.

5.6 Ableitung von ODP-Normen aus dem Rahmenwerk

Das Referenzmodell liefert einen Rahmen für die Definition von neuen und die Nutzung von vorhandenen Normen, wie z.B. OSI, um Offene Verteilte Verarbeitung zu erreichen. Das präskriptive Modell des ODP-Referenzmodells identifiziert dabei folgende Bereiche für mögliche Normentwicklungen:

- Abbildung von ODP-Sprachen auf Notationen für den Entwurf, die Modellierung, Analyse und Programmierung;
- technische Normen für Komponenten verteilter Anwendungsumgebungen und
- technische Normen für verteilte Dienste und Anwendungen.

Die Unternehmenssprache erlaubt die Entwicklung von Normen für die Unternehmensmodellierung von Systemen. Derartige Normen sind Erweiterungen oder Verfeinerungen der Unternehmenssprache. Die Informationssprache ermöglicht die Entwicklung von Normen für die Informationsmodellierung von Systemen. Die Verarbeitungssprache erlaubt die Entwicklung von Normen für die Programmiersprachenanbindung von

Systemen. Die Engineeringsprache unterstützt schließlich die Entwicklung von Normen für ODP-Funktionen, entweder als Normen für einzelne Funktionen oder als zusammengefügte Funktionen, die spezifische ODP-Anforderungen erfüllen. Diese Normen werden detaillierte Spezifikationen von Komponenten für Systeme sein. Außerdem dient die Technologiesprache der Positionierung von internationalen und privaten oder vereinbarten Spezifikationen als Lösungen für die Bereitstellung oder Unterstützung einer ODP-Funktion.

Zusätzlich zur Spezifikation von ODP-Funktionen können die Sprachen für die verschiedenen Sichten für anwendungsorientierte oder nutzerorientierte Normen verwendet werden. Diese Normen sind detaillierte Spezifikationen von Komponenten, die Nutzeranforderungen erfüllen.

6 FUNKTIONEN UND TRANSPARENZEN DER ODP-ARCHITEKTUR

Innerhalb dieses Kapitels wird eine Beschreibung der Funktionen vorgenommen, die notwendig sind, um Verteilte Verarbeitung in Offenen Systemen zu modellieren. Viele Funktionen dienen dazu, Verteilungstransparenz zu realisieren. Die Spezifikationen für einzelne ODP-Funktionen können beim Entwurf von Systemen kombiniert werden. Detailliertere Beschreibungen der Funktionen werden in speziellen Standards vorgenommen.

6.1 Abhängigkeit zwischen Funktionen

Die nachfolgend aufgelisteten Funktionen werden mit einem "*" gekennzeichnet, falls sie integraler Bestandteil der Verarbeitungssprache sind, und mit einem "+", falls sie integraler Bestandteil der Engineeringsprache sind. Folgende Funktionen werden innerhalb des ODP-Referenzmodells definiert:

- Managementfunktionen:
    - Knotenmanagementfunktion +,
    - Objektmanagementfunktion +,
    - Clustermanagementfunktion +,
    - Kapselmanagementfunktion +.

- Koordinierungsfunktionen:
    - Ereignisbenachrichtigungsfunktion,
    - Checkpointing- und Recoveryfunktion,
    - Deaktivierungs- und Reaktivierungsfunktion,
    - Gruppenfunktion,
    - Replikationsfunktion,
    - Migrationsfunktion,
    - Engineeringschnittstellenreferenz-Trackingfunktion +,
    - Transaktionsfunktion.

- Speicherfunktionen (*Repository Functions*):
    - Speicherungsfunktion,
    - Informationsorganisationsfunktion,
    - Relokationsfunktion,
    - Typ-, Repositoryfunktion,

- Tradingfunktion +*.

• Sicherheitsfunktionen:
  - Zugriffskontrollfunktion,
  - Sicherheits-Auditfunktion,
  - Authentifikationsfunktion,
  - Integritätsfunktion,
  - Vertraulichkeitsfunktion,
  - Anerkennungsfunktion,
  - Schlüsselmanagementfunktion.

6.2 Managementfunktionen

In diesem Kapitel werden die wichtigsten Managementfunktionen skizziert.

6.2.1 Knotenmanagementfunktion

Die Knotenmanagementfunktion überwacht und steuert die Verarbeitungs-, Speicherungs- und Kommunikationsfunktionen innerhalb eines Knotens. Sie wird durch Nukleusobjekte an Knotenmanagementschnittstellen zur Verfügung gestellt.

Innerhalb eines Knotens nutzt jede Kapsel eine von jeder anderen Kapsel unabhängige Knotenmanagementschnittstelle. Diese verwaltet Threads, greift auf Uhren zu, erzeugt Kanäle, legt den Ort von Schnittstellen fest und instanziiert Kapselschablonen. Die Knotenmanagementschnittstelle wird von allen anderen Funktionen benutzt.

Es werde im folgenden das **Threadmanagement** betrachtet. Dabei unterstützen Knotenmanagementschnittstellen Interaktionen, um Threads innerhalb einer Kapsel
• zu produzieren (Spawnaktion) und abzuspalten (Forkaktion) sowie
• zu vereinigen, zu verzögern und zu synchronisieren (Joiningaktionen).

Bei **Uhrenzugriff** und **Zeitmanagement** wird ein anderer Sachverhalt betrachtet. Knotenmanagementschnittstellen unterstützen Interaktionen, um die
• aktuelle Zeit in einer spezifizierten Uhrenmanagementdomäne festzustellen sowie
• Timer zu starten, zu überwachen und zu beenden.

Eine andere Form des Managements ist die **Kanalerzeugung und Schnittstellenlokalisierung.** Knotenmanagementschnittstellen unterstützen Interaktionen, um ein
• Binding zwischen Engineeringobjekten von Kapsel und Trader zu erzeugen,
• eine Schnittstellenreferenz zu erzeugen, die ein Binding von anderen Engineeringobjekten zu einem Engineeringobjekt innerhalb der Kapsel gestattet,
• Binding zwischen einem Engineeringobjekt innerhalb einer Kapsel mit anderen Objekten zu gestatten, die durch Schnittstellenreferenzen identifiziert werden, und
• für eine Engineeringschnittstellenreferenz den Typ des entsprechenden Kanals und den Ort der Kommunikationsschnittstelle zu bestimmen.

Um eine Schnittstelle zum Binding an andere Objekte in anderen Kapseln verfügbar zu machen, sind drei Aktionen notwendig:

- Zuweisung einer Engineeringschnittstellenreferenz innerhalb einer sogenannten Engineeringschnittstellenreferenz-Managementdomäne,
- Zuweisung einer Kommunikationsschnittstelle, durch die Bindings zur Schnittstelle aufgebaut werden können,
- Zuweisung eines Kanaltyps für die Schnittstelle.

Ferner besteht die Möglichkeit der **Instanziierung von Kapselschablonen.** Knotenmanagementschnittstellen unterstützen Interaktionen, um Kapselschablonen zu erzeugen. Für das Instanziieren von neuen Schablonen sind folgende Schritte notwendig:

- Verarbeitungs-, Speicherungs- und Kommunikationsfunktionen für eine neue Kapsel im gleichen Knoten zuweisen, in dem der Nukleus die Knotenmanagementschnittstelle zur Verfügung stellt,
- einen Kapselmanager für eine neue Kapsel erzeugen,
- einen Bezeichner für eine Kapselmanagementschnittstelle erzeugen,
- einen Bezeichner für eine Überwachungsschnittstelle einer neuen Kapsel im Nukleus sowie einen Bezeichner für die Kapselüberwachungsschnittstelle erzeugen.

Eine Kapselüberwachungsschnittstelle, die durch Instanziierung einer Kapselschablone erzeugt wurde, gestattet die Zerstörung der Kapsel, beispielsweise wenn der Manager ausgefallen ist. Die Zerstörung der Kapsel zerstört alle darin enthaltenen Objekte.

6.2.2 Objektmanagementfunktion

Die Objektmanagementfunktion verwaltet Engineeringobjekte. Sie ermöglicht es, daß bei einem Objekt sogenannte Wiederaufsetzpunkte definiert werden und das Objekt zerstört werden kann. Ein Objekt muß eine Objektmanagementschnittstelle besitzen, wenn es zu einem Cluster gehört, das aktiviert wird. Verschiedene Objektmanagementschnittstellen können von verschiedenem Schnittstellentyp sein. Die Objektmanagementfunktion wird durch die Clustermanagementfunktion aufgerufen.

6.2.3 Clustermanagementfunktion

Die Clustermanagementfunktion verwaltet Cluster. Sie ermöglicht es, daß bei einem Cluster Wiederaufsetzpunkte definiert werden können, Ausfälle oder Fehler behoben und das Cluster migriert, deaktiviert und zerstört werden kann. Die Clustermanagementfunktion wird durch einen Clustermanager an einer Clustermanagementschnittstelle erbracht.

Die Handhabung von Wiederaufsetzpunkten, Deaktivierung und Replizierung ist nur möglich, wenn alle Objekte innerhalb des Clusters eine Objektmanagementschnittstelle besitzen, welche die Handhabung von Wiederaufsetzpunkten unterstützt. Die Deaktivierung von Clustern ist darüber hinaus nur möglich, wenn die Objektmanagementschnittstellen eine Funktion für die Zerstörung von Objekten enthalten. Eine Clustermanagementschnittstelle unterstützt Interaktionen, welche

- die Änderung der Clustermanagementstrategie erlauben (beispielsweise für den Ort von Wiederaufsetzpunkten oder die Nutzung der Relokationsfunktion),
- das Cluster deaktivieren,

- die Wiederaufsetzpunkte handhaben,
- das Cluster durch eine Kopie ersetzen, die aus einem Wiederaufsetzpunkt gewonnen wurden, beispielsweise eine Löschung gefolgt von Wiederherstellung,
- Migration des Clusters zu einer anderen Kapsel ermöglichen oder
- sein Cluster zerstören.

Eine Clustermanagementschnittstelle muß nicht alle diese Funktionen unterstützen. Deshalb können verschiedene Clustermanagementschnittstellen einen unterschiedlichen Schnittstellentyp haben. Das Verhalten der Clustermanagementschnittstelle ist durch die Managementstrategie ihres Clusters bestimmt. Die Clustermanagementfunktion wird von der Kapselmanagementfunktion, der Deaktivierungs- und Reaktivierungsfunktion, der Checkpoint- und Recoveryfunktion, der Migrationsfunktion und der Engineeringschnittstellenreferenzfunktion genutzt. Ein Clusterkontrollpunkt enthält Informationen, um ein Cluster erneut aufzubauen. Er enthält im einzelnen folgende Bestandteile:

- Kontrollpunkte der Objekte innerhalb des Clusters,
- die Konfiguration der Objekte innerhalb des Clusters,
- Informationen, um verteiltes Binding von Clusterobjekten aufbauen zu können.

Clusterlöschung zerstört alle Objekte innerhalb des Clusters, den Clustermanager sowie alle Objekte, die nur den Cluster und Clustermanager unterstützt haben. Clustermigration ist mit einer Kapselmanagementschnittstelle für die Zielkapsel des migrierten Clusters parametrisiert. Deaktivierung eines Clusters wird von der Deaktivierungs- und Reaktivierungsfunktion koordiniert. Sie erzeugt den Kontrollpunkt eines Clusters, löscht dann das Cluster und seine unterstützende Struktur. Clusterausfall hat die Löschung aller Objekte innerhalb des Clustes und in einigen Fällen die Löschung seiner unterstützenden Struktur zur Folge.

Ein deaktiviertes Cluster kann von einem seiner Kontrollpunkte reaktiviert werden. Diese Reaktivierung wird von der Kapselmanagementfunktion ausgeführt, da der Clustermanager als Teil der **Clusterdeaktivierung** zerstört wurde. Ein Cluster kann aus einem seiner Kontrollpunkte wiederhergestellt werden. Wenn der assoziierte Clustermanager nicht zerstört wurde, kann er die Wiederherstellung initiieren, ansonsten übernimmt diese Aufgabe eine Kapselmanagementfunktion, welche die Erzeugung eines neuen Clustermanagers einschließt.

Clustermigration besteht aus dem Klonen eines Quellclusters in einer Zielkapsel, gefolgt von einem Löschen des Quellclusters. Dies wird durch die Migrationsfunktion koordiniert und ist mit einer Kapselmanagementschnittstelle der Zielkapsel für das migrierte Cluster parametrisiert.

6.2.4 Kapselmanagementfunktion

Die Kapselmanagementfunktion instanziiert Cluster (einschließlich Recovery und Reaktivierung), führt Checkpointing bei allen Clusters innerhalb der Kapsel durch, deaktiviert Cluster innerhalb der Kapsel und löscht Kapseln. Die Kapselmanagementfunktion wird von jedem Kapselmanager an einer Kapselmanagementschnittstelle erbracht. Eine Kapselmanagementschnittstelle gestattet Interaktionen, die

- eine Clusterschablone innerhalb einer Kapsel instanziieren,
- eine Kapsel deaktiviert, indem alle seine Cluster deaktiviert werden,
- bei einer Kapsel Checkpointing durchführt, indem bei allen Clustern Checkpointing durchgeführt wird (unter Nutzung der Clustermanagementfunktion),
- die Kapsel zerstören, indem alle Cluster in der Kapsel zerstört werden, woran sich die Zerstörung des Kapselmanagers anschließt.

Ein Kapselmanager muß nicht alle diese Interaktionen unterstützen. Deshalb können verschiedene Kapselmanager einem unterschiedlichen Typ entsprechen. Das Verhalten eines Kapselmanagers wird von der Managementstrategie seiner Kapsel bestimmt. Die Kapselmanagementfunktion wird von der De- und Reaktivierungsfunktion verwendet.

Die **Instanziierung einer Clusterschablone** beinhaltet

- Instanziierung, Reaktivierung und Recovery von Clustern,
- Einführung eines Clustermanagers für das neue Cluster,
- Erzeugung eines Bezeichners für die neue Clustermanagementschnittstelle,
- Binding des neuen Clusters an andere Objekte gemäß den Engineeringsprachregeln und den Informationen über Binding innerhalb des Clusters.

Eine Clusterschablone kann domänenspezifische Informationen enthalten. Wenn die Schablone in einer anderen Domäne instanziiert werden soll, müssen die Informationen umgeformt werden. Insbesondere müssen Engineeringbezeichner für Schnittstellen korrigiert werden, wenn das Clusters in einer anderen Managementdomäne für Engineeringschnittstellenbezeichner instanziiert wird.

Die **Zerstörung einer Kapsel** umfaßt die Zerstörung des Kapselmanagers und kann zur Zerstörung von Stubs, Bindern, Protokollobjekten oder Inerzeptoren führen, die Objekte in der Kapsel oder den entsprechenden Managern unterstützen.

6.3 Koordinierungsfunktionen

Dieses Kapitel beschreibt die wichtigsten Koordinierungsfunktionen, die prinzipiell in neun verschiedene Klassen unterteilt werden.

6.3.1 Ereignisbenachrichtigungsfunktion

Die Benachrichtigungsfunktion von Ereignissen (*Event Notification*) zeichnet die Historie von Ereignissen auf und stellt sie zur Verfügung. Ein Ereignisproduzent interagiert mit der Benachrichtigungsfunktion, um Benachrichtigungen einer neuen Historie von Ereignissen zu registrieren. Sie unterstützt einen oder mehrere Historientypen und verfügt über eine Ereignismanagementstrategie (*Event Management Policy*). Die **Ereignismanagementstrategie** bestimmt,

- welche Objekte die Historie von Ereignissen erzeugen können,
- welchen Objekten die Erzeugung einer neuen Ereignishistorie angezeigt wird,
- wie derartige Benachrichtigungen durchgeführt werden,
- Dauerhaftigkeits- und Stabilitätsanforderungen für eine Ereignishistorie und

- die Ordnungsrelationen zwischen Interaktionen von Produzenten und Konsumenten von Ereignissen.

Ein Ereigniskonsument interagiert mit der Benachrichtigungsfunktion von Ereignissen, um sich für neue Historien von Ereignissen zu registrieren. In Abhängigkeit von der Ereignismanagementstrategie kann die Interaktion Bindungen zu gegenwärtig verfügbaren Historien aufbauen oder Kommunikation über Historien von Ereignissen ermöglichen, die im Anschluß an die Interaktion erzeugt wurden.

Die Historie von Ereignissen mit starken Anforderungen hinsichtlich Dauerhaftigkeit und Stabilität kann durch die Transaktions- und Replikationsfunktion unterstützt werden. Reihenfolgen und Multicasting können unter Zuhilfenahme der Gruppenfunktion angezeigt werden.

6.3.2 Checkpoint- und Recoveryfunktion

Die Checkpoint- (Kontrollpunkt-) und Recoveryfunktion (Wiederherstellungsfunktion) koordiniert Checkpointing und Wiederherstellung von ausgefallenen Clustern. Diese Funktion enthält die Strategien, um bei einem Cluster ein Checkpointing durchzuführen. Ferner definiert sie, wann und wo Recovery durchgeführt werden soll, wann und wo Checkpoints gespeichert und welche Checkpoints wiederhergestellt werden sollen. Das Checkpointing und die Wiederherstellung von Clustern ist Teil einer Sicherheitsstrategie. Die Checkpoint- und Recoveryfunktion nutzen die Clustermanagementfunktion und die Kapselmanagementfunktion.

Checkpointing liegt in der Verantwortlichkeit der Objektmanagementfunktion und der Clustermanagementfunktion. Checkpointing eines Clusters wird durch seinen Clustermanager koordiniert:

- der Clustermanager nutzt die Objektmanagementfunktion, um einen Wiederaufsetzpunkt für jedes Objekt des Cluster zu erhalten, und
- der Clustermanager macht den Wiederaufsetzpunkt unter Verwendung der Speicherfunktion dauerhaft.

In Abhängigkeit der Wiederaufsetzvariante kann das Checkpointing eines Clusters zum Checkpointing von anderen Clustern führen, die an gemeinsamen Aktivitäten mit dem Cluster teilnehmen:

- der initiale Cluster muß sich in einem konsistenten Zustand befinden, bevor Checkpointing durchgeführt wird,
- alle Clusterkontrollpunkte müssen konsistent sein, beispielsweise müssen alle Kontrollpunkte die gleiche Menge von ausgeführten Operationen umfassen,
- wenn bei einem Cluster Checkpointing durchgeführt wird, muß bei allen Clustern, die Checkpointerfordernisse haben, ebenfalls Checkpointing durchgeführt werden. Diese Regel muß rekursiv angewendet werden, um Konsistenz zu erhalten.

Ein Cluster kann wiederhergestellt werden, entweder in der Kapsel, in der zuvor ein Checkpointing durchgeführt worden ist, oder in einer anderen Kapsel, beispielsweise, wenn die Kapsel später ausgefallen ist. **Recovery** (Wiederherstellung) liegt in der Verantwortlichkeit des Clustermanagers.

Die Checkpoint- und Recoveryfunktion interagiert mit dem Clustermanager oder Kapselmanager, um den Wiederaufsetzpunkt des Clusters zu instanziieren. Bevor ein Cluster wiederhergestellt wird, muß die Checkpoint- und Recoveryfunktion sicherstellen, daß das Cluster zerstört worden ist. Die an das wiederhergestellte Cluster gebundenen Objekte sollen in der Lage sein, zu erkennen, daß sie Interaktionen vom Zeitpunkt nach dem Checkpointing erneut durchführen können.

6.3.3 Deaktivierungs- und Reaktivierungsfunktion

Die Deaktivierungs- und Reaktivierungsfunktion koordiniert die Deaktivierung und Reaktivierung von Clustern. Sie enthält Strategien, wann Cluster deaktiviert werden sollen, wo der Kontrollpunkt, welcher mit der Deaktivierung assoziiert ist, gespeichert werden soll, wann und wo Cluster reaktiviert werden sollen und welcher Kontrollpunkt reaktiviert werden soll.

Die Deaktivierungs- und Reaktivierungsfunktion von Clustern ist Teil einer Sicherheitsstrategie. Die Deaktivierungs- und Reaktivierungsfunktion nutzt die Objektmanagement-, Clustermanagement- und Kapselmanagementfunktion. Sie wird selbst von der Migrationsfunktion verwendet.

Die **Deaktivierung** eines Clusters ist eine Clustermanagementfunktion und beinhaltet folgende Schritte:

- der Clustermanager interagiert mit jedem Objekt innerhalb des Clusters, um einen Kontrollpunkt für die Konstruktion eines Wiederaufsetzpunktes zu erhalten,
- der Clustermanager macht den Wiederaufsetzpunkt dauerhaft (permanent) unter Verwendung der Speicherfunktion,
- der Clustermanager zerstört das Cluster und kann auch selbst gelöscht werden.

Die De- und Reaktivierungsfunktion führt die **Reaktivierung** eines Clusters unter Nutzung der Kapselmanagementfunktion durch, um einen Kontrollpunkt des Clusters in der Zielkapsel zu instanziieren. Diese Funktion kann ein Cluster entweder in der Kapsel, von der es zuvor deaktiviert wurde, oder in einer anderen Kapsel wiederherstellen, beispielsweise um die Infrastrukturbelastung zwischen mehreren Knoten auszugleichen.

6.3.4 Gruppenfunktionen

Die Gruppenfunktion liefert Mechanismen, um Interaktionen von Objekten in Mehrfachbindungen zu koordinieren. Eine Interaktionsgruppe ist eine Teilmenge von Objekten innerhalb eines Bindings, die von der Gruppenfunktion verwaltet werden. Im einzelnen verwaltet diese Funktion für jede Gruppe von gebundenen Objekten

- Interaktionen und die Entscheidung, welche Mitglieder der Gruppe an welcher Interaktion gemäß einer Interaktionsstrategie teilnehmen,
- Sammlung, Entdeckung von Interaktionsausfällen und Wiederherstellung gemäß einer Aufsammlungsstrategie,
- es wird ordnungsgemäß sichergestellt, daß jedes Mitglied Aufrufe in richtiger Reihenfolge gemäß einer Ordnungsstrategie erhält und

- bezüglich der Mitgliedschaft wird der Ausfall von Gruppenmitgliedern behandelt, d.h. Gruppenmitglieder werden gewonnen oder entfernt.

6.3.5 Replikationsfunktion

Die Replikationsfunktion ist ein Spezialfall der Gruppenfunktion, bei dem die Mitglieder der Gruppe verhaltenskompatibel sind, beispielsweise wenn sie von derselben Schablone stammen. Die Replikationsfunktion garantiert, daß die Gruppe gegenüber anderen Objekten wie ein einziges Objekt erscheint, indem sie sicherstellt, daß alle Mitglieder an allen Interaktionen in der gleichen Reihenfolge teilnehmen. Die Strategie für die Mitgliedschaft einer Gruppe, deren Mitglieder repliziert sind, erlaubt es, die Anzahl der Mitglieder zu erhöhen oder zu erniedrigen.

Wird die Replikationsfunktion auf ein Cluster angewendet, so werden die im Cluster vorhandenen Objekte repliziert und in einer Menge identischer Cluster konfiguriert. Die korrespondierenden Objekte bilden in jedem dieser replizierten Cluster eine replizierte Gruppe. Deshalb ist ein repliziertes Cluster auch eine replizierte Gruppe. Die Replikationsfunktion wird durch die Migrationsfunktion genutzt.

6.3.6 Migrationsfunktion

Die Migrationsfunktion koordiniert die Migration eines Clusters von einer Kapsel zur anderen. Sie nutzt dabei die Cluster- und Kapselmanagementfunktion und beinhaltet die Strategien hinsichtlich des Zeitpunktes, an dem ein Cluster migriert. Mögliche Arten der Migration sind Replikation oder Deaktivierung innerhalb einer Kapsel mit anschließender Reaktivierung in einer anderen.

Die Migration eines Clusters zum Zwecke der **Replikation** kann unter Nutzung der Replikationsfunktion durchgeführt werden. Sie besteht aus folgenden Aktionen

- das alte Cluster wird als eine replizierte Gruppe der Größe eins betrachtet,
- eine Kopie vom Cluster wird in der Zielkapsel mit dem Clustermanager erzeugt,
- Objekte in beiden Clustern werden zu Gruppen der Größe 2 zusammengefaßt,
- die Objekte im alten Cluster werden von den replizierten Objektgruppen entfernt, d.h. es bleiben Gruppen der Größe 1 zurück und
- das alte Cluster und sein Manager werden zerstört.

Die Migration eines Clusters unter Nutzung der Deaktivierung und Reaktivierung wird durch den Clustermanager koordiniert und beinhaltet die Deaktivierung des Clusters an seinem alten Ort sowie die Reaktivierung am neuen Ort.

6.3.7 Transaktionsfunktion

Eine Transaktion ist eine Aktivität, die zu einer Menge von Zustandsänderungen entsprechend einem dynamischen Schema und der im invarianten Schema festgelegten Erfordernisse führt.

Die **Aktion von Interesse** (*Action of Interest*) ist dabei eine Aktion innerhalb einer Transaktion, die zu einer signifikanten Zustandsänderung hinsichtlich der Transaktion führt. Aktionen von Interesse sind

- Transaktionsstart, -bestätigung und -abbruch,
- Zustandszugriff und -änderung sowie
- Widerruf von Aktionen von Interesse.

Sichtbarkeit (*Visibility*) ist der Grad, bis zu dem eine Transaktion auf Zustände nebenläufig zu anderen Transaktionen zugreifen kann. Wiederherstellbarkeit (*Recoverability*) ist der Grad, bis zu dem Zustandsänderungen, die sich aus fehlgeschlagenen Transaktionen ergeben, widerrufen werden. Dauerhaftigkeit (*Permanence*) bezeichnet den Grad, bis zu dem Ausfälle die Zustandsänderungen beeinflussen können.

Die Transaktionsfunktion koordiniert und steuert eine Menge von Transaktionen, um einen spezifizierten Grad von Sichtbarkeit, Wiederherstellbarkeit und Dauerhaftigkeit zu erreichen. Die Transaktionsfunktion interagiert mit Objekten, um

- Durchführung, Widerruf und Zusammenhänge von Aktionen zu beobachten,
- die Durchführung von Aktionen zur Vermeidung von Konflikten zu planen,
- durchgeführte Aktionen zur Vermeidung von Konflikten zu widerrufen und sie
- entscheidet, ob Aktionen im Konflikt zueinander stehen.

Die Strategie hinsichtlich einer Transaktionsfunktion bestimmt, welche Aktionen von Interesse sind, welche Aktionen im Konflikt zueinander stehen und welche Aktionen zur Vermeidung von Konflikten widerrufen werden müssen.

6.3.8 ACID-Transaktionsfunktion

ACID-Transaktionsfunktionen sind ein Spezialfall der allgemeinen Transaktionsfunktionen. Innerhalb einer Transaktionsfunktion, die das ACID^2-Modell für Transaktionen unterstützt, sind folgende Größen festgelegt:

- Sichtbarkeit ist durch die Isolation lokaler Transaktionen definiert,
- Wiederherstellbarkeit ist als Anforderung definiert, daß eine Transaktion atomar ist,
- Dauerhaftigkeit ist als Anforderung definiert, daß die Zustandsänderungen aufgrund von Transaktionen dauerhaft sind,
- Konsistenz wird durch die korrekte Ausführung von Transaktionen mit den Eigenschaften von Atomarität, Isolation und Dauerhaftigkeit konform mit den assoziierten dynamischen und invarianten Schemata erreicht.

Eine Transaktionsstrategie wird in Form von Regeln für die Reihenfolge von Transaktionen ausgedrückt.

6.3.9 Trackingfunktion

Die Trackingfunktion (für Engineeringschnittstellenreferenzen) beobachtet die Übertragung von Engineeringschnittstellenreferenzen zwischen Engineeringobjekten in verschiedenen Clustern, um zu bestimmen, wann die mit den Engineeringschnittstellenreferenzen assoziierte Infrastruktur nicht mehr benötigt wird. Dies ist beispielsweise der Fall, wenn sich kein Objekt in einem anderen Cluster an die bezeichnete Schnittstelle binden kann.

Die Trackingfunktion für Engineeringschnittstellenreferenzen verwaltet

- Informationen über den Besitz von Engineeringschnittstellenreferenzen und
- Informationen über das Vorhandensein von Schnittstellen.

Eine **Managementdomäne** für Engineeringschnittstellenreferenzen besteht aus einer Menge von Knoten unter der Kontrolle einer einzelnen Managementfunktion für Engineeringschnittstellenreferenzen. Eine Managementstrategie ist eine Menge von Verboten und eine Erlaubnis, welche die Föderation von Managementdomänen für Engineeringschnittstellenreferenzen bestimmt.

Die Trackingfunktion für Engineeringschnittstellenreferenzen

- wird durch Stubs benachrichtigt, wenn eine Schnittstelle zwischen Clustern ausgetauscht wird,
- wird durch einen Clustermanager benachrichtigt, wenn alle Kopien einer Engineeringschnittstellenreferenz innerhalb des Clusters gelöscht sind,
- entdeckt, wenn keine Kopien einer Engineeringschnittstellenreferenz außerhalb des Clusters gehalten werden und benachrichtigt den betroffenen Clustermanager,
- benachrichtigt die Kapselmanager, die Engineeringschnittstellenreferenzen auf einer Schnittstelle halten, welche ausgefallen oder zerstört sind.

Die Managementfunktion für Schnittstellenreferenzen wird durch die Strategien ihrer Domänen eingeschränkt.

6.4 Repositoryfunktionen

In diesem Kapitel werden die fünf wichtigsten Repositoryfunktionen beschrieben.

6.4.1 Speicherfunktion

Die Speicherfunktion speichert Daten. Ein Datenrepository ist ein Objekt, das die Speicherfunktion zur Verfügung stellt. Es verwaltet Datenmengen. Eine Behälterschnittstelle (*Container Interface*) des Datenrepositories ermöglicht den Datenzugriff. Sie stellt Funktionen zur Verfügung, um

- eine Kopie von Daten zu beschaffen, die mit der Schnittstelle assoziiert sind,
- Daten zu verändern und
- die Behälter mit ihren Daten und der zugehörigen Schnittstelle zu löschen.

Jede Datenmenge ist mit einer Behälterschnittstelle assoziiert, die bei der Datenspeicherung erzeugt wird.

Objekte umfassen Aktionen und Zustände, die fortdauernd oder stabil sind. Die Checkpoint- und Recoveryfunktion oder die Replikationsfunktion können innerhalb einer

Infrastruktur der Speicherfunktion dazu verwendet werden, die notwendige Stabilität zu liefern.

6.4.2 Informationsorganisationsfunktion

Die Informationsorganisationsfunktion (*Information Organization Function*) verwaltet ein Repository von Informationen, die durch ein Informationsschema beschrieben werden und folgende Elemente beinhalteten:

* Modifikation und Erneuern des Informationsschemas,
* Anfragen an das Repository unter Nutzung einer Abfragesprache und
* Modifikation und Erneuern des Repositories.

Die Form der Anfragen und Antworten hängt von der Abfragesprache ab. Die Informationsorganisationsfunktion erlaubt keine Änderungen am Informationsrepository, die zu seinem Informationsschema inkonsistent sind. Diese Funktion kann als ein Repository von Objekten modelliert werden. Diese Objekte dienen im Repository

* zur Definition von Attributen, Eigenschaften und Relationen,
* zur Einfügung und Löschung von Objekten,
* zur Zusicherung und Zerstörung von Attributen, Eigenschaften und Relationen,
* zur Auswahl von Objekten, die ein Prädikat erfüllen.

6.4.3 Relokationsfunktion

Die Relokationsfunktion (*Relocation Function*) verwaltet ein Repository für Schnittstellen, einschließlich des Orts der Managementfunktionen für das die Schnittstelle unterstützende Cluster.

Ein **Relokator** ist ein Objekt, das die Relokationsfunktion zur Verfügung stellt. Jeder Relokator besitzt ein Verzeichnis der Orte von Schnittstellen, die ihren Ort aufgrund des Kommunikationsdomänenmanagements oder von Clustermanagementaktivitäten, wie Deaktivierung, Migration, Replikation oder Recovery eines Clusterwiederaufsetzpunktes geändert haben. Eine Schnittstelle kann mit einem Relokator assoziiert werden. Relokatoren können spezifisch für eine Schnittstelle oder gemeinsam für mehrere Schnittstellen sein.

Wenn ein Relokator mit einer Schnittstelle assoziiert ist, muß dem Relokator jede Schnittstelle eines jeden Objekts innerhalb des Clusters angezeigt werden, dessen Ort geändert wurde. Insbesondere wird dies von einem Clustermanager ausgeführt. Nur Schnittstellen von Objekten, die ihren Ort geändert haben, müssen aufgezeichnet werden. Wenn eine Engineeringschnittstelle gültig bleiben soll, obwohl das sie unterstützende Objekt in einem deaktivierten Clusters oder einem ausgefallenen aber vorher mit einem Kontrollpunkt behandelten Clusters liegt, muß der Relokator eine Strategie zur Nutzung der Koordinierungsfunktion für die Wiederherstellung des Clusters beinhalten. Die Relokationsfunktion unterstützt Interaktionen, um

* den Ortswechsel einer gebundenen Schnittstelle aufzuzeichnen,
* den Schnittstellenort mit Hilfe einer Engineeringschnittstellenreferenz zu validieren,

- die Strategie für die Interaktion mit anderen Funktionen (wie der De- und Reaktivierungsfunktion) festzulegen, wenn der Ort der Schnittstelle validiert wird.

Wenn über die Validierung eine Ortsänderung der Schnittstelle bemerkt wird, kann die Validierung in einer veränderten Engineeringschnittstellenreferenz resultieren, welche die Bestimmung des Orts der Schnittstelle optimiert.

6.4.4 Typrepositoryfunktion

Die Typrepositoryfunktion stellt Möglichkeiten für die Verwaltung und Wartung von Typspezifikationen und Relationen zwischen den Typen zur Verfügung. Sie besitzt genau eine Schnittstelle für jede Typspezifikation, die sie speichert. Die Typrepositoryfunktion kann über Typrelationen, die sie durch Vergleich von Typspezifikationen ableiten kann, unterrichtet sein. Sie erlaubt keinen Aufbau von inkonsistenten Beziehungen. Typspezifikationen sind unveränderlich.

Die Typrepositoryfunktion unterstützt die Erzeugung von Typen und ihrer assozierten Typschnittstellen. Eine Typrepositoryfunktion gestattet Interaktionen zu

- Typspezifikationsanfragen,
- Überprüfungen von Typrelationen und
- Typrelationsanfragen zwischen einem Typ und Untertyp.

6.4.5 Tradingfunktion

Dieser Funktion wird innerhalb der ODP-Standardisierung die z.Z. größte Aufmerksamkeit geschenkt. Deshalb befaßt sich ein separates Kapitel mit der Tradingfunktion, die auch Funktion zur Dienstvermittlung genannt wird, und zwar das Kapitel 7. Dort wird detailliert auf die Realisierung von Teiloperationen, Strukturen und Realisierungen - auch in Bezug auf die verschiedenen Sichtweisen - eingegangen.

6.5 Sicherheitsfunktionen

Alle Sicherheitsfunktionen haben folgende Konzepte gemeinsam:

- Sicherheitsvorschriften: eine Menge von Regeln, die eine oder mehrere Mengen von Aktivitäten von einer oder mehreren Objektmengen einschränken,
- Sicherheitsauthorität: einen Verwalter, der für die Implementierung der Sicherheitsvorschrift verantwortlich ist,
- Sicherheitsdomäne: eine Domäne, in der die Mitglieder verpflichtet sind, einer Sicherheitsstrategie zu folgen, die durch eine Sicherheitsautorität aufgebaut und verwaltet wird,
- Sicherheitsinteraktionsstrategie: Aspekte von Sicherheitsstrategien verschiedener Sicherheitsdomänen, die für Interaktionen zwischen den Domänen notwendig sind.

Man unterscheidet zwischen sieben verschiedenen Funktionen, die im folgenden vorgestellt werden:

Die **Zugriffskontrollfunktion** verhindert den nicht-autorisierten Zugriff auf einen Agenten. Die **Auditfunktion** unterstützt die Überwachung und Sammlung von Informationen über Interaktionen mit anschließender Analyse der Informationen, um die Strategien, Kontrollen oder Prozeduren zu überprüfen. Die **Authentifikationsfunktion** unterstützt die Sicherheit, daß ein Agent auch die Identität hat, die er vorgibt. Das Vertrauen, daß der Agent sich nicht als jemand anders ausgibt oder daß eine nicht autorisierte Kopie einer vorangehenden Aktion beansprucht wird, ist nur zum Zeitpunkt der Nutzung sichergestellt. Die **Integritätsfunktion** verhindert die nicht autorisierte Änderung oder Zerstörung von Daten. Die **Vertraulichkeitsfunktion** verhindert die Bekanntgabe von Informationen an nicht autorisierte Agenten. Die **Anerkennungsfunktion** (*Non-repudiation Function*) verhindert, daß ein Agent erfolgreich leugnen kann, daß er an bestimmten Interaktionen beteiligt war. Die (Sicherheits-) **Schlüsselmanagementfunktion** unterstützt u.a. die Erzeugung, Verteilung, Archivierung, Zerstörung, Widerrufung, Registrierung und Zertifizierung von (Sicherheits-) Schlüsseln.

6.6 Verteilungstransparenzen

Mit die wichtigsten Bestandteile einer Engineeringplattform sind Funktionen zur Realisierung von Transparenzen, wie beispielsweise Orts- oder Zugriffstransparenz. Transparenz ermöglicht, daß Schnittstellen zwischen Objekten spezifiziert werden können, ohne daß die Lage der Objekte oder lokale Datenrepräsentationen berücksichtigt werden müssen. In diesem Abschnitt werden keine festgelegten Vorschriften beschrieben, sondern vielmehr Beispiele von Ausschnitten einer Transparenzarchitektur erläutert. Damit soll ein mögliches Zusammenspiel der Funktionen für bestimmte Transparenzen in einer Engineeringinfrastruktur angedeutet werden. Vorschriften sind entsprechenden ODP-Normen vorbehalten.

Engineeringobjekte interagieren mit auf anderen Systemen vorhandenen Objekten unter Nutzung von Objekten und Funktionen, die Transparenz bereitstellen. Dabei arbeiten Objekte zusammen und vereinheitlichen einige Verteilungsaspekte der Engineeringobjekte, die sie unterstützen. Beispielsweise können sie Aufrufe in den Austausch von Nachrichten mit einheitlichem Datenformat abbilden, um verschiedene Datenkodierungen zu maskieren.

Einige Formen der Transparenz erfordern unterstützende Dienste. Wenn sich beispielsweise Engineeringobjekte von einem Ort zu einem anderen bewegen, muß es Vorkehrungen geben, dies aufzeichnen zu können, um den aktuellen Ort einer Komponente aufzufinden (*Location Service*). Unterstützende Dienste können selbst Transparenzanforderungen stellen. Beispielsweise kann ein Ortsdienst repliziert werden, damit seine Verfügbarkeit erhöht wird.

In einer früheren Version des Referenzmodells wurde Föderationstransparenz definiert. Da diese Transparenz zum Verständnis der Engineeringinfrastruktur beiträgt, wird sie nachfolgend beschrieben. **Föderationstransparenz** verbirgt die Grenzen zwischen administrativen und technologischen Domänen. Sie ermöglicht z.B. die Integration von Systemen unterschiedlicher Architekturen, Ressourcen oder Leistungsfähigkeit und erlaubt eine modulare und damit allmähliche Erweiterung oder Änderung eines Systems

ohne existierende Anwendungen zu beeinflussen. Zwischen administrativen Domänen
wollen Domänen ihre eigenen Zugriffskontrollen zum Zwecke der Sicherheit, Abrechnung und Überwachung sicherstellen. Diese Kontrollen finden zusätzlich zu den bereits in den Objekten selbst vorhandenen Kontrollen statt. An administrativen Grenzen
findet ein Wechsel der Managementverantwortung für Ressourcenzuordnung und
Verläßlichkeitsgarantien statt.

Innerhalb einer Technologiedomäne hat das Nukleusobjekt identische Repräsentationen oder Funktionalitäten von Protokollen, Namensgebung und Adressierung. Zwischen Technologiedomänen ist Protokollkonvertierung und Namensübersetzung notwendig. Das Kontrollobjekt für eine Technologiedomäne kann ein Manager sein, der
die Strategie für Besorgungen oder die Registrierung der Nutzungsberechtigung für
die ausgewählten Technologien ausübt.

Feste **Interzeptoren** stehen für Begriffe wie Gateways, Agenten oder Monitorobjekte,
die zwischen zwei Domänen bestehen und Interaktionen auf der Basis eines Vertrags
zwischen den Administrationen ermöglichen, der die Basis für ihre Föderation spezifiziert. 'Nomadische Interzeptoren' sind notwendig, um passive Cluster zu verfolgen, die
von einem Ort innerhalb eines Systems zu einem anderen durch Medienaustausch
übertragen werden (beispielsweise Versenden einer Floppy-Disk mit der gelben Post).
Ein nomadischer Interzeptor ermöglicht die Verfolgung, indem er an dem Prozeß der er-
neuten Anbindung der ausgetauschten Träger in dem System teilnimmt.

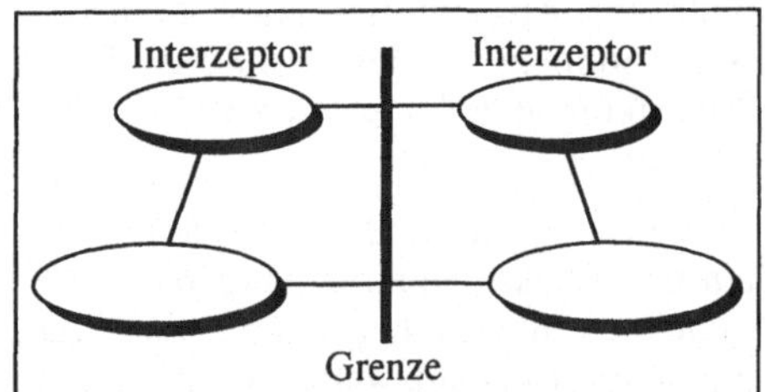

Abb. 6.2: Aufgeteilter Interzeptor - Administrative Grenze

Interzeptoren für administrative Grenzen existieren innerhalb einer Administration und
werden benutzt, wenn dem Interzeptor vertraut werden muß, um die Verantwortung
für eine Administration auszuführen. Beispielsweise kann ein Interzeptor für die Abbildung von Sicherheitsinformationen genutzt werden. Er könnte von der aufrufenden
Objektinfrastruktur vor einer Interaktion genutzt werden. Ein administrativer
Interzeptor kann mit einem ähnlichen Interzeptor in der anderen Domäne kommunizieren, um Informationen wie Sicherheitsschlüssel auszutauschen. Die Übersetzungen,
welche die Interzeptoren ausführen, können von mehreren aufeinanderfolgenden
Interaktionen zwischen Objekten ohne weiteren Aufruf des Interzeptors genutzt werden.

In-Line-Interzeptoren führen Protokoll- und Datenkonvertierungen über technische
Grenzen hinweg aus. Sie sind an allen Objektinteraktionen über die Grenze beteiligt.
Allgemein werden derartige Objekte als Gateway oder Protokollkonverter bezeichnet.
Aus Effizienzgründen würde nur ein Interzeptor pro Übergang verwendet werden, wie
in Abbildung 6.3 angedeutet ist.

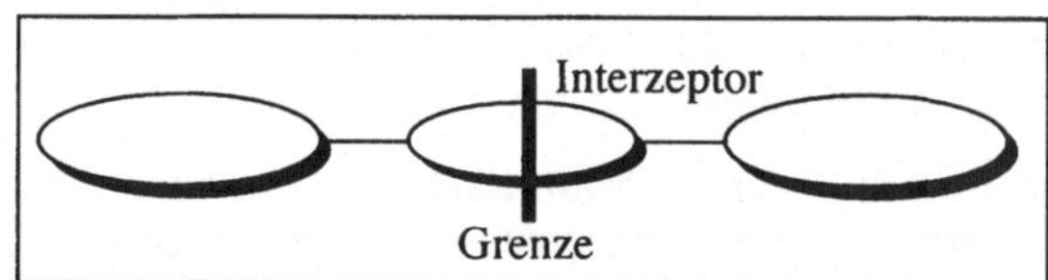

Abb. 6.3: In-Line-Interzeptor - Technologische Grenze

Wenn gleichzeitig eine administrative und technologische Grenze besteht, können In-
Line- und Off-Line-Interzeptoren kombiniert werden. Als Alternative kann der Interzeptor auch aufgeteilt werden, so daß - wie in Abbildung 6.4 gezeigt - je ein In-Line-
Interzeptor innerhalb jeder administrativen Domäne zur Unterstützung des Vertrauens-
verhältnisses vorhanden ist.

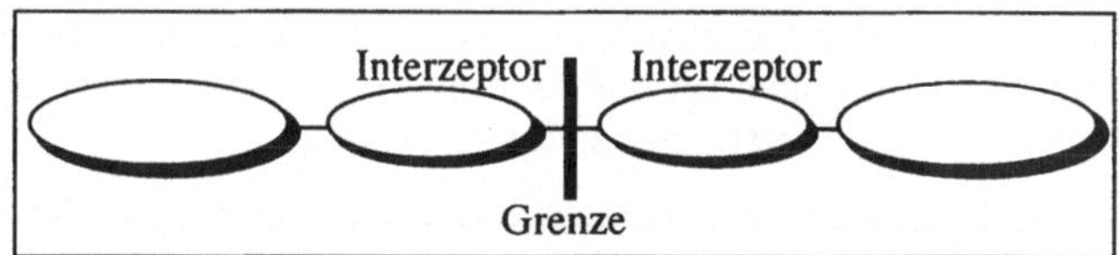

Abb. 6.4: Aufgeteilter Interzeptor - zusammengefaßte Grenze

Entfernbare Datenträger, d.h. Speichermedien können für die Speicherung von Clu-
stern in ihrer passiven Form verwendet werden. Cluster können Referenzen auf andere
Cluster von anderen Speichermedien oder auf aktive Cluster innerhalb einer Kapsel be-
inhalten. Genauso können Objekte, die sich nicht auf einem Speichermedium befinden,
Referenzen auf andere Medien haben. Es können auch interne Referenzen zwischen
Objekten auf einem Medium vorhanden sein. Wenn das Medium entfernt ist und an
anderer Stelle wieder eingefügt wird, müssen diese Referenzen weiterhin gültig sein.
Das führt zu Anforderungen hinsichtlich der Sicherstellung, daß

- migrierende Objekte auf den Medien lokalisiert werden können,
- Objekte im Falle ihrer Aktivierung andere Objekte lokalisieren können und
- Referenzen nach dem Ortswechsel die gleiche Bedeutung behalten wie vorher.

Die Repräsentation von Objekten in passiver Form kann sich an den verschiedenen Orten unterscheiden. Es besteht ein möglicher Konflikt, wenn Quelle und Ziel verschiedene Instanzen des gleichen Namensraums sind, denn der gleiche Bezeichner kann verschiedene Interpretationen in jedem Namensraum haben. Diese Konflikte können vermieden werden, wenn alle Namen nicht absolut sondern kontextrelativ gewählt werden.

Schnittstellentypen sind abstrakt und werden mit Hilfe geeigneter Protokolle implementiert. Die Transparenzanforderung besteht darin, daß eine Transformation zwischen zwei beliebigen Protokollarten durchgeführt werden kann.

Multi-hop-Adressen innerhalb einer Schnittstellenreferenz haben als Vorspann die Adressen eines generischen Weiterleitdienstes von Operationsaufrufen, die innerhalb eines Interzeptors vorhanden sind. Wenn dieser nachfolgend mit der transformierten Schnittstellenreferenz aufgerufen wird, kann der Rest der neuen Adresse dazu verwendet werden, den Originaldienst aufzurufen.

Eine **Proxyschnittstelle** ist einfach ein Weiterleitungsdienst von Aufrufen, der spezifisch für eine Schnittstelle gemacht wurde, indem die originale Schnittstellenreferenz eingefügt wurde. Datentypen, die nicht transformiert werden, können als Objekte innerhalb des Interzeptors instanziiert werden. Interzeptoren können ggf. nicht passende Funktionalität zwischen verschiedenen Technologien angleichen, indem sie die fehlende Funktionalität selbst erbringen.

Föderation macht es erforderlich, daß Trader in jeder Domäne verbunden werden können. Falls auf einen Trader über einen In-Line-Interzeptor zugegriffen wird, dann ist es möglich, nachfolgende Trader auszuwählen bzw. zu traden, aber der Interzeptor muß spezielle Initialisierungsfunktionen für das Trading von wenigstens einem initialen Trader in beiden Richtungen zur Verfügung stellen.

Diese Initialisierung kann realisiert werden, indem der Interzeptor Trader auf beiden Seiten der Grenze zusammenschließt, indem der Interzeptor ein Proxy-Trader wird oder indem sich ein Trader innerhalb des Interzeptors befindet. Die Initialisierung eines In-Line-Interzeptors ist analog zum Mounten eines nomadischen Interzeptors.

Interzeptoren können aus Verarbeitungs- oder Engineeringsicht betrachtet werden. **Engineering-Interzeptoren** sind transparent hinsichtlich ihres Typs und somit in der Lage, Schnittstellen beliebigen Typs anzupassen. **Verarbeitungs-Interzeptoren** dagegen müssen speziell für jeden Schnittstellentyp gebaut werden, der angepaßt werden soll. Das Anpassen und Überprüfen von Typen kann automatisch anhand der Typdefinitionen entweder zur Übersetzungs- oder Laufzeit erfolgen.

In-Line-Interzeptoren können eine große Hilfe sein, den Bereich von *Garbage Collection* einzugrenzen, indem aufgezeichnet wird, welche Schnittstellenreferenzen die Grenzen überschritten haben und welche nicht.

Allgemein gibt es nicht nur Grenzen zwischen zwei Domänen. Eine Mehrfachgrenze kann durch 'n' einfache Grenzen modelliert werden, so daß aus Architektursicht nur der einfache Fall betrachtet werden muß.

Der Transport von unveränderlichen Objekten kann durch die Übertragung von Schablonen anstatt von Schnittstellenreferenzen optimiert werden. Ausnahmen sind Objekte, die Zugriffskontrolle erfordern, da die Kontrollen auf der Kopie nicht mehr erzwungen werden können. Die Verantwortung für das Management von kopierten Objekten liegt innerhalb der Zieladministration, da deren Ressourcen konsumiert werden. Sie ist getrennt von der Administration des ursprünglichen Objekts, da beide Objekte unveränderlich sind.

Transparenz ermöglicht das Verbergen von technischen Einzelheiten hinsichtlich Verteilung von Anwendungsprogrammen. Transparenz kann dabei durch das Zusammenwirken verschiedener Funktionen realisiert werden.

Verteilungstransparenz ist innerhalb von ODP-Systemen selektiv. Neben den in Kapitel zwei vorgestellten Transparenzen gibt insbesondere acht Verteilungstransparenzen, auf die im folgenden eingegangen werden soll:

- Zugriffs- und Ortstransparenz,
- Persistenz- und Ausfalltransparenz,
- Relokations- und Migrationstransparenz,
- Replikations- und Transaktionstransparenz.

Das Verhalten von Stub-, Binder- und Protokollobjekten sowie Interzeptorobjekten innerhalb von Kanälen ist durch die Kombination von Verteilungstransparenzen bestimmt, die für den Kanal gelten. In einigen implementierbaren Standards, die mehr als eine Verteilungstransparenz fordern, können Kompositionsregeln für die Objekte spezifiziert werden, die einzelne Transparenzen unterstützen. Ein einzelnes Objekt kann auch eine Kombination von Verteilungstransparenzen zur Verfügung stellen.

Die Transparenzbeschreibungen innerhalb des Referenzmodells unterstützen folgende Kombinationen von Verteilungstransparenzen:

1. Zugriffs- und Ortstransparenz,
2. (1) und Relokationstransparenz,
3. (2) und Migrationstransparenz,
4. (2) und Betriebsmitteltransparenz,
5. (2) und Ausfalltransparenz,
6. (1) und Transaktionstransparenz,
7. (2) und Transaktionstransparenz.

6.6.1 Zugriffstransparenz

Zugriffstransparenz verbirgt Unterschiede hinsichtlich Datenrepräsentationen und Aufrufmechanismen für das Interworking zwischen Objekten über heterogene Rechnerarchitekturen und Programmiersprachengrenzen hinweg. Sie wird vor allem durch die Auswahl einer geeigneten Kanalstruktur bereitgestellt.

Zugriffstransparenz wird primär durch Stubs realisiert. Die Stubs realisieren die Zugriffstransparenz durch geeignete Konvertierungen, wie Marshalling und Unmarshalling.

- **Marshalling** bezeichnet die Konvertierung von Operationsnamen, Terminierungs-namen, Argumenten und Ergebnissen von internen Repräsentationen zu korrekt formatierten Nachrichten gemäß einer Übertragungssyntax,
- **Unmarshalling** beschreibt die Konvertierung von Operationsnamen, Terminie-rungsnamen, Argumenten und Ergebnissen, die in einer Netzübertragungssyntax repräsentiert sind, in Nachrichten gemäß der internen Repräsentationen des Objekts.

6.6.2 Ausfalltransparenz

Ausfalltransparenz verbirgt die Auswirkungen von Ausfällen bzw. Fehlern vor einem Objekt, um Fehlertoleranz zu erreichen. Dies bezieht sich vor allem auf den Zeitraum während des Kommunikationsvorgangs in Systemkomponenten.

Ausfalltransparenz (*Failure Transparency*) maskiert den Ausfall und mögliches Wie-dererlangen der Funktionalität von Objekten. Ein Stabilitätsschema ist eine Spezifika-tion von Ausfallmodi, die bei einem Objekt ausgeschlossen werden sollen. Die Verfei-nerung der Ausfalltransparenz kann ein Stabilitätsschema durch eine der folgenden Methoden erreichen:

- durch einen Knoten mit Infrastruktur, die den spezifizierten Ausfall ausschließt oder
- durch Nutzung der Checkpointing- und Recoveryfunktion bzw. der Replikations-funktion, um das Objekt zu stabilisieren.

Im Falle der **Replikation** beinhaltet die Verfeinerung der Ausfalltransparenz jeden der folgenden Schritte:

- die Definition einer Objektmanagementschnittstelle, die Checkpointing und Zerstö-rung des Verarbeitungsobjekts unterstützt,
- Einführung einer Replikationsfunktion,
- das Setzen einer Replikationsstrategie für die Cluster, die das Objekt enthalten, und
- Assoziierung eines Relokators, der die Replikation jeder Schnittstelle unterstützt.

Ausfalltransparenz, die auf der Replikation eines Clusters beruht, erfordert insbesonde-re Relokationstransparenz.

Im Falle von **Checkpointing** und **Recovery** beinhaltet die Verfeinerung der Ausfall-transparenz alle nachfolgenden Schritte

- die Definition einer Objektmanagementschnittstelle, die Checkpointing und Zerstö-rung des Verarbeitungsobjekts unterstützt,
- Einführung einer Checkpoint- und Recoveryfunktion,
- Setzen einer Checkpoint- und Recoverystrategie für das Objekt enthaltene Cluster,
- Assoziierung eines Relokators, der das Recovery jeder Schnittstelle unterstützt.

Ausfalltransparenz, die auf Checkpointing und Recovery eines Clusters beruht, erfor-dert Relokationstransparenz.

6.6.3 Ortstransparenz

Ortstransparenz verbirgt Ortsinformationen wenn Schnittstellen identifiziert oder gebunden werden. Dies ermöglicht, daß Objekte auf Schnittstellen ohne Ortsinformationen zugreifen.

6.6.4 Migrationstransparenz

Migrationstransparenz verbirgt die Möglichkeiten des Systems, Ortswechsel von Objekten durchzuführen. Aus Engineeringsicht bewegt sich ein Cluster, von einer Kapsel zu einer anderen und behält dabei seinen Zustand bei, ohne die Interaktionen von - mit dem Cluster interagierenden - Objekten zu unterbrechen.

Ein **Mobilitätsschema** ist eine Spezifikation mit Erfordernissen hinsichtlich der Mobilität von Objekten. Es umfaßt

- Verzögerungserfordernisse hinsichtlich Objektinteraktionen,
- Leistungserfordernisse hinsichtlich der Threads innerhalb von Objekten und
- Sicherheitserfordernisse hinsichtlich des Orts von Objekten.

Migrationstransparenz wird unter Nutzung der Migrationsfunktion erbracht, um den Ort eines Objekts zu kontrollieren. Dabei wird ein Mobilitätsschema erfüllt. Die Verfeinerung der Migrationstransparenz umfaßt

- die Definition einer Objektmanagementschnittstelle, die Checkpointing und Zerstörung eines Verarbeitungsobjekts unterstützt,
- die Einführung einer Replikationsfunktion,
- das Setzen einer Replikationsstrategie für die Cluster, die das Objekt enthalten,
- die Assoziierung eines Relokators, der Replikation jeder Schnittstelle unterstützt.

Die Migrationstransparenz erfordert Relokationstransparenz für das Cluster.

6.6.5 Persistenztransparenz

Persistenztransparenz (*Persistence Transparency*) verbirgt vor einem Objekt die Deaktivierung und Reaktivierung von Objekten. Ein Persistenzschema ist eine Spezifikation mit Erfordernissen hinsichtlich der Nutzung von spezifischen Verarbeitungs-, Speicherungs- und Kommunikationsfunktionen. Die Persistenztransparenz kann unter Nutzung der Reaktivierungs- und Deaktivierungsfunktion erreicht werden, um die Deaktivierung und Reaktivierung von Clustern hinsichtlich der Erfüllung eines Persistenzschemas zu kontrollieren. Die Persistenztransparenzfunktion erfordert:

- die Definition einer Objektmanagementschnittstelle, die Checkpointing und Zerstörung des Verarbeitungsobjekts unterstützt,
- die Einführung einer De- und Reaktivierungsfunktion,
- das Setzen einer De- und Reaktivierungsstrategie für Cluster,
- die Assoziierung eines Relokators, der die Reaktivierung aller Schnittstellen des Objekts unterstützt.

Die Persistenztransparenz erfordert Relokationstransparenz für alle Kanäle, die an das Cluster gebunden sind.

6.6.6 Relokationstransparenz

Relokationstransparenz (*Relocation Transparency*) verbirgt den Ortswechsel einer Schnittstelle vor anderen an sie gebundenen Schnittstellen.

Relokationstransparenz erfordert, daß

- ein Relokator mit jeder Schnittstelle in einem Cluster assoziiert ist,
- die Relokator darüber informiert werden, wenn das Objekt seinen Ort geändert hat,
- die Binder von Interaktionen durch einen Kanal zusätzliche Daten austauschen, um die Gültigkeit des durch den Kanal unterstützten Bindings zu überprüfen.

Letztgenannte Daten werden aus dem Ort in Raum und Zeit abgeleitet, wobei der Ort dadurch gekennzeichnet ist, daß er mit den Engineeringschnittstellenbezeichnern der an den Kanal gebundenen Schnittstellen assoziiert ist.

Entdeckt ein Binder, daß ein Kanal durch Ortswechsel ungültig wurde - beispielsweise durch Beobachtung eines Kommunikationsausfalls -, so ist der Binder, der Relokationstransparenz unterstützt, dafür verantwortlich, die Gültigkeit der Engineeringschnittstellenbezeichner der an den Kanal gebundenen Schnittstelle wieder herzustellen und gegebenenfalls das Binding neu aufzubauen. Die Validierung wird durch die Relokationsfunktion durchgeführt. Wenn der Kanal durch Deaktivierung oder Ausfall eines Objekts, bei dem früher Checkpointing durchgeführt worden ist, ungültig wird, enthält der Relokator eine Prozedur für die Wiederherstellung des Clusters.

6.6.7 Replikationstransparenz

Replikationstransparenz (*Replication Transparency*) verbirgt die Nutzung einer verhaltenskompatiblen Gruppe von Objekten, um eine Schnittstelle zu unterstützen. Ein Replikationsschema ist eine Spezifikation mit Erfordernissen hinsichtlich der Replikation eines Objekts. Es beinhaltet Erfordernisse hinsichtlich der Verfügbarkeit und Leistung des Objekts. Replikationstransparenz wird durch die Nutzung der Replikationsfunktion erreicht, um die Replikation in Hinblick auf die Erfüllung eines Replikationsschemas zu kontrollieren. Die Replikationstransparenzfunktion erfordert

- die Definition einer Objektmanagementschnittstelle, die Checkpointing und Zerstörung des Verarbeitungsobjekts unterstützt,
- Einführung einer Replikationsfunktion,
- das Setzen einer Replikationsstrategie für die Cluster, die das Objekt enthalten und
- die Assoziierung eines Relokators, der Replikation jeder Schnittstelle unterstützt.

Replikationstransparenz erfordert Relokationstransparenz für das Cluster.

6.6.8 Transaktionstransparenz

Transaktionstransparenz verbirgt die Koordinierung von Aktivitäten innerhalb einer Konfiguration von Objekten zur Erlangung von Konsistenz. Ein Transaktionsschema besteht aus einem dynamischen und einem statischen Schema. Diese Schemata definieren Transaktionen und ihre Abhängigkeiten. Transaktionstransparenz wird durch die

Nutzung der Transaktionsfunktion erreicht, um das Verhalten eines Objekts hinsichtlich der Erfüllung eines Transaktionsschemas zu koordinieren.

Eine Systemspezifikation stellt Transaktionstransparenz zur Verfügung, wenn es eine automatische Verfeinerung eines Verarbeitungsobjekts mit einem Transaktionsschema in ein Verarbeitungsobjekt beinhaltet, das die Transaktionsfunktion nutzt, um Zustandsänderungen im Objekt mit einem Transaktionsschema konsistent zu halten. Ein Transaktionsschema ist ein dynamisches und invariantes Schema, das Transaktionen und ihre Abhängigkeiten definiert. Die Transaktionstransparenzfunktion erfordert

- die Ableitung von Transaktionsfunktionsstrategien aus dem Transaktionsschema,
- das Hinzufügen von Checkpointing- und Recoveryoperationen für die Zustände des Objekts,
- das Ersetzen von Bindings durch eine Transaktionsfunktion und
- die Erweiterung der Schnittstellen von Verarbeitungsobjekten.

Letzteres umfaßt die Benachrichtigung der Durchführung von Aktionen, die von Bedeutung sind, und die Wiederherstellung des Objektzustands nach einer Absage.

7 ODP-TRADER

Von den in ODP definierten Funktionen kommt der Dienstvermittlung z.Z. die größte
Bedeutung zu. Ausgeführt wird diese Funktion von einem separaten Objekt, dem sogenannten ODP-Trader. Die Anforderungen an diesen Trader sind innerhalb des ODP-
Referenzmodells in einem separaten Arbeitspapier zusammengefaßt worden. Dieses soll
bis September 1996 zu einem eigenständigen Internationalen Standard (IS) ausgearbei-
tet werden. Die Zielsetzung besteht dabei in den folgenden Aufgaben.

- **Definition des Tradingdienstes**
  Der grundlegende Tradingdienst ist zu definieren. Ferner sind Modellierung, Architektur, Dienste, Protokolle und Konformitätspunkte für den Trader zu beschreiben.

- **Spezifikation der Schnittstellen**
  Die Schnittstellen, welche der Trader seiner Umgebung zur Verfügung stellt, müssen
  spezifiziert werden. Ferner ist die Struktur von Diensten einheitlich festzulegen.

- **Beschreibung der Anforderungen**
  Bei der Beschreibung der Anforderungen an einen Trader soll die Komplexität dieser Beschreibung dadurch reduziert werden, daß die im ODP-Referenzmodell definierten ODP-Sichtweisen einbezogen werden.

- **Föderation von Tradern**
  Es sind Mechanismen zu betrachten, welche die Zusammenarbeit von Tradern unterstützen. Dabei soll die Effektivität jedes einzelnen Traders erhöht werden, ohne
  an Eigenständigkeit zu verlieren.

Der folgende Abschnitt gibt zunächst einen Überblick über die grundlegende Wirkungsweise eines Traders, bevor nachfolgend auf detailliertere Konzepte eingegangen
wird. Die in diesem Kapitel beschriebenen Techniken und Verfahren gehen dabei über
die vom ODP-Referenzmodell vorgeschriebenen Theorien hinaus.

7.1 Das Prinzip eines ODP-Traders

Erweitert man ein als Client/Server-Architektur modelliertes Verteiltes System um eine
dritte Instanz, welche die Vermittlung von Dienstangeboten übernimmt, so spricht man
von einem Importer/Exporter/Trader-System. Eine ausführliche Motivation für diese
dritte Komponente ist in [SPM 94] enthalten. Ein Trader bietet Dienste in einer verteilten Umgebung an. Man sagt auch, daß diese Dienste exportiert werden. Bei Bedarf
können Objekte diese Dienstangebote beim Trader einholen. In diesem Fall sagt man,

daß Dienstangebote importiert werden. Das anbietende Objekt teilt dem Trader mit, daß es existiert und liefert Informationen über sich selbst sowie seine Dienstangebote. Dieser Vorgang wird als **Export** bezeichnet, vgl. (1.) in Abbildung 7.1, das den Dienst anbietende Objekt wird Exporter genannt.

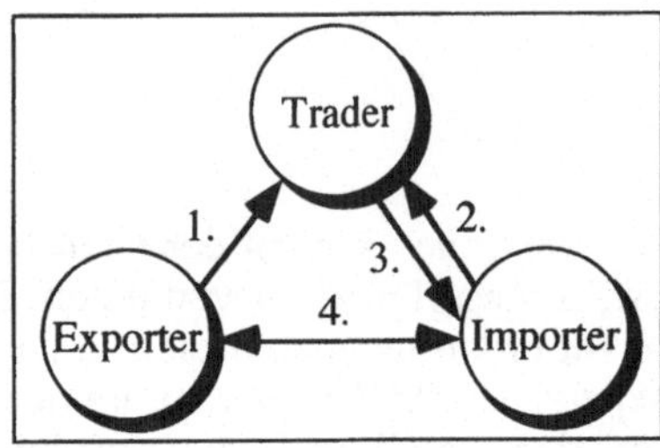

Abb. 7.1: Wechselwirkungen zwischen Trader, Exporter und Importer

Ein anderes Objekt hat nun die Möglichkeit, mit dem Trader in Kontakt zu treten (2.) und nach einer Schnittstelle für einen Dienst mit ausgewählten Charakteristiken zu fragen. Kann diese Anfrage positiv beantwortet werden (3.), so spricht man von einem **Import**, das dienstanfragende Objekt wird Importer genannt. Nach Erhalt der Schnittstellenreferenz hat der Importer die Möglichkeit, direkt mit dem Exporter in Kontakt zu treten und den angebotenen Dienst zu nutzen (4.) Dieser Vorgang entspricht in seiner Abstraktion dem in Abschnitt 4.1.5 vorgestellten Binding. Grundsätzlich kann ein Exporter zu jeder Zeit von seinem Angebot zurücktreten. Dieser Prozeß wird als **Löschen** (bzw. Zurückziehen, *Withdraw*) des Exports bezeichnet.

Der Trader kann zwei Operationen zum Zwecke der eigentlichen Dienstvermittlung ausführen, und zwar das **Suchen** (*Search*) von geeigneten Diensten und die **Auswahl** (*Selection*) eines 'optimalen' Dienstes aus der Menge der verfügbaren Dienstangebote. Der ausgewählte Dienst muß dabei den Anforderungen des Dienstnutzers entsprechen, d.h. die Auswahl muß auf der Grundlage der geforderten Charakteristiken erfolgen. Eine erfolgreiche Dienstvermittlung ist nur möglich, wenn die Dienstspezifikation des Importers eine Teilmenge der Dienstspezifikation des Exporters ist, also einen vorhandenen oder weniger komfortablen Dienst im Verhältnis zu den verfügbaren Angeboten anfordert, vgl. Subtyping in Abschnitt 4.1.7.3.

Aus den beschriebenen Abläufen resultieren folgende Funktionalitäten eines Traders in einer ODP-Umgebung:

* **Dienstexport:**
  Objekte müssen ihre Dienste anbieten, d.h. exportieren können,

* **Dienstimport:**
  Objekte müssen Informationen über einen oder mehrere exportierte Dienste entsprechend gewissen Kriterien abrufen, d.h. importieren können,

- **Struktur:**
  die Menge der exportierten Dienste muß gemäß bestehender Regeln oder Vorschriften eingeteilt werden können, und

- **Föderation:**
  es muß eine Zusammenarbeit zwischen Tradern ermöglicht werden.

Um die zuletzt genannte Zusammenarbeit von Tradern zu realisieren, werden kooperierende Trader betrachtet. Diese werden auch **Traderföderation** (*Trader Federation* oder Traderverbund) genannt.

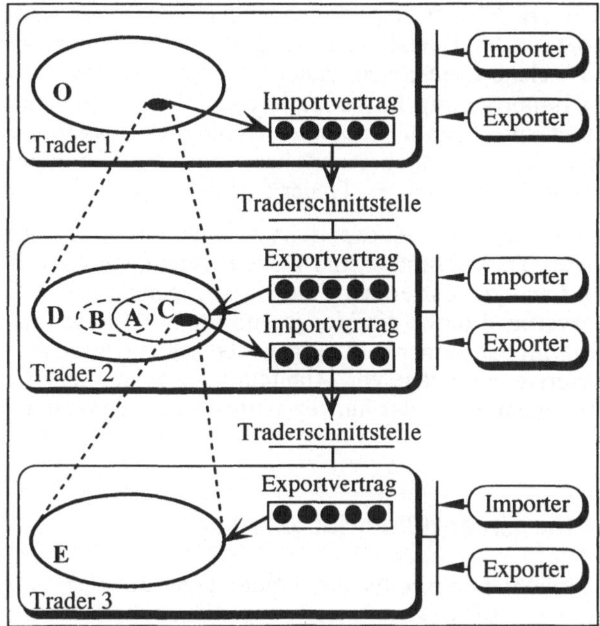

Abb. 7.2: Suchpfad für den Informationsaustausch über mehrere Traderschnittstellen

Eine Traderföderation ermöglicht es, die Dienstangebote eines Traders anderen Tradern verfügbar zu machen. Um in den Verbund eingegliedert zu werden, muß ein Trader in der Lage sein, von mindestens einem anderen Trader des Verbunds Angebote zu importieren oder an mindestens einen Trader der Föderation Dienstangebote exportieren zu können.

In einem dezentralen Traderverbund hat jeder einzelne Trader die Möglichkeit, Verbindungen mit der Menge der mit ihm verbundenen Tradern zu verwalten. Sollen von einem entfernten Trader Dienstangebote importiert werden, so muß der jeweilige Trader

einen **Importvertrag** (*Import Contract*) mit dem entfernten Trader abschließen, vgl.
auch Abschnitt 7.3.5.1.

Für jeden entfernten Trader, von dem ein Trader importieren möchte, muß ein eigener
Vertrag erstellt werden. Dieser Vertrag hält fest, auf welche Dienstangebote des entfernten Traders zugegriffen werden darf und welche Regeln für die Abbildung der Anforderungen des lokalen Traders auf die des entfernten Traders zugrunde liegen.

Auf der anderen Seite soll auch der Dienstexport an einen entfernten Trader betrachtet
werden. Zu diesem Zweck bietet der lokale Trader dem entfernten Trader einen Dienst
für den Föderationsaufbau an.

Der exportierende Trader besitzt in analoger Weise einen **Exportvertrag** (*Export
Contract*) mit dem zugehörigen importierenden Trader. Dieser Vertrag hält fest, auf
welche Bereiche der lokalen Datenbasis des exportierenden Traders sich der Zugriff er-
strecken darf und welche Diensttypen dabei betrachtet werden. Da es zu jedem Exportvertrag einen Importvertrag im kooperierenden Trader gibt, können die Abbil-
dungsvorschriften entsprechend übernommen werden. Der exportierende Trader stellt
eine Schnittstelle für den Informationsaustausch mit dem importierenden Trader zur
Verfügung und gibt dem anfragenden Trader eine Schnittstellenbezeichnung bekannt.

Für jeden entfernten Trader, an den exportiert wird, gibt es einen separaten Exportvertrag. Aus Sicht dieses Traders besteht eine Traderföderation aus der Menge der Exportverträge, die er mit anderen entfernten Tradern eingegangen ist, während aus Impor-
tersicht der Traderverbund durch die Menge von Importverträgen mit entfernten Tradern bestimmt wird. Im Falle einer beidseitigen Abmachung zwischen zwei Tradern liegen auch zwei Föderationsverträge vor. Abbildung 7.2 zeigt einen Suchpfad, der dann
entsteht, wenn über mehrere Trader hinweg vorhandene Informationen weitergegeben
werden.

7.2 Architektur dienstvermittelnder Szenarien

Aus Unternehmenssicht unterbreitet ein Trader Dienstnutzern Angebote. Dadurch
kann ein Kunde in das ODP-System integriert werden, ohne Vorkenntnis über Dienstanbieter, die seinen Anforderungen gerecht werden, zu besitzen.

Bei dieser strukturellen Betrachtung unterscheidet man drei verschiedene Interessens-
gemeinschaften oder Bereiche: die Tradinggemeinschaft, das Tradingsyndikat und die
Tradingföderation. Auf diese Komponenten soll im folgenden aus der Sicht des Unternehmens eingegangen werden.

7.2.1 Die Tradinggemeinschaft

Die **Tradinggemeinschaft** (TG, *Trading Community*) umfaßt neben dem Trader auch
Importer, Exporter, den Tradingadministrator, einen *Policy Maker*, den *Trader Owner*
(Eigentümer des Traders), einen *Internal Arbitrator* und einen *Policy Controller*. Der
Zusammenschluß dieser Komponenten erfolgt zum Zwecke des Tradings und ist der
Trading Policy (Tradingvorschrift) unterstellt.

Die einzelnen, den Tradingbereich bildenden Komponenten sollen im folgenden näher erläutert werden. Aus Unternehmenssicht ist der Trader selbst ein Bestandteil der Tradinggemeinschaft, der Dienstangebote von Exportern erhält und Dienstanfragen von Importern beantwortet. Dabei muß sich der Trader gewissen Tradervorschriften unterordnen. Die Komponenten Exporter und Importer sind in der im Abschnitt 7.1 einführend erklärten Art und Weise zu verstehen.

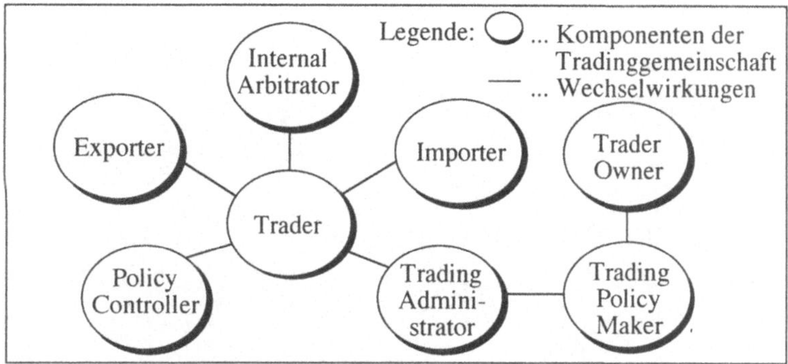

Abb. 7.3: Wechselwirkungen innerhalb einer Tradinggemeinschaft

Ein **Tradingadministrator** (*Trading Administrator*) ist ein Objekt, dessen Aufgabe darin besteht, die Tradingvorschrift eines Traders durchzusetzen. Im Gegensatz dazu besitzt der Vorschriftenerzeuger (*Trading Policy Maker*) eines Traders die Aufgabe, Verhaltensregeln eines Traders entsprechend bestehenden Anforderungen zu definieren. Die Aufgaben des Internen Schiedsrichters (*Internal Arbitrators*) bestehen darin, Konflikte innerhalb eines Tradingbereichs zu beseitigen. Die Komponente der Vorschriftenkontrolle übt eine Steuerfunktion aus.

Abbildung 7.3 stellt eine Tradinggemeinschaft dar, in der die Wechselwirkungen der einzelnen Komponenten ersichtlich werden. Innerhalb eines Tradingbereichs sind zwei Aktionen möglich: der Dienstexport und der Dienstimport. Beim Dienstexport stellt der Exporter dem Trader einen Dienst zur Verfügung. Zum Teil gilt, daß ein Dienstangebot nur über den Zeitraum bestehen bleibt, indem die Wechselwirkung zwischen Exporter und Trader andauert. Innerhalb eines Tradingbereichs kann ein und dasselbe Objekt sowohl die Rolle eines Exporters als auch die eines Importers annehmen.

7.2.2 Tradingsyndikat und Tradingföderation

Unter einem **Tradingsyndikat** (*Trading Syndicate*) versteht man eine Menge von Tradinggemeinschaften mit einem gemeinsamen Administrator. Diese Architektur wird gebildet, um Dienstangebote individueller Tradinggemeinschaften auch anderen Kunden verfügbar zu machen.

Die **Tradingföderation** (*Trading Federation*) umfaßt einen Verbund von Tradingsyndikaten und einen externen Schiedsrichter (*External Arbitrator*). Dieser dient dazu, Konflikte zwischen verschiedenen Tradingbereichen zu schlichten. Abbildung 7.4 verknüpft zwei Tradinggemeinschaften zu einem Tradingsyndikat und faßt dieses durch Hinzufügen eines externen Schiedsrichters zu einer Tradingföderation zusammen.

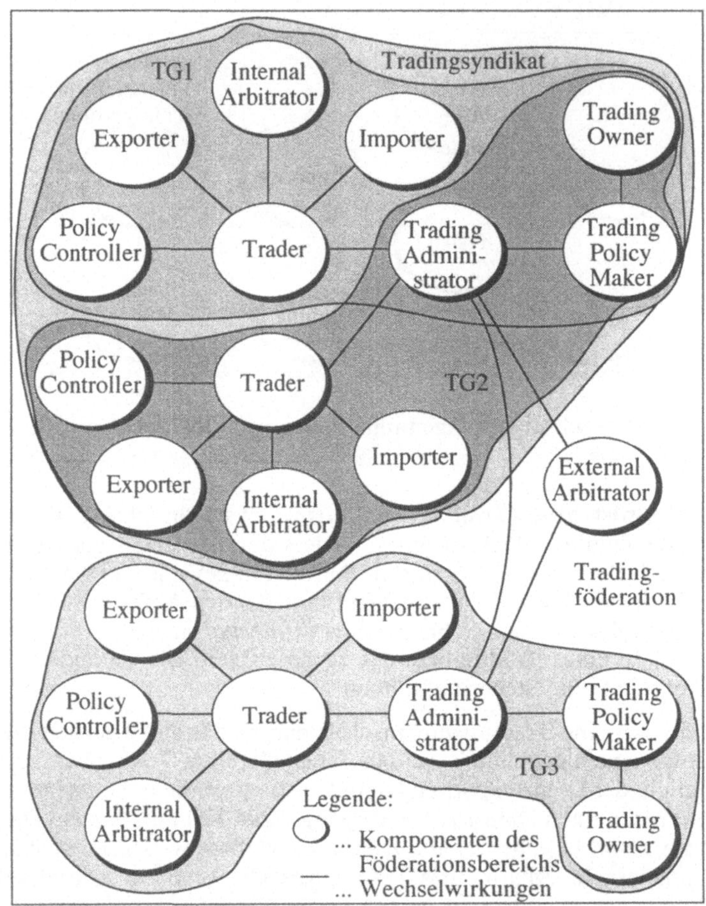

Abb. 7.4: Zusammenschluß von Tradinggemeinschaften zu einer Tradingföderation

Innerhalb der Tradingföderation können drei grundlegend verschiedene Aktivitäten auftreten: Föderationsaufbau, -export und -import. Unter dem **Föderationsaufbau** (*Federation Establishment*) versteht man eine Wechselwirkung zwischen zwei Tradingsyndikaten mit dem Ziel, einen Traderverbund aufzubauen. Dabei liegen Verhaltensregeln des Traderverbunds beider Traderbereiche zugrunde. Der **Föderationsexport** (*Federation Export*) ist die Wechselwirkung zwischen einer Menge von Tradern innerhalb einer Traderföderation. Dabei stellt ein Trader anderen Tradern Dienstangebote zur Verfügung. Unter einem **Föderationsimport** (*Federation Import*) versteht man analog die Wechselwirkung einer Menge von Tradern innerhalb einer Föderation, wobei ein Trader Dienstanfragen an andere Trader weiterleitet. Ein Objekt eines ODP-Systems kann sowohl die Rolle eines Importers als auch die eines Exporters annehmen, auch wenn es sich dabei um verschiedene Tradingföderationen handelt.

7.2.3 Tradingvorschriften

Sogenannte *Policies*, d.h. Verhaltensregeln oder -vorschriften unterliegen beim Trading einer hierarchischen Anordnung. Dabei wird von einer Obermenge, den Tradingvorschriften, ausgegangen. Unter einer **Tradingvorschrift** (*Trading Policy*) versteht man eine Vorschrift, der sich die Aktivitäten einer Tradinggemeinschaft unterzuordnen haben. Tradingvorschriften beinhalten eine Menge der Importer-, Exporter- und Tradervorschriften. Die Exportervorschriften (*Exporter Policies*) schränken die Menge der Importer ein, an die der Trader ein Dienstangebot übermitteln darf. Entsprechend schränken die Importervorschriften (*Importer Policies*) die Menge der zu betrachtenden Dienstangebote ein, die von einem Trader beim Dienstimport von Bedeutung sind. Unter der Tradervorschrift (*Trader Policy*) versteht man eine Menge von Ge- und Verboten, denen sich die Aktivitäten des Traders unterzuordnen haben.

Detaillierter betrachtet umfaßt die Tradervorschrift eine Sicherheitsvorschrift, eine Suchvorschrift, die Angebotsakzeptanzvorschrift, eine Plazierungsvorschrift und die Abrechnungsvorschrift. Die Sicherheitsvorschrift (*Trader Security Policy*) beinhaltet ein Regelsystem des Traders, das die Menge der Importer und Exporter, mit denen ein Trader in Wechselwirkung treten darf, einschränkt. Im Gegensatz dazu ist die Suchvorschrift (*Trader Search Policy*) eine Menge von Vorschriften, die den Suchbereich und die verwendete Strategie, die von einem Trader in Betracht gezogen werden, vorschreibt. Dabei werden insbesondere solche Größen einbezogen, die den internen Speicher betrachten, die bereits verwendete Zeit, die CPU, Teilgraphen des Tradinggraphen usw. Die Angebotsakzeptanzvorschriften (*Trading Offer Acceptance Policy*) umfaßt ein Regelsystem, das die Menge der Dienstangebote, die vom Trader bei der Vermittlung von Dienstangeboten betrachtet werden, einschränkt. Dabei erfolgt die Auswertung von Diensttyp, Kosten des Dienstes, Erstellungsdatum und anderen Größen. Die Plazierungsvorschrift (*Trader Placement Policy*) findet beim Export eines Dienstangebots an andere Trader Verwendung und nimmt in diesem Fall Einschränkungen vor. Schließlich ist die Abrechnungsvorschrift (*Trader Accounting Policy*) dafür verantwortlich, Importern bzw. Exportern die Dienstvermittlung in Rechnung zu stellen.

Ein Tradingadministrator kann aus zusammengesetzten Einheiten von Unteradministratoren (*Subadministrators*) bestehen, wobei jeder Unteradministrator seinen eigenen Teilbereich kontrolliert. Ein Unteradministrator kann selbst wieder durch einen übergeordneten Administrator kontrolliert werden. Hieraus ist bereits ersichtlich, daß eine Tradinggemeinschaft oder der einen Trader beinhaltende Bereich in eine gewisse Anzahl von Unterbereichen, d.h. *Subdomains*, unterteilt werden kann.

Ein Trader ist stets höchstens einem Administrator untergeordnet und hält bei der Bereitstellung der Tradingfunktion eine eigene Tradingvorschrift ein. In einer Traderföderation darf eine Tradinggemeinschaft nicht gezwungen werden, eine Aktion auszuführen, und jeder Traderbereich muß die völlige Freiheit haben, der Traderföderation beizutreten bzw. diese wieder zu verlassen. Jeder Administrator hat dabei die vollständige Kontrolle über seine eigene Tradingföderationsvorschrift.

Der Trader ist für die Qualität der von ihm vermittelten Dienste weder verantwortlich noch haftbar, vielmehr ist dies die Aufgabe der Exporter. Beim Dienstimport darf ein Trader nur solche Dienstangebote auswählen, welche die Tradervorschrift der entsprechenden Tradinggemeinschaft, die Exportvorschrift des den Dienst anbietenden Exporters und die Importvorschrift des anfragenden Importers erfüllen. Der Import beinhaltet außerdem die Kontrolle der Schnittstellensignatur und des Sub-/Supertypings, vgl. Abschnitt 7.1 und 4.1.7.3. Falls die Notwendigkeit besteht, sollte der Trader in der Lage sein, Mechanismen bereitzustellen, die Echtzeitanwendungen unterstützen und Dienste, die nach einer gewissen Zeit nicht mehr nutzbar sind, aus der Menge der Dienstangebote zu beseitigen. Schließlich ist es notwendig, daß von einem Trader Sicherheitsmechanismen einbezogen werden, um in einem Tradingbereich der unautorisierten Modifikation von Aktiviäten vorzubeugen, ein Abstreiten zustandegekommener Verbindungen zu verhindern, Sicherheitsverletzungen nachzukommen und im Falle auftretender Schäden Schadensbegrenzung bzw. -ersatz vorzunehmen.

Doch welche Möglichkeiten hat ein Kunde, auf ein spezielles Dienstangebot zu reagieren? Nichts hindert einen Exporter, vorsätzlich oder auch zufällig einen Dienst zu exportieren, der gar nicht bereitgestellt werden kann, oder der vorgibt, Diensteigenschaften zu besitzen, über die er gar nicht verfügt. Der Trader ist ein vermittelndes Medium, das heißt, in Analogie zu den gelben Seiten einer Telefongesellschaft oder einem Anzeigenteil einer Zeitung kann er die Korrektheit oder Zuverlässigkeit eines einzelnen Dienstes, der zum Export angeboten wird, nicht verifizieren. Falls ein Importer nun unzufrieden mit dem Verhalten eines angebotenen Dienstes ist, so kann er

- den angebotenen Dienst oder den Dienstanbieter nicht nutzen oder
- sich bei dem Objekt, das entweder den Dienst oder aber die Dienstvermittlung übernimmt, beschweren, damit der Dienst verbessert oder zurückgezogen wird.

Diese Forderung legt nahe, daß Dienstanbieterinformationen wie z.B. Name, Adresse u.s.w. als Diensteigenschaften angesehen werden. Das Thema der *Policies* ist zur Zeit sehr aktuell. Zahlreiche Veröffentlichungen zu dieser Thematik widerspiegeln diesen Sachverhalt, als Beispiele seien nur [Bu 95], [MePo 94] und [MePo 95] genannt.

7.3 Strukturen bei der Dienstvermittlung

Aus der informationstechnischen Sicht werden Datenstrukturen und Informationstypen spezifiziert, die im Prozeß der Dienstvermittlung ausgetauscht oder manipuliert werden. Im Mittelpunkt stehen dabei interne Strukturen und deren Wechselwirkungen, insbesondere Dienstangebote und -typen, Such- und Auswahlregeln, Tradingkontext, Tradingangebotsbereich, Kataloge sowie Import- und Exportverträge.

7.3.1 Der Dienst

Grundlegender Begriff, der beim Trading die zentrale Rolle spielt, ist der Dienst. Ein **Dienst** (*Service*) ist eine Funktion, die durch ein Objekt an einer Rechnerschnittstelle zur Verfügung gestellt wird.

Der Dienst ist eine Instanziierung eines Diensttyps. Jedem Diensttyp ist ein Rechnerschnittstellentyp zugeordnet, der folgende Größen bestimmt:

- die Operationssignatur,
- das Rechnerverhalten an der Dienstschnittstelle,
- die Umgebungsrestriktionen und
- die Rolle der Schnittstelle, d.h., ob es sich um Dienstanbieter oder -nutzer handelt.

Dienste ein und desselben Typs besitzen die gleiche Funktionalität und haben die gleichen Operationssignaturen sowie das gleiche Rechnerverhalten. Dienste des gleichen Diensttyps können aber in einigen rechnerunabhängigen Eigenschaften oder verhaltensunabhängigen Aspekten voneinander abweichen. Dies kann technologische, informationsbezogene, technische oder auch unternehmensbezogene Aspekte des Dienstes betreffen. Diese zusätzlichen Aspekte werden **Diensteigenschaften** (*Service Properties*) genannt.

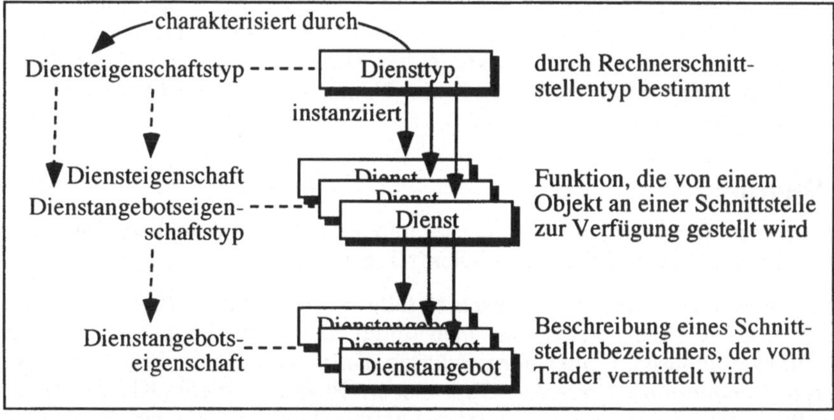

Abb. 7.5: Zusammenhang zwischen Diensttyp, Dienst und Dienstangebot

Die Einordnung der Diensteigenschaften ist ein recht komplexer Vorgang. Ausgegangen wird von dem sogenannten Eigenschaftstyp. Ein Eigenschaftstyp (*Property Type*) ist ein Prädikat für eine Klasse von Charakteristiken eines Informationsobjekts. Eine **Eigenschaft** (*Property*) ist ein Wert eines Eigenschaftstyps. Sie kann auf ein (Name, Wert)-Paar zurückgeführt werden. Ein Eigenschaftstyp besitzt vier Untertypen, welche die Charakteristiken eines Dienstes, Dienstangebots, einer Verbindung und eines Traders beschreiben.

Ein Diensteigenschaftstyp (*Service Property Type*) ist das Prädikat für eine Klasse von Diensteigenschaften. Er ist ein Untertyp eines Eigenschaftstyps. Eine Diensteigenschaft enthält Informationen über die Informations-, Unternehmens-, technischen und technologischen Aspekte des Dienstes. Dabei werden zwei Arten von Diensteigenschaften unterschieden, solche die sich häufig ändern und solche, die sich relativ selten ändern, vgl. Abschnitt 7.3.3. Ein Dienstangebotseigenschaftstyp (*Service Offer Property Type*) ist auch ein Untertyp eines Diensteigenschaftstyps. Er ist ein Prädikat über einer Klasse von Dienstangebotseigenschaften. Eine **Dienstangebotseigenschaft** (*Service Offer Property*) ist im Gegensatz dazu ein Wert eines Dienstangebotseigenschaftstyps. Diese Eigenschaft beschreibt Charakteristiken eines vom Exporter angebotenen Dienstangebots.

Unter einem Verbindungseigenschaftstyp (*Link Property Type*) versteht man einen Untertyp eines Eigenschaftstyps, der die Charakteristiken einer Verbindung zwischen einem Ziel- und einem Quelltrader beschreibt. Unter einem Quelltrader versteht man dabei den Trader, der einen Verbindungswunsch zum Zwecke des Zugriffs auf einen Dienstangebotsbereich bei einem anderen Trader äußert. Der Zieltrader ist der Trader, der diese Dienstangebote zur Verfügung stellt. Eine **Verbindungseigenschaft** (*Link Property*) ist ein Wert eines Verbindungseigenschaftstyp.

Schließlich versteht man unter einem Tradereigenschaftstyp (*Trader Property Type*) einen Untertyp eines Eigenschaftstyps, der Charakteristiken eines Traders repräsentiert. Einige dieser Charakteristiken können dabei in Beziehung zur Tradervorschrift stehen. Die zugehörige **Tradereigenschaft** (*Trader Property*) ist ein Wert eines Tradereigenschaftstyps, sie beschreibt die Charakteristiken eines Traders. Zur Beschreibung aller Eigenschaften ist es üblich, geordnete Paare (Name, Wert) anzugeben, welche die einzelnen vier Eigenschaften beschreiben.

7.3.2 Diensttypen

Ein **Diensttyp** (*Service Type*) besteht aus mindestens einem Rechenschnittstellentyp und einer Menge von beliebig vielen Diensteigenschaftstypen.

Eine **Verarbeitungs-** oder **Rechnerschittstelle** (*Computational Interface*) ist die Abstraktion eines Rechnerobjekts, das man durch Verbergen beobachtbarer Aktionen dieses Objekts außerhalb einer spezifizierten Teilmenge erhält. Ein Rechnerschnittstellentyp (*Computational Interface Type*) ist ein Prädikat für eine Klasse von Schnittstellen. In diesem Sinne ist eine Rechnerschnittstelle ein Wert eines Rechnerschnittstellentyps. Eine Rechnerschnittstelle wird durch keinen oder eine beliebige Anzahl Schnittstellenbezeichner beschrieben. Ein Schnittstellenbezeichner (*Interface Identifier*) ist die Darstellung der Information über den Ort einer Rechnerschnittstelle, an der ein Dienst angeboten wird. Zur Beschreibung dieser Informationen wird ein geordnetes Paar

<Schnittstellentyp, Schnittstellenbezeichner>

angegeben, bei der einem Schnittstellentyp eine Menge von Schnittstellenbezeichnern zugeordnet wird, deren Werte dieser Typ annehmen kann.

Ein Diensttyp ist ein Prädikat für eine Klasse von Diensten, die eine Menge von gemeinsamen charakteristischen Eigenschaften besitzen. Ein Dienst ist in diesem Sinne ein Wert für einen Diensttypen. Ein Diensttyp wird durch eine beliebige Anzahl von **Diensttypbezeichnern** (*Service Type Identifiers*) beschrieben, ein Diensttypbezeichner kann dabei maximal einen Diensttyp beschreiben. Dieser Diensttyp besteht aus mindestens einem Rechnerschnittstellentyp. Er kann zusätzliche Diensteigenschaftstypen beinhalten, die Prädikate für eine Klasse von Diensteigenschaften sind. Die Diensteigenschaften enthalten Informationen über die technologischen, technischen, informationstechnischen und unternehmensbezogenen Aspekte des Dienstes, den sie beschreiben. Sowohl ein Rechnerschnittstellentyp als auch ein Diensteigenschaftstyp können in keinem oder beliebig vielen Diensttypen vorkommen.

Der Diensttyp kann auf drei verschiedene Arten dargestellt werden:

- Zunächst kann er mittels eines Diensttypbezeichners dargestellt werden,
- eine zweite Möglichkeit besteht darin, ihn in Form eines Rechnerschnittstellentypbezeichners und eines Diensteigenschaftstypbezeichners darzustellen, und
- schließlich ist es noch möglich, einen Diensttypen als Kombination von Signatur, Verhalten, Umgebungsbedingungen, Rolle des Exporters und einem Diensteigenschaftstypen darzustellen, vgl. Abbildung 7.6.

Im folgenden sollen Darstellungen von Diensten unter dem Gesichtspunkt des Matchings, d.h., des Zusammenwirkens verschiedener Objekte, betrachtet werden. Ein Dienst ist eine Funktion, die von einem Objekt bereitgestellt wird, um von anderen Objekten genutzt zu werden. Jeder Dienst, der von einem Trader angeboten wird, muß ein Wert eines dem Trader bekannten Diensttyps sein. Ein Diensttyp ist ein Prädikat, das eine Klasse charakterisiert, deren Mitglieder Dienste sind, die dieses Prädikat erfüllen. Das Prädikat spezifiziert gemeinsame Charakteristiken oder charakteristische Eigenschaften einer Menge von Objekten. Diese gemeinsamen charakteristischen Eigenschaften werden als Diensteigenschaftstypen beschrieben. Jede Diensteigenschaft besteht aus einem Namen, der diesen Diensteigenschaftstypen charakterisiert, und einem Datentyp, d.h. einer Menge von möglichen Werten. Diensteigenschaftstypen können auch Standardwerte besitzen, die ihnen zugewiesen sind. Damit ein exportierter Dienst ein Wert eines speziellen Dienstes ist, muß der exportierende Dienst

- Diensteigenschaften festlegen, und
- er muß diesen Diensteigenschaften geeignete Datentypen als Wertebereich zuordnen, wobei im Falle einer leeren Angabe ein Initialwert verwendet wird.

Jeder Exporter muß eindeutige Namen zur Bezeichnung seiner Diensttypen verwenden. Als Beispiel kann COMPILER der Name eines Diensttyps sein, der einen Compiledienst ausführt. Der Diensteigenschaftstyp von diesem COMPILER könnte dann bestehen aus:

```
· Input: C, C++, PASCAL, FORTRAN, MODULA 3, ...
· Output: 68040_Code, Power_PC_Code, Alpha_Code, ...
· Location: String
· Identifier: String
· Cost_per_1000_lines: Integer.
```

Ein Dienstexport ist ein Wert eines Diensttyps, der durch den Exporter exportiert wird.

7.3.3 Dienstangebote

Nach der Vorstellung des Dienstbegriffs sollen nun die Dienstangebote eingeführt werden. Unter einem **Dienstangebot** (*Service Offer*) ist die Beschreibung eines Schnittstellenbezeichners zusammen mit Dienstangebotseigenschaften und dem Diensttyp zu verstehen. Die Schnittstellenbezeichnung bezieht sich dabei selbstverständlich auf die Schnittstelle, an welcher der entsprechende Dienst angeboten wird, also auf eine Adresse, an welcher der Dienst verfügbar ist.

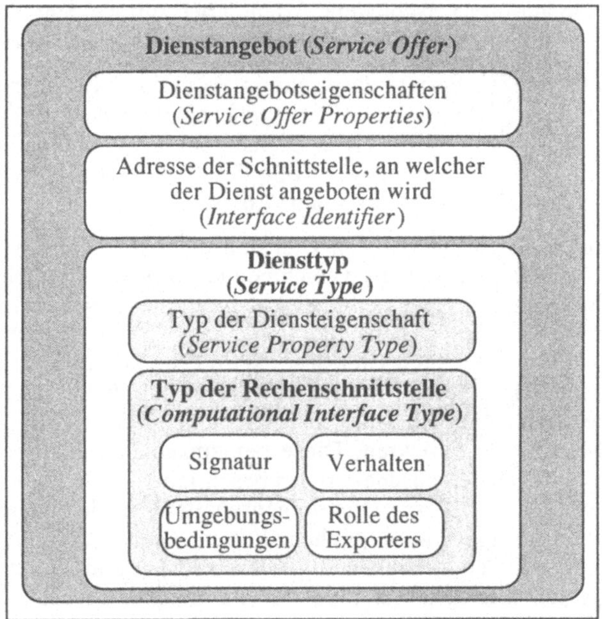

Abb. 7.6: Beschreibungsmöglichkeiten eines Dienstangebots

In Analogie zur Darstellung eines Diensttyps besitzt auch das Dienstangebot drei Formen der Darstellung. Ein Dienstangebot ist eine Beschreibung eines Dienstes, der durch eine Dienstvermittlung verfügbar ist. Ein Dienstangebot besteht aus:

- einem Dienstangebotsbezeichner oder
- Werten für Dienstangebotseigenschaften, einem Schnittstellenbezeichner für den Dienst und einem Diensttyp.

Die verschiedenen Möglichkeiten zur Beschreibung eines Dienstangebots sind in Abbildung 7.6 dargestellt. Es gibt zwei Zustände, die ein Dienstangebot besitzen kann:

`exportiert` beschreibt, daß es verfügbar ist, und `withdrawn`, daß es nicht verfügbar ist. Auf einem Dienstangebot dürfen sogenannte dynamische Operationen ausgeführt werden, diese sind:

* **create:**
  ein Dienstangebot wird als Element der Klasse `exportiert` neu geschaffen,

* **destroy:**
  ein Dienstangebot wird zurückgezogen und ist nicht länger Element der Zustandsklasse `'exportiert'`,

* **reclassification:**
  ein Dienstangebot wird von einer Zustandsklasse `'gelöscht'` in die andere eingeordnet.

Eine zusammenfassende Darstellung zeigt Abbildung 7.7.

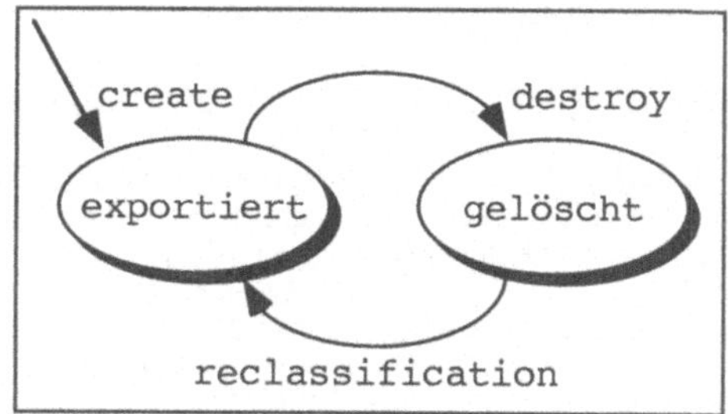

Abb. 7.7: Zustände und Zustandsübergänge eines Dienstangebots

Wenn ein Exporter erkennt, daß ein von ihm angebotener Dienst Fähigkeiten besitzt, die bislang noch nicht betrachtet wurden, dann kann der Exporter diese zusätzlichen Fähigkeiten seines Dienstes nicht nachträglich in sein Dienstangebot einbeziehen. In einem solchen Fall ist es notwendig, einen neuen Diensttyp zu definieren, wobei einer der Diensttypen ggf. ein Untertyp des anderen Diensttyps sein kann.

Jedes Dienstangebot muß einem Diensttyp genügen. Ein spezieller Wert eines Dienstangebots (das noch über zusätzliche, angebotsspezifische Eigenschaften verfügen könnte) für den Diensttyp COMPILER könnte sein:

```
· Input: C++
· Output: 68040_Code
· Location: "Rechnerraum"
· Identifier: "Mac_Comp_0815"
· Cost_per_1000_lines: 0.12.
```

Für das Beispiel des COMPILERS ist in Abbildung 7.8 der Zusammenhang zwischen den in Abbildung 7.5 eingeführten Strukturen beschrieben.

Die Menge aller Diensttypen, die einem Trader bekannt sind, wird in einer Diensttyphierarchie geordnet. Diese **Diensttyphierarchie** (*Service Type Hierarchy*) ist ein gerichteter azyklischer Graph, in dem jeder Knoten ein Diensttyp ist, und jede gerichtete Kante die Unter- bzw. Obertypbeziehung zwischen benachbarten Diensttypen darstellt.

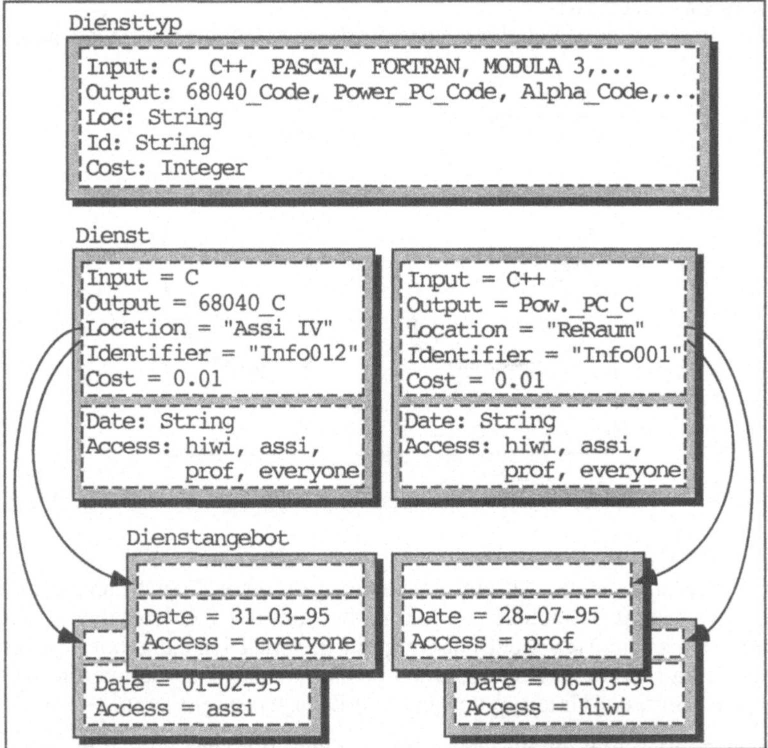

Abb. 7.8: Dienstangebote für den Diensttyp COMPILER

Diensteigenschaften von Diensttypen können Standardwerte besitzten, die diesen zugeordnet sind. Beispiele solcher Standardwerte wären A4 für Papierformat oder 0 für Integer. Falls Diensteigenschaften keine Standardwerte besitzen, so muß der exportierende Dienst Werte spezifizieren. Für Diensteigenschaften, die Standardwerte in ihrem Diensttypen spezifiziert haben, ist es egal, ob der exportierte Dienst Werte für jede einzelne Diensteigenschaft anbietet.

Diensteigenschaften können in statische und dynamische unterteilt werden. **Statische Diensteigenschaften** (*Static Service Properties*) beschreiben die Fähigkeiten eines Dienstes, während **dynamische Diensteigenschaften** (*Dynamic Service Properties*) die Verfügbarkeit dieses Dienstes zum Ausdruck bringen. Statische Eigenschaften werden innerhalb des Traders gespeichert, können aber jederzeit durch den Exporter modifiziert werden, wenn sich eine Änderung der Werte als notwendig erweist. Statische Diensteigenschaften entsprechen festen Eigenschaften eines Dienstes, als Beispiel wäre `Identifier` zu nennen. Da Wertänderungen nicht sehr häufig sind, kann die Aktualität der Datenbank eines Traders leicht durch Updates aufrechterhalten werden.

Dynamische Diensteigenschaften sind solche Eigenschaften, deren Werte sich häufig ändern. Ein Beispiel dafür ist die Länge der Warteschlange eines Dienstes. Die Häufigkeit der Wertänderungen einer solchen Eigenschaft ist wesentlich größer als die Frequenz, mit der ein Trader diese Eigenschaft für die Auswahl eines Dienstangebots benötigt. Demzufolge muß der Trader den Wert einer dynamischen Diensteigenschaft zum Zeitpunkt des Imports abfragen. Der Trader muß auch festlegen, ob eine dynamische Diensteigenschaft überhaupt Bestandteil einer Bedingung bei der Auswahl von Diensten sein darf. Dynamische Eigenschaften eines Diensttyps werden nicht im Trader gespeichert, jedoch durch ihn bereitgestellt, wenn dies durch die Importeranfrage gefordert ist. Die oben angeführten Diensteigenschaften des Dienstes COMPILER sind ausnahmslos statische Diensteigenschaften. Eine dynamische Diensteigenschaft für COMPILER wäre

```
Queue Length: Integer.
```

Eine Importeranfrage kann die geforderten Werte jeder beliebigen sowohl statischen als auch dynamischen Diensteigenschaft spezifizieren.

Bei der Unterscheidung von statischen und dynamischen Diensteigenschaften tritt das Problem auf, daß bereits vor einer Implementierung eines individuellen Dienstes die Entscheidung getroffen werden muß, ob Diensteigenschaften als statisch oder aber als dynamisch klassifiziert werden. Die Verwendung von statischen Diensteigenschaften eignet sich besonders für Diensteigenschaften wie Exporternamen oder andere Informationen des Exporters, die eine einheitliche Namensgebung des Dienstangebots bewirken oder Authentifizierungsmechanismen unterstützen.

7.3.4 Strukturierung von Tradingkontexten

Der Begriff des Tradingkontextes wurde im Laufe der Tradingstandardisierung geprägt, ist aber voraussichtlich nur in einem Anhang der Endversion des Internationalen Standards enthalten.

Ein **Tradingkontext** (Tk, *Trading Context*) ist eine Menge von Dienstangeboten. Diese Menge kann eine beliebige Anzahl von Elementen beinhalten, ggf. auch leer sein. Ein Dienstangebot ist dann in mindestens einem Tradingkontext enthalten. Der Tradingkontext selbst kann wiederum keinen oder beliebig viele andere Tradingkontexte enthalten und in keinem oder einer beliebigen Anzahl von anderen Tradingkontexten enthalten sein. Tradingkontexte besitzen Teilklassen, deren Anzahl ihrer Kardinalität, d.h. Anzahl von Dienstangeboten, die sie enthalten, entspricht.

Auf einem Tradingkontext dürfen verschiedene Operationen ausgeführt werden. Im einzelnen betrifft dies `create`, wenn ein neuer Tradingkontext geschaffen wird und `destroy` für den Fall, daß ein Tradingkontext zerstört wird und nicht länger Mitglied der Klasse ist, der er zugeordnet war.

Außerdem gibt es Operationen, die durch importierte Dienstangebote bedingt werden und die Umstrukturierung des Tradingkontextes zur Folge haben: `create (service offer)` erhöht die Kardinalität des Tradingkontextes und strukturiert den Tradingkontext entsprechend, `delete (service offer)` reduziert die Kardinalität des Tradingkontextes und strukturiert den Tradingkontext ebenfalls neu.

Ein **Angebotsbereich** eines Traders (*Trading Offer Domain*, TOD) ist ein Tradingkontext, der selbst in keinem anderen Tradingkontext enthalten ist. Ein solcher Angebotsbereich besitzt eine Tradingvorschrift. Die Neuklassifizierung eines Angebotsbereiches in Form eines Tradingkontextes bedingt die Erlaubnis der Tradingvorschrift. Auf dem Angebotsbereich dürfen die dynamischen Operationen `create` und `destroy` ausgeführt werden.

Der Angebotsbereich umfaßt folglich die Menge aller Dienstangebote, die Objekten durch das Trading zur Verfügung gestellt werden können. Zunächst wird nur der Fall betrachtet, daß Dienstangebote innerhalb eines Traders vorliegen, später wird dieser Fall dann dahingehend erweitert, daß auch Dienstangebote von anderen Tradern, auf die innerhalb einer Traderföderation Zugriff besteht, mit in das Konzept einbezogen werden.

Ein Dienst kann durch mehrere Angebote innerhalb des Angebotsbereiches beschrieben werden. Der TOD kann in nutzer- und administrationsspezifische Teilbereiche untergliedert werden, die - wie bereits beschrieben - als Tradingkontexte Tk bezeichnet werden. Der TOD kann dabei selbst ein Tradingkontext sein. Ein Dienstangebot kann zu mehr als einem Tradingkontext gehören, falls es in der Schnittmenge von Tradingkontexten enthalten ist. Abbildung 7.9 gibt ein Beispiel für die Struktur eines Tradingkontextes an. Dieser Tradingkontext entspricht dem des Traders 2 in Abbildung 7.2.

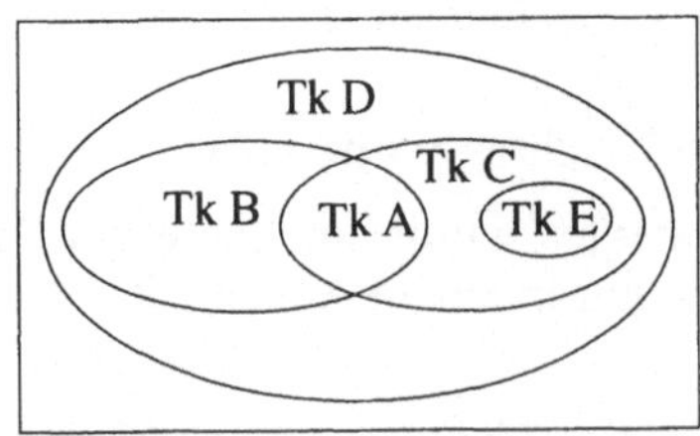

Abb. 7.9: Beispiel für die Strukturierung eines Tradingkontextes

Es ist möglich, die Struktur des Tradingkontextes auch in Form eines gerichteten azyklischen Graphen anzugeben, wobei die Knoten des Graphen die eigentlichen Tradingkontexte darstellen. In diesem Sinne kann der Graph als Informationsmodell genutzt werden, das die Struktur des Tradingkontextes umsetzt. Abbildung 7.10 stellt den gerichteten azyklischen Graphen der in Abbildung 7.9 dargestellten Struktur des Tradingkontextes dar. Die Tradingkontexte gestatten es, daß Nutzer Mengen von Dienstangeboten bezeichnen, die in irgendeiner Weise in Beziehung zueinander stehen. Außerdem können diese Tradingkontexte dazu genutzt werden, die Verfügbarkeit von Dienstangeboten (z.B. aus Sicherheitsgründen) einzuschränken.

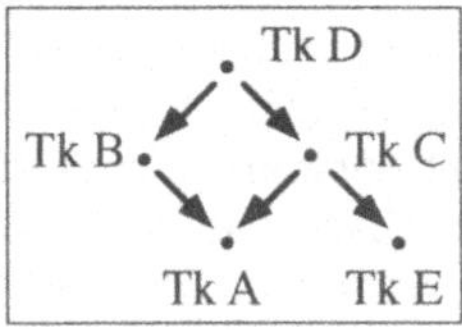

Abb. 7.10: Darstellung der Beziehungen von Tradingkontexten mittels eines Graphen

Tradingkontexte beinhalten auch nicht explizit angegebene Kontexte. Wenn also ein Importer einen Tradingkontext festlegt, in dem nach seiner Dienstanfrage gesucht werden soll, ohne daß der Trader dabei gewisse Einschränkungen vornimmt, so wird diese Suche automatisch in allen Unterkontexten durchgeführt. Auf das in Abbildung 7.9 und 7.10 angegebene Beispiel bezogen wird die Festlegung des Suchbereichs Tk C auch die Suchbereiche Tk A und Tk E beinhalten. Ein Dienstangebot ist in diesem Sinne ein Element eines Tradingkontextes, das durch den Exporter festgelegt wurde. Dieses Dienstangebot gehört automatisch zu allen übergeordneten Tradingkontexten, jedoch nicht zu den im Tradingkontext enthaltenen Unterkontexten. Dies bedeutet: wird ein Dienstangebot exportiert, so erfolgt ein Eintrag in den entprechenden Kontext, jedoch nicht in einen untergeordneten Kontext, der eine Teilmenge des angegebenen Kontextes ist. Wird dagegen beim Import von Diensten ein Kontext angegeben, so erfolgt die Suche in diesem bezeichneten Kontext und in allen Kontexten, die darin enthalten sind. Abbildung 7.11 veranschaulicht den Eintrag und das Lesen eines Dienstangebots bezüglich Tk C noch einmal graphisch.

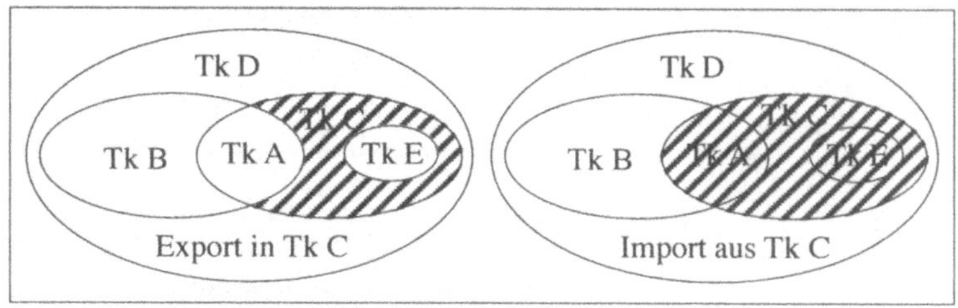

Abb. 7.11: Export und Import von Dienstangeboten in Tradingkontext C

Jedem einzelnen Tradingkontext sind sogenannte Mitgliedsregeln (*Membership Rules*) zugeordnet, die aus Prädikaten für die Elemente des Tradingkontextes bestehen. Die Mitgliedsregeln schränken ein, welche Dienstangebote an einen Tradingkontext exportiert werden dürfen. Eine dynamische Beschreibung des TODs liefert die informationstechnische Spezifikation für den Tradingdienst. Operationen auf den Diensten und Dienstangeboten werden immer bezüglich der TODs spezifiziert.

Das nicht im Standard einbezogene Konzept der Tradingkontexte widerspiegelt sich auch in Forschungsansätzen. [BeRa 94] geben in ihrem Papier einen integrierten Ansatz für Tradingkontexte an. Dabei gehen sie davon aus, daß jedem Tradingkontext eine sogenannte Mitgliedsregel zugeordnet ist, die abgekürzt eine Bezeichnung für die Anforderungen an diesen Kontext darstellt. Durch diesen Ansatz ist eine Föderation von Tradern in einer transparenten Art und Weise möglich, ohne Anforderungen an Heterogenität und Autonomie zu verletzen. Darüber hinaus werden sogenannte Kontextsichten eingeführt, die den Importern eins Traders eine individuelle Sicht auf den zugeordneten Suchraum verleihen.

Die in einem Tradingbereich vorhandenen Tradervorschriften müssen das Anbieten von Diensten innerhalb der gesamten bestehenden Traderföderation ermöglichen. Dabei kann der exportierende Trader die Struktur des Tradingkontextes für den importierenden Trader sichtbar machen. Im folgenden sollen Kriterien für die Strukturierung von Tradingkontexten vorgestellt werden und anschließend auf die Namensgebung eingegangen werden.

I. Strukturierungskriterien

Prinzipiell gibt es zwei verschiedene Möglichkeiten, einen Angebotsbereich und dessen zugeordnete Kontexte zu strukturieren. Diese bestehen in der Betrachtung administrativer Bereiche und der zu speichernden Diensttypen, siehe Abbildung 7.12.

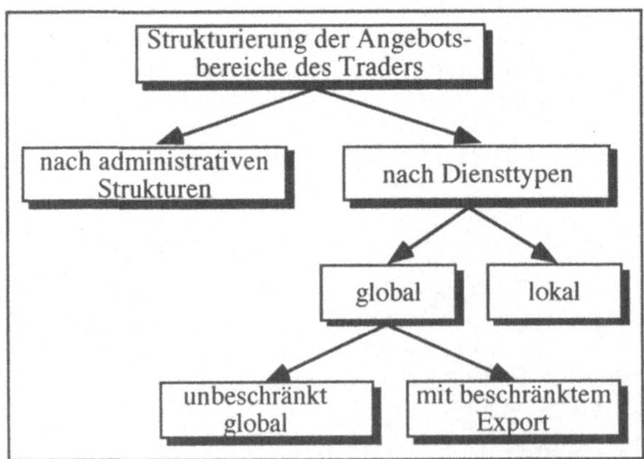

Abb. 7.12: Einteilung von Strukturierungskriterien für Dienstangebote

Ein Angebotsbereich kann administrative Strukturen und Organisationen widerspiegeln. Diese können sich mit der Zeit ändern, was durch eine Erweiterung oder Modifizierung der Kontextstruktur dargestellt wird.

Eine zweite Möglichkeit besteht darin, durch Tradingkontexte Diensttypen zu reflektieren. Mögliche Beziehungen zwischen Kontexten und Diensttypen sind:

- **Unbeschränkte globale Kontextstrukturierung**
  Diensttypen sind global definiert, ohne dabei eine Referenz auf die entsprechende Kontextstruktur zu geben und umgekehrt. Werte beliebiger Diensttypen können an jeden beliebigen Kontext exportiert und von jedem beliebigen Kontext importiert werden.

- **Globale Kontextstrukturierung mit beschränktem Export**
  Eine zweite Möglichkeit besteht darin, Diensttypen global zu definieren, Exporte jedoch in bestimmten Kontexten auf Werte spezieller Diensttypen zu beschränken. Diese Art der Kontextstrukturierung wird meist in funktional strukturierten Kontexten genutzt.

- **Lokale Kontextstrukturierung**
  Die dritte Möglichkeit besteht schließlich darin, Diensttypen lokal innerhalb jedes Kontextes zu definieren. Folglich können verschiedene Kontexte auch verschiedene Definitionen für einen identischen Diensttyp besitzen.

Der Vorteil des letztgenannten Ansatzes besteht darin, daß gleiche Diensttypen wie beispielsweise COMPILER nur lokal, nicht aber global standardisiert werden. Der Standardisierungsprozeß ist demzufolge wesentlich einfacher. Ein Nachteil ist, daß Superkontexte eine gewisse Anzahl von verschiedenen Diensttypen mit dem gleichen Namen des Diensttyps von ihren Subkontexten erben können.

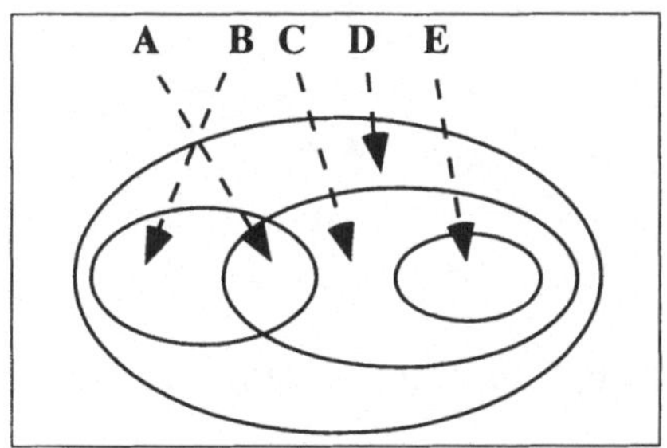

Abb. 7.13: Flat-Naming-Modell für eine Kontextstruktur

II. Namensgebung

Es gibt verschiedene Namensmodelle, die zur Bezeichnung einer Traderkontextstruktur anwendbar sind, und ein Traderangebotsbereich kann auch mehr als ein Namensmodell unterstützen. Im folgenden sollen einige mögliche Namensmodelle vorgestellt und miteinander verglichen werden.

i. Flat Naming

In einem Flat-Naming-Modell ist jedem Kontext ein eindeutiger Name zugeteilt. Abbildung 7.13 zeigt, wie die Namen 'A', 'B' u.s.w. auf die Kontexte abgebildet werden.

In diesem Fall ist es nicht möglich, aus der Namensbetrachtung Beziehungen zwischen den Kontexten abzuleiten. Falls die Nutzer dies von einer Kontextstruktur erwarten, so sind mehr Informationen erforderlich, als die ausschließliche Mengenangabe der Kontextnamen. Insbesondere sind die Teilmengeninformationen zu speichern, d.h., B ist eine Teilmenge von D; E ist eine Teilmenge von C u.s.w. Diese Informationen können auf verschiedene Arten bereitgestellt werden. Nutzt man das Flat-Naming-Modell, so kann jeder Kontext mehrere Namen besitzen, die eindeutig durch eine Kontexthierarchie angeordent sind.

ii. Kontextbezogenes Naming

In einem kontextbezogenen Namensmodell ist jeder Name ein Pfad, der den Weg zu einem speziellen Kontext beschreibt. Abbildung 7.14 demonstriert, wie ein gerichteter azyklischer Graph (*Directed Acyclic Graph*, DAG) mit markierten Kanten, welche die Tradingkontextstruktur beschreiben, sowohl Naming als auch Teilmengeninformationen bereitstellen kann. Der Name eines Kontextes wird durch Verknüpfung der Namen von den Kanten des Graphen erhalten, bis der Kontext selbst erreicht ist.

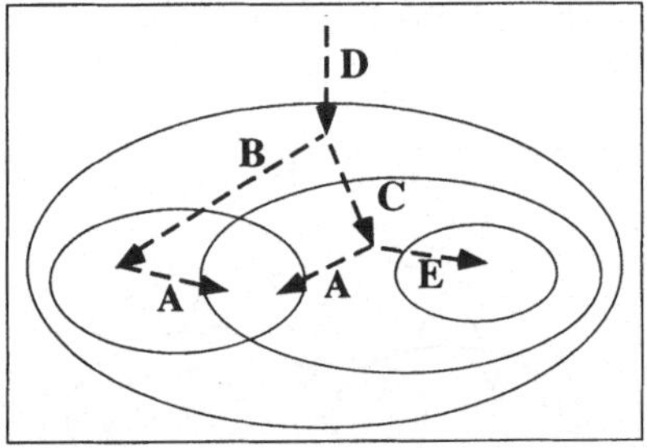

Abb. 7.14: Kontextbezogenes Naming

Jeder Kontext kann verschiedene Namen haben, vorausgesetzt, daß die Bezeichnungen eindeutig sind. In einem kontextbezogenen Namensmodell sind eindeutige Namen garantiert, falls jede Kante des DAG eine eindeutige Bezeichnung bezüglich der Herkunft ihrer Kante besitzt. In Abbildung 7.14 ist der Tradingkontext Tk A sowohl mit '/D/B/A' als auch mit '/D/C/A' bezeichnet worden, wobei hier die UNIX-Vereinbarung genutzt wurde, ein Sonderzeichen '/' zwischen die einzelnen Bestandteile eines Pfadnamens zu setzten. Es ist nicht notwendig, die Marke 'A' sowohl der Kante (Tk B, Tk A) als auch der Kante (Tk C, Tk A) zuzuordnen. Der Kante (Tk B, Tk A) kann jede Markierung gegeben werden, wohingegen der Kante (Tk C, Tk A) jede Markierung gegeben werden kann, die sich von der Kante (Tk C, Tk E) unterscheidet. Die Teilmengenbeziehung ist aus den jeweiligen Namen ableitbar. Der Kontext mit der Bezeichnung '/D/B/A' ist eine Teilmenge des Kontextes '/D/B' und diese wiederum ist eine Teilmenge des Kontextes '/D'.

Obwohl der Kontextname '/D/C', der für den Import verwendet wird, den gesamten Kontext Tk C (einschließlich Tk A und Tk E) beschreibt, umfaßt der für den Export verwendete Kontextname lediglich den Tradingkontext Tk-C, ohne dabei die Tradingkontexte Tk A und Tk E mit einzubeziehen. Der Kontextname '/D/B/A' beschreibt jedoch im Falle des Im- bzw. Exports den gleichen Kontext, unabhängig davon, ob es sich um einen Import oder einen Export handelt. Dieser Sachverhalt kann leicht irritieren. Aus diesem Grund ist das kontextbezogene Naming nicht optimal und die Untersuchung weiterer Namensmodelle notwendig.

iii. Dienst- und Namensverzeichnisse

Eine Directory- oder Verzeichnishierarchie ist ein gerichteter azyklischer Graph von Directories, der über eine Wurzel verfügt. In diesem Zusammenhang sollen zwei Arten von Verzeichnissen betrachtet werden: Dienstverzeichnisse und Namensverzeichnisse.

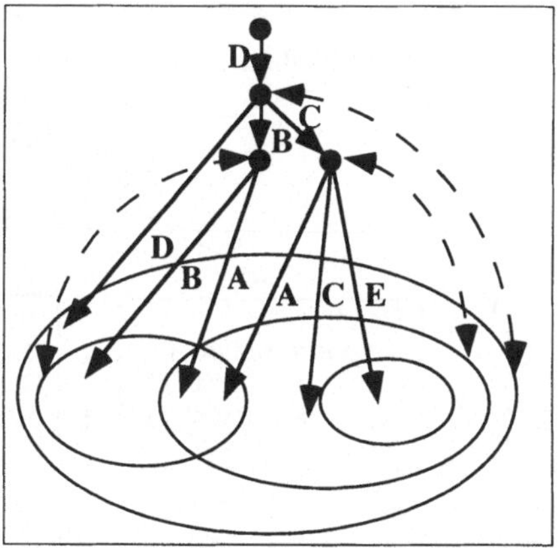

Abb. 7.15: Dienst- und Namensverzeichnisse

Dienstverzeichnisse sind Blätter einer Directoryhierarchie. Ein Dienstverzeichnis ist ein Bereich, der exportierte Dienstangebote enthält. Alle Exporte, die ein Trader erhält, sind in einem oder mehreren Dienstverzeichnissen plaziert. Die verbleibenden Knoten in der Directoryhierarchie sind Namensverzeichnisse. Ein Namensverzeichnis enthält eine Abbildung von Namen auf Unterverzeichnisse, die wieder Namens- oder Dienstverzeichnisse sein können. Alle diese Namens- oder Dienstverzeichnisse eines Traders sind in der Directoryhierarchie des Traders enthalten. Die Directoryhierarchie ist dabei so organisiert, daß sie Ziele der Nutzergemeinschaft reflektiert, wenn man die Einteilung des vorangegangenen Abschnitts mit berücksichtigt.

Abbildung 7.15 stellt dar, wie der Mechanismus des Dienst- und Namensverzeichnisses die Einteilung der Kontexte, Teilmengenbeziehungen und das Naming der Kontextstruktur des vorangegangenen Beispiels realisiert.

Die Directoryhierarchie (bestehendend aus den entsprechenden Kanten) nutzt kontextbezogenes Naming und ist in der Lage, Kontexte als Mengen zu bezeichnen. Das Dienstverzeichnis beschreibt Bereiche, in denen Exporte plaziert werden können, während die Directories Kontexte benennen, die für das Importieren von Diensten genutzt werden; hierbei beziehen sich die Directories auf sowohl das Dienst- als auch das Namensverzeichnis.

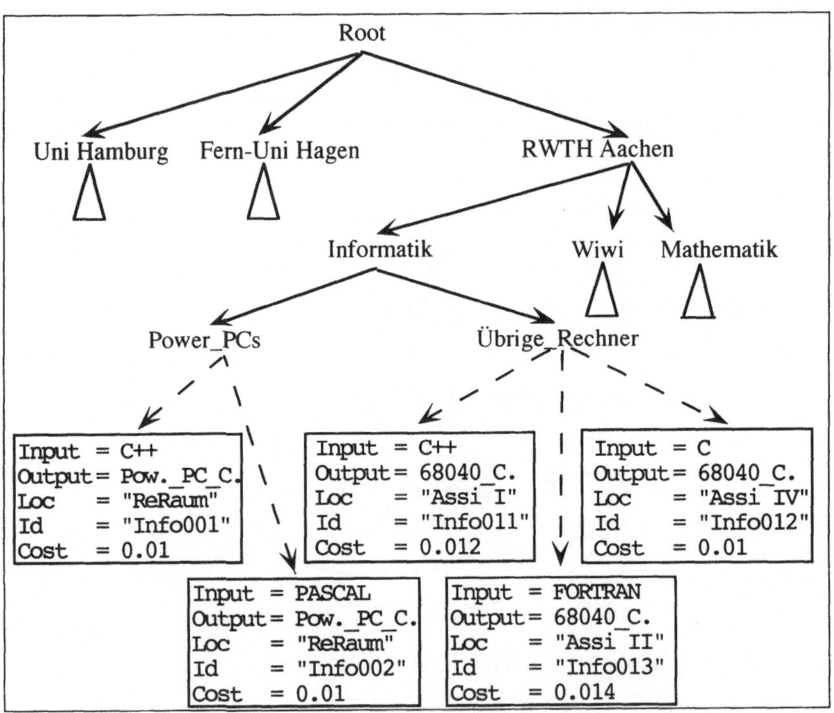

Abb. 7.16: Ein Beispiel für die Directoryhierarchie

Der Name '/D/C/C' bezeichnet die Menge von exportierten Dienstangeboten, die im Tradingkontext Tk C abgelegt sind, jedoch nicht zu Tk A oder Tk E gehören. Im Gegensatz dazu beschreibt der Name '/D/C' die Menge der exportierten Dienstangebote, die auch die Tradingkontexte Tk A und Tk E enthalten.

Vergleicht man diese drei vorgestellten Verfahren, so ist leicht zu erkennen, daß die Namensgebung zunehmend komfortabler geworden ist. Während beim Flat-Naming-Modell nur die Möglichkeit bestand, einzelne Mengen zu bezeichnen, ohne dabei aus dem Namen eine Teilmengenbeziehung zu erkennen oder zusammengehörige Teilmengen geeignet zusammenzufassen, ist das kontextbezogene Naming schon in der Lage, eine Hierarchie zwischen den Mengen aufzubauen. Der Vorteil des zuletzt beschriebenen Dienst- und Verzeichnisnamings besteht außerdem darin, daß dieses Verfahren zusätzlich über die Möglichkeit verfügt, einzelne Unterbereiche entsprechend den Anforderungen für Import und Export geeignet zu strukturieren, d.h., wenn beim Export ein Dienstangebot in einen Tradingkontext eingegliedert werden soll, so kann genau dieser Kontext beschrieben werden, ohne dabei die in diesem Kontext enthaltenen Unterkontexte mit einzuschließen. Soll dagegen beim Import ein gewisser Kontext nach geeigneten Dienstangeboten durchsucht werden, so ist neben dem eigentlichen Kontext auch die Menge aller Unterkontexte in die Suche eingeschlossen. Diese Unterscheidung von Import- und Exportkontextbetrachtung wird lediglich von der zuletzt vorgestellten Methode des Dienst- und Namensverzeichnisses unterstützt.

iv. Nutzerzentriertes Naming

In großen Verteilten Systemen kann es wünschenswert sein, einzelnen Nutzern zu erlauben, ihre Namensräume so zu strukturieren, daß jeder Nutzer nur die Dienstangebote sieht, die für ihn von Interesse sind. Bei dieser Art des Namings können verschiedene Arten der Kontextbezeichnung zugrundeliegen. Da das nutzerzentrierte Naming (*User Centered Naming*) keine prinzipiell neuen Aspekte zum Naming beiträgt, soll auf eine ausführliche Darstellung dieser Namensgebung verzichtet werden.

Ein Beispiel für eine Directoryhierarchie

Abbildung 7.16 zeigt ein Beispiel für eine Directoryhierarchie. Hat ein Importer Interesse an einem Compiledienst im Fachbereich Informatik, jedoch auf keinen Fall Interesse an einem Ausdruck in der Mathematik, so beinhaltet die Bestimmung eines Knotens in dieser Directoryhierarchie auch alle in der Suche auf diesen Knoten nachfolgenden Suchbereiche.

Werden nun exportierte Dienstangebote nur in das Dienstverzeichnis plaziert und Namensinformationen in das Namensverzeichnis, so tritt der Effekt ein, daß das Naming von der Einteilung der exportierten Dienstangebote entkoppelt wird. Andere Namensmodelle können genutzt werden, um die Sammlung der exportierten Dienstangebote zu identifizieren.

Abschließend sollen einige Schlußfolgerungen aus der Diskussion der Namensgebung gezogen werden: Es existiert eine Vielzahl von Ansätzen, die das Naming von Tradingkontexten unterstützen. Obwohl das kontextbezogene Naming sehr geeignet scheint, ist noch nicht nachgewiesen, daß diese Technik immer optimal ist.

7.3.5 Die Traderföderation

Besteht nun die Situation, daß ein Angebotsbereich nicht zentral innerhalb eines Traders vorliegt, sondern auf einzelne Kontexte durch Links auf andere Trader verwiesen wird, so liegt das Modell der Traderföderation zugrunde. Da der entfernte Zugriff auf Dienstangebote von besonderer Bedeutung bei der Realisierung einer Dienstvermittlungsarchitektur ist, soll besonders auf die internen Abläufe bei der Wechselwirkung zwischen verteilten Tradern eingegangen werden.

Im folgenden wird betrachtet, in welcher Weise die Vermittlung entfernter Dienstangebote zustande kommt. Dazu besteht die Notwendigkeit folgender Beschreibungen:

- eine Traderidentifikation muß angegeben werden,
- es muß beschrieben werden, welche Unterstützung für einen Trader beim Export verfügbar ist und
- welche Diensttypen existieren, auf die ein importierender Trader Zugriff hat,
- schließlich ist noch von Bedeutung, inwiefern Einschränkungen beim Zugriff auf die Datenbank eines Traders bestehen.

Diese Informationen werden durch Kataloge, Föderations- sowie Import- und Exportverträge bereitgestellt, die im folgenden betrachtet werden.

Ein **Katalog** (*Catalogue*) enthält die Diensttypen und Zugangsbeschreibungen, die ein Trader anderen Tradern zur Verfügung stellt. Er enthält Informationen des Diensttyps und Informationen, die für den Export zur Verfügung gestellt werden. Außerdem gibt der Katalog die Vorschrift des exportierenden Traders für die in der Föderation und in Verbindung mit weiteren Tradern erlaubten Operationen an.

Im folgenden sollen die Kataloge detaillierter untersucht werden. Grundlegend ist, daß jeder Katalog Einträge besitzt, die wiederum die folgenden Informationen enthalten:

- einen Bezeichner für den Eintrag,
- zugängliche Kontexte (*Accessible Contexts*),
- Textbeschreibungen,
- Operationen, die der exportierende Trader verfügbar machen möchte,
- Diensttypen, die vom exportierenden Trader zugänglich gemacht werden und
- Verbindungsanzeiger (*Linking Indicators*), die beschreiben, ob der exportierende Trader Anweisungen anderer Traderföderationen bearbeitet, d.h. ob er Anfragen von anderen Tradern weiterleitet.

Die genannten Textbeschreibungen in den Katalogeinträgen dienen dem Ziel, Nutzer und Administratoren dadurch zu unterstützen, daß sowohl Angebote dieses Traders als auch Bedingungen, die mit dem Zugriff auf die Dienstangebote verbunden sind, beschrieben werden. Auch für die Kataloge existieren wieder die dynamischen Operationen `create` und `destroy`, vgl. Abschnitt 7.3.3 und 7.3.4.

I. Der Föderationsvertrag

Ein **Föderationsvertrag** (*Federation Contract*) wird in einen Import- und einen zugehörigen Exportvertrag unterteilt. Der Importvertrag existiert bei dem importierenden, der Exportvertrag beim exportierenden Trader. Die Beziehungen dieser drei Verträge sind in Abbildung 7.17 dargestellt.

Nun sind die notwendigen Begriffe eingeführt worden, um einen Importvertrag genauer beschreiben zu können. Ein Importvertrag (*Import Contract*) enthält die folgenden Informationen:

- einen Vertragsbezeichner,
- einen Rechnerschnittstellenbezeichner für jeden am Vertrag teilnehmenden Trader,
- eine beliebige Anzahl von Diensttypen, die der exportierende Trader bereit ist, über seine Föderation zugänglich zu machen,
- Verbindungsbezeichner, die beschreiben, ob der exportierende Trader Aufträge anderer Traderföderationen bearbeiten will, d.h. Anfragen anderer Trader weiterleitet,
- Operationen, die im Katalog identifiziert werden,
- Operationen, die durch den Importer angefragt werden,
- Abbildungen zwischen lokalen und kanonischen Schnittstellentypen und
- Zugriffskontexte, falls 'export' eine angebotene Tradingoperation ist.

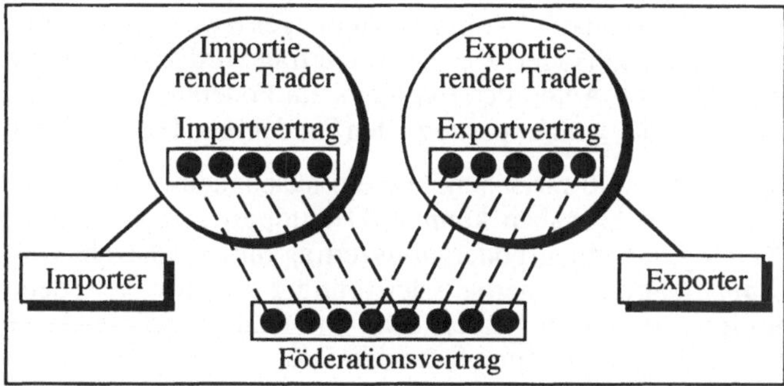

Abb. 7.17: Beziehungen zwischen Import-, Export- und Föderationsvertrag

Die Föderationsoperationen, die durch den Vertrag zugänglich gemacht werden, sind der Durchschnitt der durch den exportierenden Trader angebotenen und durch den importierenden Trader gewünschten Operationen. Auch für Importoperationen existieren dynamische Operationen `create` und `destroy`, die darauf ausgeführt werden können.

Ein Importvertrag ist Bestandteil von Verhandlungen zwischen einem importierenden und einem exportierenden Trader. Der Importvertrag wird beim importierenden Trader aufbewahrt und bildet den Anteil des importierenden Traders am Föderationsvertrag. Dieser Vertrag enthält Informationen, die vom importierenden Trader benötigt werden. Intern speichert der importierende Trader den Importvertrag in seinem Suchraum als einen standardisierten Diensteigenschaftswert des mit dem exportierenden Trader verbundenen Interaktionsdienstangebots.

In Analogie zu den Importverträgen sollen nun die Exportverträge untersucht werden. Ein Exportvertrag enthält die folgenden Informationen:

- einen Vertragsbezeichner,
- einen Rechnerschnittstellenbezeichner für jeden am Vertrag teilnehmenden Trader,
- Diensttypen, die der exportierende Trader über seine Föderation bereitstellt,
- Verbindungsbezeichner, die beschreiben, ob der exportierende Trader Aufträge anderer Traderföderationen bearbeiten will, d.h. Anfragen anderer Trader weiterleitet,
- die Menge von Operationen, die im Katalog identifiziert werden, und
- Abbildungen zwischen lokalen und kanonischen Schnittstellentypen.

Für den Exportvertrag existieren entsprechende Regeln, die beim Trading beachtet werden müssen. Die zugänglichen Diensttypen setzten sich aus dem Durchschnitt der im Suchraum des exportierenden Traders verfügbaren Diensttypen und den Diensttypen zusammen, die der exportierende Trader vom importierenden Trader erhalten hat. Der exportierende Trader speichert den Exportvertrag als standardisierte Diensteigenschaft der Dienstangebote von wechselwirkenden Traderföderationen im Suchraum des exportierenden Traders. Auch für den Exportvertrag gibt es dynamische Operationen `create` und `destroy`.

Der Exportvertrag ist Bestandteil von Verhandlungen zwischen einem exportierenden und einem importierenden Trader. Der Exportvertrag wird vom exportierenden Trader gespeichert und bildet den Anteil des Exporters am Föderationsvertrag. Dieser Vertrag enthält Informationen, die vom exportierenden Trader angeboten werden.

Ein Föderationsvertrag muß zwischen Tradern aushandeln, wie, wo und an welchen Dienstangeboten Trader teilhaben können. Der importierende Trader nutzt den veröffentlichten Katalog, um einen Föderationsvertrag durch Auswahl von Einträgen und ggf. weiteren Spezifikationen innerhalb der Einträge zu entwerfen, denn es kann nicht der Wunsch des importierenden Traders sein, alle vom exportierenden Trader angebotenen Tradingoperationen in Anspruch zu nehmen.

Im einzelnen beinhaltet dieser Föderationsvertrag die folgenden Bestandteile:

- einen Vertragsbezeichner (z.B. <Importer_Id., Exporter_Id., lfd.Nr.>),
- Bezeichnung beider Trader (sofern nicht in der Vertragsbezeichnung enthalten),
- Kontextstrukturen, auf die der exportierende Trader Zugriff hat,
- analog die seitens des importierenden Traders zugreifbaren Kontextstrukturen,
- Diensttypen, für die der exportierende Trader Angebote verfügbar hat,
- Diensttypen, die vom importierenden Trader ausgehandelt wurden,
- die Bereitschaft des exportierenden Traders zu Up- und Downstreamverbindungen,
- die Bereitschaft des importierenden Traders, auch diese Verbindungen einzugehen,
- die vom exportierenden Trader angebotenen Operationen sowie
- die vom importierenden Trader gewünschten Operationen.

Auf diese o.g. Up- und Downstreamverbindungen wird im folgenden eingegangen.

II. Up- und Downstreamverbindungen

Um die Bereitschaft eines Traders anzuzeigen, mit anderen Tradern in Verbindung zu treten, werden sogenannte Verbindungsbezeichner (*Linking Indicators*) definiert. Innerhalb eines Importvertrags gibt es zwei Verbindungsbezeichner. Diese zeigen die Bereitschaft des importierenden Traders an,

- Anfragen anderer Trader an den exportierenden Trader weiterzuleiten, man spricht dann von einer sogenannten **Upstreamverbindung** (*Upstream Linking*),
- eigene Anfragen an weitere, mit dem exportierenden Trader in Verbindung stehende Trader weiterreichen zu lassen, **Downstreamverbindung** (*Downstream Linking*).

Man kann sich diese Verbindungen so vorstellen, daß aus Sicht eines importierenden Traders bei einer Downstreamverbindung der untere bzw. der erste Teil einer Kette von Anfragen übernommen wird, bei Upstreamverbindungen wird der obere bzw. letzte Teil der Verbindungsketten akzeptiert, vgl. Abbildung 7.18.

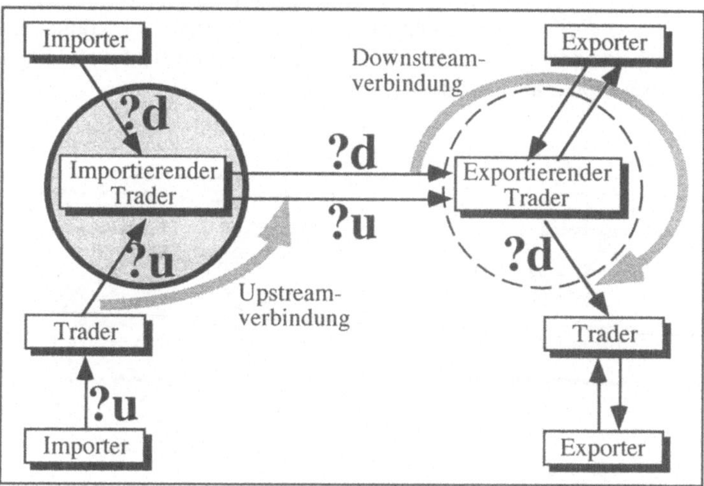

Abb. 7.18: Up- und Downstreamverbindung aus Sicht des importierenden Traders

In Analogie zu den Verbindungsbezeichnungen des Importvertrags gibt es auch zwei Verbindungsbezeichnungen zu einem Exportvertrag, welche die Bereitschaft des exportierenden Traders anzeigen,

- Anfragen, die der importierende Trader von anderen Tradern erhalten hat, zu akzeptieren (Upstreamverbindung) und
- Anfragen des importierenden Traders an andere Trader weiterzuleiten (Downstreamverbindung).

Aus Sicht des exportierenden Traders erfolgt eine Umkehrung der Beziehungen, die beim importierenden Trader bereits vorlagen. Hierbei werden keine Anfragen weitergeleitet, sondern die Antworten auf diese Anfragen zurückgegeben.

Durch die Kombination von Upstream- und Downstreamverbindungen entsteht Transitivität. Hat beispielsweise der Trader A einen Importvertrag mit Trader B, und Trader B hat einen Importvertrag mit Trader C, so können die Dienstanfragen des Traders A auf indirektem Wege über Trader B auch von Trader C bearbeitet werden, wenn sowohl Trader A und B Downstreamverbindung erlauben, als auch Trader B und C Upstreamverbindung gestatten.

Ein Vertrag erlaubt Upstreamverbindung nur dann, wenn sowohl der importierende als auch der exportierende Trader dieser Verbindung zustimmt, d.h., es wird der Durchschnitt beider Größen Exporter-Upstreamverbindung und Importer-Upstreamverbindung gebildet.

Die **Importföderation** (*Import Federation*) eines Traders ist die Menge von Tradern, die diesem Trader durch seine Importverträge zugänglich sind. Dabei sind auch solche Trader eingeschlossen, die durch Downstreamverbindung erreichbar sind. Die **Exportföderation** (*Export Federation*) eines Trader ist die Menge der Trader, von denen ein Trader durch Exportverträge zugänglich ist, eingeschlossen sind dabei auch Trader, denen Zugang durch Upstreamverbindung möglich ist.

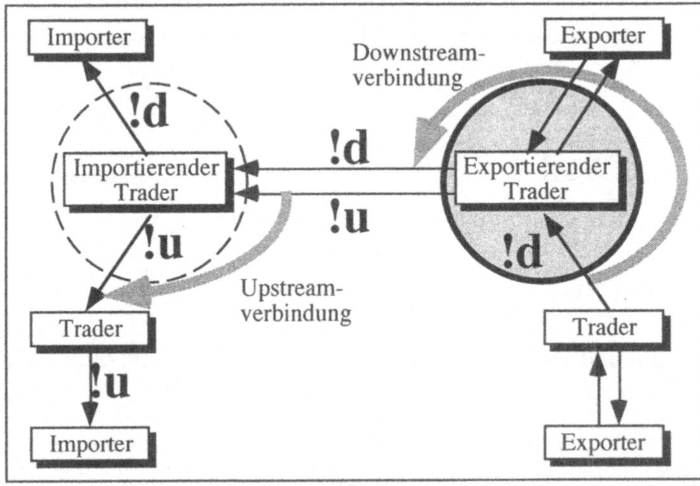

Abb. 7.19: Up- und Downstreamverbindung aus Sicht des exportierenden Traders

Der *Total Trading Scope* (Gesamttraderbereich) eines Traders beinhaltet die Datenbank jedes Mitgliedes der Föderation gemäß einem entsprechenden Exportvertrag.

Den Importern ist der Gesamttraderbereich durch deren lokalen Traderkontext bekannt.

7.4 Vermittlung von Diensten

In diesem Abschnitt soll der Prozeß der eigentlichen Dienstvermittlung näher betrachtet werden. Dazu wird im folgenden auf die beiden vom Trader angebotenen Operationen des Suchens nach geeigneten Dienstangeboten und des Auswählens eines optimalen Dienstangebots eingegangen.

Die Einbeziehung der Dienstqualität - des sogenannten *Quality of Service* - wird betrachtet und die unterschiedliche Behandlung statischer und dynamischer Dienstattribute innerhalb der Dienstauswahl untersucht. Für die Handhabung dynamischer Eigenschaften werden zwei Verfahren vorgestellt, das Polling und das Caching, die unter verschiedenen Bedingungen Anwendung finden.

7.4.1 Suchen und Auswählen von Dienstangeboten

Die Vermittlung eines Dienstes basiert auf seinem angegebenen Diensttyp, der einen Rechnerschnittstellentyp und eine Menge von Diensteigenschaftstypen beinhaltet.

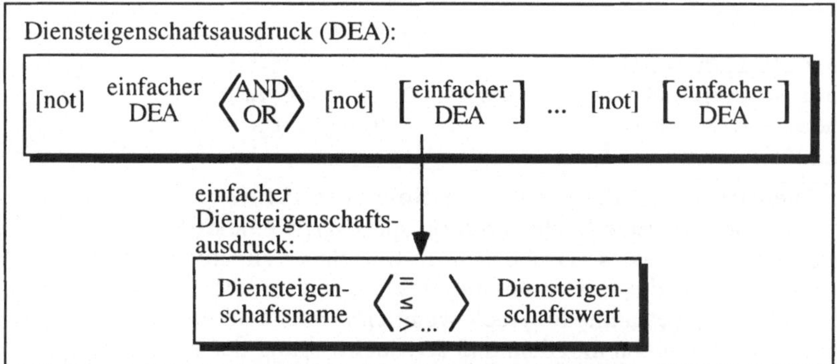

Abb. 7.20: Diensteigenschaftsausdrücke

Eine Dienstanfrage bezeichnet einen bestimmten Typ und enthält Importeranforderungen. Verschiedene Dienstanfragen können entweder dieselben oder auch verschiedene Typen und Anforderungen enthalten. Das Ziel eines Traders besteht darin, den Import des am besten geeigneten exportierten Dienstangebots zu unterstützen. Es kann sein, daß es verschiedene Exporter gibt, welche die allgemeinen Anforderungen eines Importers erfüllen.

Zunächst ist es notwendig, daß der Importer in der Lage ist, seine Anforderungen in Form eines Diensteigenschaftsausdrucks zu beschreiben. Ein solcher **Diensteigenschaftsausdruck** (*Service Property Expression*) besteht aus einem oder mehreren einfachen Diensteigenschaftsausdrücken, die durch logische Operationen, wie z.B. AND, OR oder NOT, verbunden sind. Ein einfacher Diensteigenschaftsausdruck (*Simple Service Property Expression*) besteht aus einem Diensteigenschaftsnamen und einem Paar von Diensteigenschaftswerten, die durch Vergleichsoperationen wie zum Beispiel "=", "≤" oder ">" miteinander verbunden sind, vgl. Abbildung 7.20.

Ein **Matchingkriterium** (*Matching Criterion*) ist ein Regelsystem, das angewendet wird, um die Gesamtzahl vorhandener Dienstangebote auf eine kleinere Menge akzeptabler Dienstangebote einzuschränken. Es wird durch einen Diensteigenschaftsausdruck beschrieben, der zum Zwecke des Matchens exportierter Dienstangebote mit den Anforderungen eines Importers genutzt wird. Als Beispiel einer Matchingbedingung sei folgender Ausdruck genannt:

```
Identifier = "0815" AND Cost_per_Page < 0.12
```

Zur Spezifikation einer Dienstsuche ist dem Matchingkriterium noch mindestens der gesuchte Diensttyp hinzuzufügen. Es gibt verschiedene Möglichkeiten, eine solche Spezifikation von Anforderungen anzugeben. Als besonders nutzerfreundlich haben sich jedoch eigene formale Sprachen erwiesen. Eine solche Sprache, die *Service Request Description Language* (SRDL) ist in [PoMe 94] in Syntax und Semantik beschrieben. Die Spezifikation eines Compiledienstes könnte mittels der SRDL in folgender Form erfolgen:

```
SEARCH COMPILER WITH
    Input = FORTRAN AND Output = 68040_Code AND
    (Location = "ReZe" OR Cost_per_1000_lines < 0.1)
ENDSEARCH
```

Bei der Dienstsuche ist die sogenannte **Suchrestriktion** (*Search Constraint*) der grundlegende Begriff. Eine Suchrestriktion spezifiziert eine Strategie für das Matchen von Importeranfragen. Diese Größe steht in Beziehung zur Importervorschrift. Sie beinhaltet Kriterien für die Einschränkung des Suchraums und bezieht die Dienstsuche auf spezielle Traderbestandteile. Auch wenn eine Suche an einen bestimmten Trader gerichtet ist, so ist es doch möglich, daß der Suchvorgang bei Tradern fortgesetzt wird, mit denen ein Föderationsvertrag besteht. Mittels der SRDL kann eine Suchrestriktion bezogen auf das in Abbildung 7.9 angegebene Beispiel wie folgt aussehen:

```
SEARCH COMPILER WITH
    Input = C++ AND Output = Power_PC_Code AND
    Location = "Informatik"
IN "D/C/E"
ENDSEARCH
```

Der Zusatz IN "D/C/E" beschreibt dabei die Einschränkung, daß nicht der gesamte Angebotsbereich des Traders betrachtet, sondern nur innerhalb des Unterbereichs Tk E nach geeigneten Dienstangeboten gesucht wird.

Um das aus Nutzersicht optimale Dienstangebot auszuwählen, wird ein **Auswahlkriterium** (*Selection Criterion*) verwendet. Es besteht aus Regeln, welche auf die Gesamtmenge vorhandener Dienstangebote angewendet werden, um ein einzelnes (!) Dienstangebot zu erhalten. Dieses Auswahlkriterium wird als Folge von Diensteigenschaftsausdrücken dargestellt, welche die Vergleichsregeln für Paare von Dienstangeboten liefern. Ein Beispiel für die Spezifikation einer Dienstauswahl wäre:

```
SELECT COMPILER WITH
IF
    Input = C++ AND Output = Alpha_Code AND
    Location = "Informatik" AND MINIMUM (Cost_per_1000_Lines)
THAN
    TAKE THAT
ELSE
    Input = C++ AND Output = Alpha_Code AND
    FIRST (Cost_per_1000_Lines < 0.1)
IN "D/C/E"
ENDSELECT
```

Wie hier benutzt, kann ein Auswahlkriterium Superlativfunktionen wie zum Beispiel MINIMUM oder MAXIMUM enthalten, ebenfalls möglich sind FIRST, LAST oder RANDOM.

Bei der Aufzählung der Kriterien für die Dienstauswahl ergibt sich zwangsläufig die Frage, welches Objekt für die Entscheidung der verwendeten Kriterien zuständig ist. Potentiell werden die Kriterien entsprechend ihrer Herkunft in drei Klassen eingeteilt.

- **Importerkriterien:**
  Im allgemeinen wird der Importer die präzisesten Vorstellungen haben, welche Aspekte eines speziellen Dienstangebots für ihn am interessantesten sind. Natürlich kann der Importer bei einigen Diensttypen auch auf Standarddefinitionen zurückgreifen.

- **Exporterkriterien:**
  Durch die Unterstützung einer Kontrollschnittstelle für Vorschriften besitzt der Exporter zusätzliche Möglichkeiten, die Auswahl eines zu exportierenden Dienstes zu unterstützen.

- **Diensttypkriterien:**
  Jeder Diensttyp kann über Auswahlkriterien verfügen, die sich für eine Optimierung dieses Dienstes eignen. Fraglich ist dabei jedoch, ob es für jeden Diensttyp offensichtliche Kriterien geben kann.

Praktisch wäre es denkbar, diese Kriterien untereinander zu kombinieren, wobei noch jedem Diensttyp ein Standardkriterium zuzuordnen wäre. Dieses Standardkriterium würde dann genutzt werden, falls der Importer kein Auswahlkriterium bereitgestellt hätte, oder aber ein vom Importer spezifiziertes Auswahlkriterium keine eindeutige Wahl eines Dienstes ermöglicht hätte. Im Falle von Exporterkriterien sollte dem Exporter die Möglichkeit gegeben werden, die nach seinem Kriterium getroffene Auswahl ggf. nicht zu akzeptieren, d.h. zu verwerfen oder zu modifizieren.

7.4.2 Einbeziehung der Dienstqualität

Die Qualität eines Dienstes ist bei der Beschreibung des Dienstverhaltens ebenfalls von großer Bedeutung. Es gibt mittlerweile zahlreiche Arbeiten zu dieser Thematik, die in begleitenden Standardisierungsaktivitäten fixiert werden [QoS 95b], [QoS 95m]. Eine methodische Einführung in diese Thematik ist beispielsweise in [Th 95] gegeben.

Auch die ODP-Funktionen und ODP-Systeme umfassen Merkmale der Dienstqualität, die für sie von Bedeutung sind. Die **Dienstqualität** (*Quality of Service*, QoS) eines Schnittstellentyps gibt Verkapselungs-, Konfigurations- und Ressourcenbeschränkungen eines Rechnerobjekts an, das einen Rechnerschnittstellentyp unterstützt. Einige dieser Dienstqualitäten sind Fehlermodi, Lokalisierung und Speicher-, Verarbeitungssowie Kommunikationsressourcen. Qualitätsmerkmale, die als Diensteigenschaften beschrieben werden können, sind im folgenden Sichtweisenabhängig angegeben:

- im *Enterprise Viewpoint*: Kosten und Prioritäten,
- im *Information Viewpoint*: Informationen zu Daten,
- im *Engineering Viewpoint*: Antwortzeiten, Durchsätze, Verfügbarkeit und zeitliche Bedingungen sowie
- im *Technology Viewpoint*: unterstützende Transportprotokolle, Fehlertoleranz und verkaufsspezifische Angebote.

Die Dienstqualität eines Rechnerschnittstellentyps und die Diensteigenschaften werden als sogenannte Behauptungen spezifiziert. Eine Behauptung wird als ein Prädikat beschrieben, das einen Typbezeichner und einen Datentyp angibt.

Beim Matching der Kompatibilität eines gegebenen Diensttyps nutzt der Trader die *Type Repository Function*. Er kennzeichnet alle aus seinem Vorrat bekannten Diensttypen, die mit dem Diensttyp kompatibel sind. Dann sucht er die Dienstangebote der gegebenen Diensttypen mit den entsprechenden Eigenschaften. Für die als Diensteigenschaften genutzten Dienstqualitäten erfolgt ein Matching durch den Trader.

Soll bei der Dienstauswahl die Qualität eines Angebots mit in die Betrachtungen einbezogen werden, so werden Qualitätsmerkmale in Diensteigenschaften ausgedrückt. Jede spezifizierte Diensteigenschaft ist ein Qualitätsmerkmal, ferner sind auch Auswahlkriterien denkbar, die folgende Faktoren beinhalten.

- *Access Control* (**Zugangskontrolle**):
  Es ist wichtig, bei der Auswahl eines Exporters darauf zu achten, daß der ausführende Importer auch Zugang zu dem auszuwählenden Exporter hat.

- *Management Information* (**Managementinformationen**):
  Diese Informationen können dann von Bedeutung sein, wenn ein Dienst ausgewählt werden soll, der sich statistisch gesehen bereits bezüglich Verfügbarkeit, Zuverlässigkeit und hinsichtlich seiner Leistung bewährt hat.

- *Configuration Information* (**Konfigurationsinformationen**):
  Bei der Dienstauswahl können der Ort, an dem sich der Exporter physikalisch befindet, bzw. die Netzwerkverbindungen zu diesem Exporter bedeutend sein.

- **Combination Information** (**Kombinationsinformationen**):
  Wenn es darum geht, eine Menge von Diensten auszuwählen, die in Kooperation einen angefragten Dienst erbringen können, so ist Wissen über die Kombinationsmöglichkeiten der Dienste von Bedeutung. Dieses Wissen umfaßt sowohl die Syntax des Dienstes als auch die Semantik der Diensttypen (vgl. [KeGr 95], [Po 95]).

- **Randomness** (**Zufälligkeit**):
  Es kann vorkommen, daß eine zufällige Auswahl eines Dienstes hilfreich ist.

Es ist offen, ob in die Betrachtung der Dienstqualität mit einbezogen werden soll, welches Binden von Schnittstellen sich als das günstigste erweist. Aktuelle Forschungsarbeiten zur Einordnung von QoS-Problemen in den Kontext des ODP können in zahlreichen Forschungsarbeiten nachgelesen werden, als Beispiel seien [FJH 95], [FMS 95], [HaBr 95], [LoTe 95], [ReMa 95] und [BHM+ 94] genannt.

Neben den o.g. ODP-spezifischen Dienstmerkmalen werden in [QoS 95b] noch allgemeiner sechs Charakteristiken eingeführt, auf die sich weitestgehend alle Diensteigenschaften zurückführen lassen. Diese sechs Klassen werden im folgenden genannt.

- **Zeitbezogene Charakteristiken:**
  Diese Charakteristiken umfassen die absolute Zeit, zu der ein Ereignis erbracht wird. Ferner können zeitliche Verzögerungen und Schwankungen mit in die Betrachtung einbezogen werden.

- **Kapazitätsbezogene Charakteristiken:**
  Neben der Kapazität umfaßt dieses Merkmal auch den Durchsatz eines Dienstes, d.h. die Menge von Dienstangeboten, die innerhalb einer bestimmten Zeit angeboten werden kann.

- **Vollständigkeitscharakteristiken:**
  Diese Merkmale umfassen die Genauigkeit und Vollständigkeit, die bei der Dienstvermittlung garantiert werden kann. Insbesondere soll eine Einschränkung von auftretbaren Adressierungs-, Zustellungs- und anderen Fehlern angegeben werden.

- **Kostenbezogene Charakteristiken:**
  Die Kosten eines ausgewählten Dienstes sind unter Umständen nicht unerheblich, deshalb soll dieses Merkmal mit in die Betrachtungen einbezogen werden.

- **Sicherheitsbezogene Charakteristiken:**
  Sicherheit ist ein an Bedeutung gewinnendes Merkmal. Die zugehörigen Dienstmerkmale umfassen Autorisierungs- und Authentifizierungsmöglichkeiten, die von den angebotenen Diensten bereitgestellt werden können.

- **Zuverlässigkeitscharakteristiken:**
  Die Zuverlässigkeit bei der Diensterbringung wird ebenfalls zu den Dienstqualitäten gerechnet.

Neben diesen genannten Charakteristiken gibt es noch die Möglichkeit, Ableitungen der Größen vorzunehmen. Aus der Ableitung der zeitbezogenen Größen ergibt sich somit z.B. Jitter, andere Ableitungen führen zu Systemdurchsatz, Last, Fehlertoleranz und anderen Größen.

Nach der Aufzählung der verschiedenen Kriterien, die der Dienstauswahl zugrunde liegen, soll nun betrachtet werden, welche Möglichkeiten es gibt, eine Auswahl nach den genannten Kriterien rechnerisch oder algorithmisch zu treffen.

Eine Möglichkeit besteht darin, einen Richtwert zu bestimmen und dann das entsprechende Minimum oder Maximum dieses Wertes zu ermitteln. Im Falle der Kosten beim COMPILER wäre selbstverständlich das Minimum der Kosten von Interesse. Der Nachteil dieser Methode besteht darin, daß das Konvertieren komplexer nichtnumerischer Größen in lineare Werte nicht immer einfach zu realisieren ist. Besonders bei der Optimierung gegenläufiger (!) Größen treten sehr schnell Probleme auf. Fordert ein Importer beispielsweise einen Druckdienst an, wobei es darauf ankommt, daß sich der ausgewählte Dienst innerhalb des Rechenzentrums befindet und so billig wie möglich ist, welche Priorität soll dann bei entweder teuren Druckangeboten im Rechenzentrum oder billigen Angeboten außerhalb des Rechenzentrums zugrundeliegen?

Eine Alternative zu dieser Betrachtung besteht in der Spezifikation von Vergleichsregeln, die Paare von Dienstangeboten zueinander ins Verhältnis setzen. Als Beispiel soll noch einmal auf den oben erwähnten Fall der Gegenläufigkeit von Diensteigenschaften zurückgegriffen werden.

```
IF X.Location = "ReZe" AND Y.Location  <> "ReZe" AND
   X.Cost < 0.2
THEN X
ELSE     IF X.Location <> "ReZe" AND Y.Location = "ReZe" AND
            Y.Cost < 0.2
         THEN Y
         ELSE  IF X.Cost < Y.Cost
               THEN X     ELSE Y
```

In diesem Fall kommt dem Ort des Diensterbringers eine höhere Priorität zu als der Minimierung der Kosten, wenn ein bestimmter Wert nicht überschritten wird. Durch die Anwendung dieser Regeln auf eine Menge von potentiell geeigneten Diensten wird in jedem Fall ein Dienst als der günstigste ausgewählt.

Komfortablere Möglichkeiten des Handhabens gegenläufiger Diensteigenschaftsanforderungen werden in den Arbeiten [Sk 94a] und [Sk 94b] untersucht. Besonders interessant ist dabei der vorgeschlagene Ansatz einer Nutzung der präskriptiven Entscheidungstheorie. Das aus den Wirtschaftswissenschaften stammende Konzept wird eingesetzt, um Anforderungen zu wichten. Dabei werden gegenläufige Dienstanforderungen im Hinblick auf ein globales Optimum ausgewertet, wenn verschiedene lokale Optima vorliegen.

7.4.3 Strategien für die Auswertung von Dienstangeboten

Innerhalb dieses Abschnitts soll untersucht werden, wie der Prozeß der Dienstvermittlung optimal ausgeführt werden kann. Nach dem Vorstellen einer dreistufigen Vorgehensweise zur Erhaltung von optimalen, d.h. möglichst aktuellen Werten der Diensteigenschaften werden zwei Verfahren für den Zugriff auf dynamische, dienstcharakterisierende Größen vorgestellt, das sogenannte Polling und das Caching.

I. Berücksichtigung von Aktualität

Bei der Auswertung eines Dienstangebots gibt es zeitunabhängige und zeitabhängige Vorgänge. Zu den zeitunabhängigen Vorgängen gehört die Überprüfung des Diensttyps sowie aller zugehörigen dienstcharakterisierenden Größen, die sich nicht ändern, d.h. statisch sind. Diesen Werten wird im folgenden nur sekundäre Aufmerksamkeit geschenkt. Auf der anderen Seite gibt es jedoch Diensteigenschaften, die sich häufig ändern können und die damit zu unterschiedlichen Zeitpunkten verschiedene Werte annehmen. Diese in Abschnitt 7.3.3 eingeführten dynamischen Dienstangebotseigenschaften sind deshalb von besonderem Interesse.

Um bei der Vermittlung von geeigneten Dienstangeboten mit aktuellsten Werten zu arbeiten, muß die Auswertung von dynamischen Diensteigenschaften im Prozeß des Suchens oder Auswählens von Dienstangeboten so spät wie irgend möglich erfolgen. Aufbauend auf den in [Ke 93] vorgestellten Ideen wurde eine Anpassung an die Tradingkonzepte in [PMK 94] vorgenommen und das folgende Verfahren vorgeschlagen, das sich bislang als optimal erwiesen hat.

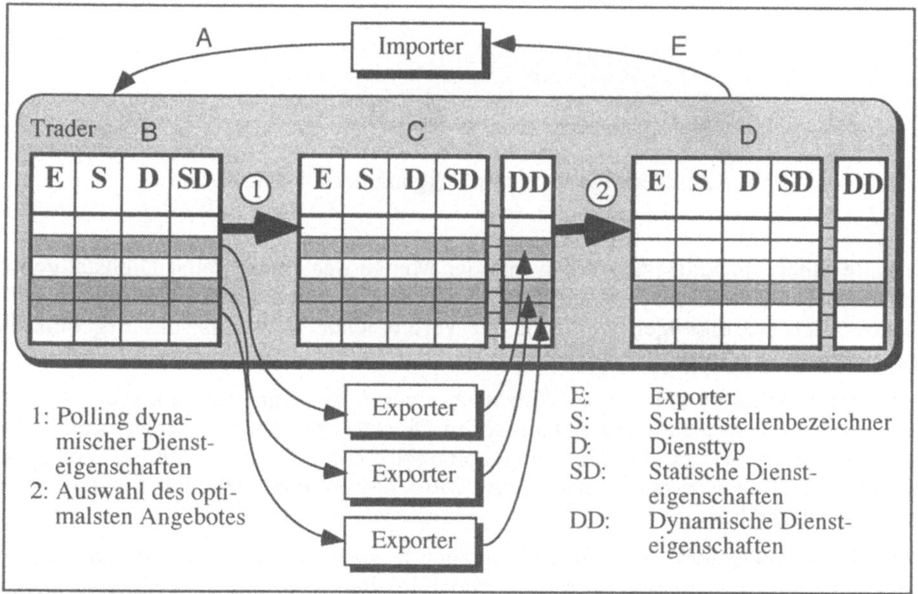

Abb. 7.21: Dienstauswahl mit Auswertung dynamischer Diensteigenschaften

Nach der Anfrage eines Importers (A) an einen Trader sucht dieser in seinem Diensteverzeichnis zunächst ohne Beachtung dynamischer Diensteigenschaften jeden Eintrag durch. Bei dieser Auswertung werden insbesondere der Diensttyp und die statischen

Diensteigenschaften berücksichtigt, die - im Falle eines Auswahlprozesses - keine Superlativfunktion (siehe Anhang D.1, Matchingkriterien) enthalten. Es entsteht eine Teilmenge markierter Dienstangebote (B), die allen spezifizierten Bedingungen genügen. Im folgenden wird nur noch auf diese Teilmenge Bezug genommen. Im nächsten Schritt erfolgt die Auswertung der dynamischen Diensteigenschaften (C), bevor das Ergebnis dann an den Importer zurückgegeben wird (E), vgl. Abbildung 7.21.

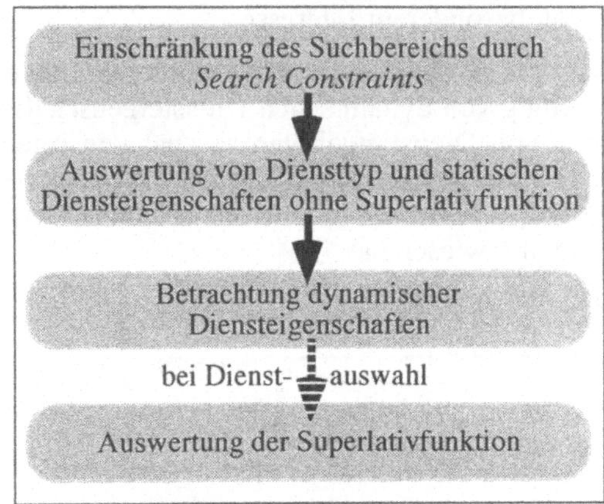

Abb. 7.22: Verallgemeinerter Vorgang der Dienstauswertung

Im Falle einer Suchanfrage werden aus der Menge der betrachteten Dienstangebote diejenigen Dienste ausgesondert, die nicht den an die dynamischen Diensteigenschaften gestellten Bedingungen genügen. Die verbleibende Menge ist das Ergebnis des vom Importer angeforderten Suchvorgangs.

Liegt eine Dienstauswahl vor, so wird nach einer Auswertung der statischen Größen ebenfalls eine Auswertung der dynamischen Diensteigenschaften vorgenommen. Auf die verbleibende Menge von Dienstangeboten wird dann die Superlativfunktion angewendet. Es bleibt genau ein Dienstangebot übrig, das optimal bezüglich der spezifizierten Dienstauswahl ist.

Wenn die hier skizzierte Vorgehensweise auch in verschiedenen Variationen vorkommen kann, so ist der prinzipielle Ablauf jedoch in allen Konzepten derselbe, vergleiche Abbildung 7.22. Im Gegensatz zu Abbildung 7.21 wird in Abbildung 7.22 noch die Auswertung der Suchrestriktion vorangestellt. Damit wird die gesamte Menge der im Traderangebotsbereich enthaltenen Dienstangebote entsprechend administrationsspezifischen und nutzerdefinierten Restriktionen gemäß existierender Tradervorschriften eingeschränkt. Nur auf diese vorausgewählte Menge werden alle folgenden Schritte angewendet. Die Suche nach Dienstangeboten endet nach den ersten drei Prozessen. Bei der Auswahl eines optimalen Dienstes wird ein vierter Prozeß angefügt, welcher die

Ausführung der Superlativfunktion übernimmt und damit aus der Menge der möglichen das optimale Dienstangebot bestimmt.

Abweichungen des beschriebenen Verfahrens können lediglich dahingehend auftreten, daß interne Realisierungen und Zugriffsmechanismen variabel sind. Existierende Möglichkeiten werden im folgenden Abschnitt aufgezeigt.

II. Zugriff auf dynamische Diensteigenschaften

Für das in Abbildung 7.22 vorgestellte Verfahren zur Auswertung von Dienstangeboten gibt es verschiedene Verfeinerungen. Eine spezielle Detaillierung kann im Hinblick auf den Zugriff auf dynamische Diensteigenschaften vorgenommen werden. Zu dieser Thematik ist bislang recht wenig Literatur vorhanden, lediglich [Ke 93], [Wi 94] und [Kü 95] sind als tiefergehende Arbeiten bekannt. Im folgenden werden zwei Verfahren vorgestellt: das Polling und das Caching.

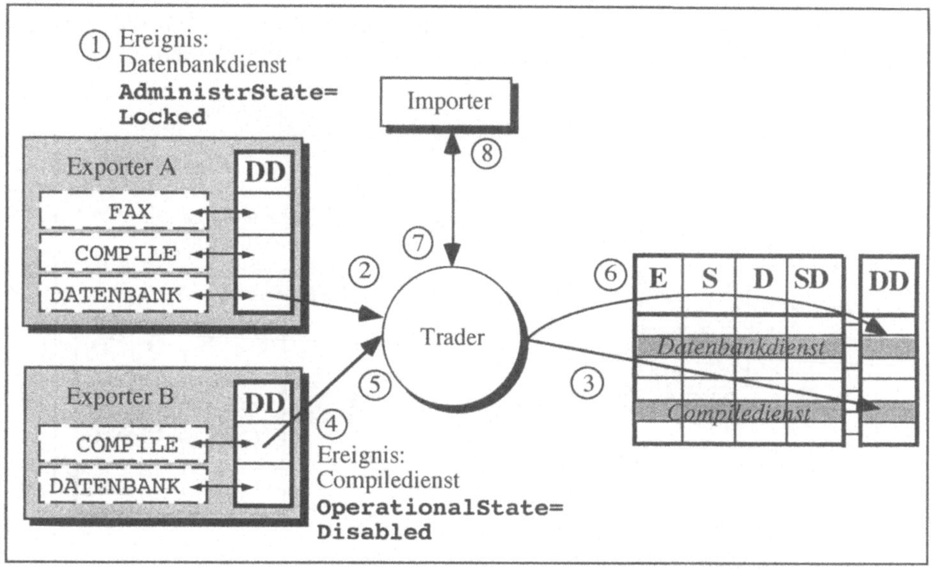

Abb. 7.23: Caching dynamischer Diensteigenschaften

Das Grundprinzip des **Cachings** besteht darin, dynamische Diensteigenschaften in der Datenbank des Traders zu speichern und diese gleichberechtigt wie statische Diensteigenschaften zu behandeln. Das heißt, treten Wertänderungen bei den dynamischen Eigenschaften auf, so wird seitens des Exporters über den Trader eine Aktualisierung der Werte vorgenommen.

Dieses Prinzip ist in Abbildung 7.23 dargestellt. Im folgenden soll ein Dienst vom Typ DATENBANK betrachtet werden, der von einem Exporter A zu einem Zeitpunkt exportiert wird, an dem er das dynamische Dienstangebot `AdministrativeState = Locked` (1., 2.) besitzt. Der Trader nimmt einen entsprechenden Eintrag in seiner Datenbank vor (3.) und kann später bei Bedarf durch die gleiche Aktion eine Aktualisierung der dynamischen Diensteigenschaften vornehmen. In Abbildung 7.23 dargestellt wird auf die gleiche Art und Weise der Eintrag eines Dienstes vom Typ COMPILER (4., 5., 6.) vorgenommen. Stellt nun ein Importer eine Anfrage nach einem Dienstangebot vom Typ COMPILER (7.), welche die Diensteigenschaft `OperationalState = Locked` besitzt, so sucht der Trader in seiner Datenbank nach einem geeigneten Dienstangebot und gibt dieses entsprechend an den Importer weiter (8.).

Überlegt man sich bei dieser Konfiguration, welche Netzlast auftritt, so wird sehr schnell eine Abhängigkeit von der Art und Anzahl der Dienstanfragen und Modifikationen der dynamischen Diensteigenschaften erkennbar. Konkreter bedeutet dies: treten viel häufiger Änderungen in den Werten der dynamischen Diensteigenschaften auf, als diese dynamischen Eigenschaften abgefragt werden, so entsteht eine unnötig hohe Netzlast. Diese überflüssige Netzlast resultiert aus dem Sachverhalt, daß Werte zu Zeitpunkten aktuell gehalten werden, an denen diese nicht benötigt werden.

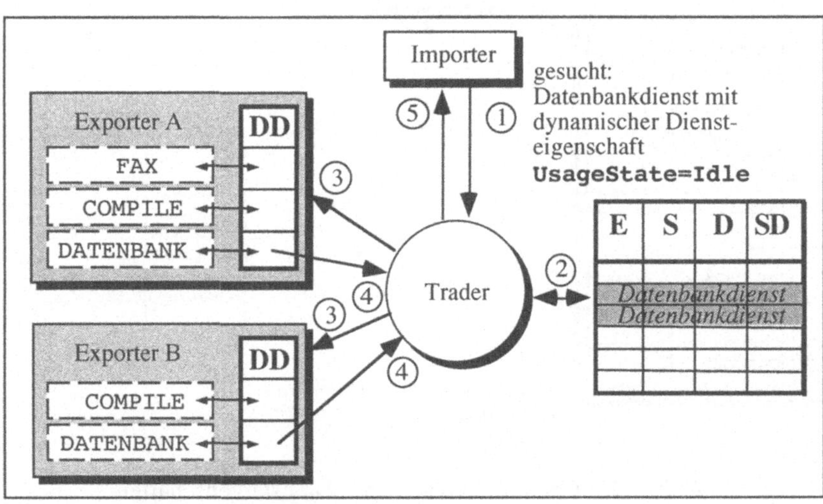

Abb. 7.24: Polling dynamischer Diensteigenschaften

Somit entspricht das Caching zwar im wesentlichen den vom Trading vorgeschlagenen Konzepten, ist jedoch bei geringem Dienstanfrageaufkommen nicht optimal. Aus diesem Grund wird als Alternative das sogenannte Polling vorgeschlagen, eine Technik, bei der ein Kompromiß hinsichtlich der Tradingkonsistenz eingegangen werden muß, die jedoch unter bestimmten Bedingungen geeigneter ist.

Das **Polling** unterscheidet sich dadurch vom Caching, daß dynamische Diensteigenschaften nicht im Traderverzeichnis gespeichert werden, sondern direkt am Exporter abgerufen werden. Dieser Sachverhalt ist in Abbildung 7.24 veranschaulicht. Es seien in einer Tradingstruktur Dienste in einem Verzeichnis des Traders gespeichert. Ein Importer suche einen Dienst vom Typ DATENBANK, der den UsageState = Idle besitzt (1.). Diese Anfrage wird an den Trader geleitet, der in seinem Verzeichnis eine Vorauswahl aller Dienstangebote mit dem entsprechenden Diensttyp vornimmt. Bei spezifizierten statischen Diensteigenschaften wird ebenfalls eine Auswertung dieser Größen erfolgen. Die verbleibende Menge von Dienstangeboten wird auf die dynamische Diensteigenschaft hin untersucht (3.). Diese dynamischen Größen werden an den Trader zurückgegeben (4.) und ausgewertet, dann antwortet der Trader dem Importer (5.).

Werden bei einer mittels Polling realisierten Tradingstruktur sehr oft die dynamischen Diensteigenschaften geändert und im Verhältnis dazu solche Eigenschaften selten abgefragt, so reduziert sich die Netzlast im Gegensatz zum Caching erheblich. Eine Aktualisierung der Diensteigenschaften erfolgt, ohne das Netz zu beanspruchen, lediglich im seltenen Falle einer Wertabfrage wird das Netz beansprucht.

Auf der anderen Seite kann es auch vorkommen, daß sehr häufig Dienstanfragen an den Trader erfolgen, im Verhältnis dazu jedoch wenige Änderungen bei den dynamischen Diensteigenschaften auftreten. Dieser Fall würde sich nachteilig auf die Netzlast beim Polling auswirken, da eine Aktualisierung der dynamischen Diensteigenschaften ohne Netzbelastung weniger auftritt als die netzbeanspruchende Abfrage. Aus diesen Gründen sollte von Fall zu Fall unterschieden werden, welche der Strategien am besten geeignet ist.

7.4.4 Rechentechnische Realisierung eines Traders

In diesem Abschnitt wird die interne Realisierung des Traderdienstes detailliert betrachtet. Konzepte der Traderobjekte werden definiert, und die vom Trader angebotenen Schnittstellen spezifiziert. Ein Trader unterhält Operationen, um Tradingkontexte manipulieren zu können und stellt Relationen zwischen den einzelnen Tradingkontexten auf. Diese Operationen werden durch eine sogenannte **Tradingdienstschnittstelle** (*Trading Service Interface*) bereitgestellt.

Einzelne Dienstangebote können zusätzlichen Vorschriften unterliegen, die dynamisch durch Kontrollobjekte verwendet werden. Ein solches Objekt kontrolliert, welcher Dienstschnittstellenidentifikator mit einem Dienstangebot zum Zeitpunkt des Imports assoziiert wird. Trader können angefragt werden, mit einem solchen Kontrollobjekt in Wechselwirkung zu treten, um die Vorschriften einzubeziehen.

Die Tradingdienstschnittstelle bietet Operationen an, um

- Tradingkontexte zu erzeugen und zu löschen,
- Details der Tradingkontexte aufzulisten,
- Dienstangebote zu exportieren und zurückzuziehen,
- Dienstangebote zuzuordnen,
- Details eines Dienstangebots anzeigen zu lassen,
- nach Dienstangeboten zu suchen, die gegebene Kriterien erfüllen,

- Relationen zwischen Kontexten zu definieren, und
- Importervorschriften zu definieren, die während des Suchens angewendet werden.

Trader können so gestaltet werden, daß sie Zugang zu jedem anderen Tradingkontext besitzen. Derartige Traderkonfigurationen können verschiedene Tradinggemeinschaften umfassen, die ggf. auch in einer Föderation zusammengefaßt sind.

Die Realisierung der Operationen eines Traders ist innerhalb des Traderstandards [ODP Tr] sehr detailliert dargestellt. Eine Zusammenfassung der zum Verständnis notwendigen Begriffe ist in Anhang D.1, ein Überblick über die vom Trader angebotenen Funktionen in Anhang D.2 angegeben.

7.5 Entwurf eines Tradingszenarios

In diesem Abschnitt soll darauf eingegangen werden, welche Prinzipien beim Entwurf einer Traderarchitektur Berücksichtigung finden sollen. Zunächst wird die anfallende Last in einem Tradingsystem untersucht und eine Reihe von Abhängigkeiten zwischen den Raten der ankommenden Dienstanfragen und den Bedienraten der Trader analysiert. Anschließend wird auf die Möglichkeit von Mehrwertschnittstellen zur komfortableren Gestaltung eines Tradingszenarios verwiesen und die Nutzung von Konzepten des Directoryservice [X.500] eingegangen.

7.5.1 Auslastung von Traderszenarien

Um die Auslastung eines Traderszenarios zu kalkulieren, erweisen sich Ansätze der Warteschlangentheorie, wie sie in [Bo 89] oder [Ki 90] präsentiert werden, als sehr geeignet. Eine Betrachtung von parallel ablaufenden Prozessen wird in zahlreichen Ansätzen verschiedener Wissenschaftler vorgenommen und insbesondere in [Po 95] verglichen, allerdings ist keiner dieser Ansätze vollständig geeignet, Traderszenarien zu analysieren und bewerten. Aus diesem Grund wurde ein Ansatz - die sogenannte *Parallel Performance Analysis Methodology* (P^2AM) - entwickelt und in [MePo 93], [PoMe 94] und [Po 95] vorgestellt. Diese Methode erlaubt es, Tradingsysteme im voraus zu modellieren und zu bewerten.

I. Bewertung von Anfragen an eine Föderation

Als Eingabe zur Bewertung eines Tradingszenarios wird zum einen die Anzahl der im System vorhandenen Trader zusammen mit allen Bedienraten gefordert, zum anderen werden die an allen Tradern anliegenden Ankunftsraten benötigt. Unter einer Ankunfts- oder Bedienrate versteht man in diesem Zusammenhang die Anzahl der ankommenden bzw. bedienten Anfragen pro Trader in einem fest bestimmten, konstanten Zeitintervall (Anfragen je Sekunde, je Minute oder auch je Stunde). Die Leistungsfähigkeit des Systems wird danach bewertet, wie lange das System im Durchschnitt zur Auswertung der Anfrage benötigt. Diese Größe wird als mittlere Antwortzeit bezeichnet. Je größer die mittlere Antwortzeit ist, umso schlechter ist die Kapazität oder Leistung des Systems, und umgekehrt, je kleiner die mittlere Antwortzeit ist, desto komfortabler läßt es sich mit diesem System arbeiten.

In der Struktur des Systems wird von einer Föderation ausgegangen, wobei jeder einzelne Trader mit jedem anderen Trader sowohl Up- als auch Downstreamverbindungen erlaubt. In der ersten Stufe dieser Methode wird davon ausgegangen, daß jede an einem Trader ankommende Anfrage auch an alle anderen Trader der Föderation weitergeleitet wird. Somit ist Symmetrie im Verhalten der Trader untereinander vorhanden.

Betrachten wir zunächst eine Architektur mit zwei Tradern. Damit das System lauffähig ist, muß berücksichtigt werden, daß die Ankunftsraten kleiner sind als die auftretenden Bedienraten. Da die Anfragen beider Trader zusammen innerhalb eines Traders abgearbeitet werden, ist es sogar wichtig, daß die Rate aller Anfragen an Trader in der Föderation immer noch kleiner ist als die kleinste Bedienrate eines Traders in diesem System. Ist diese Voraussetzung erfüllt, so kann die P²AM-Methode auf das Szenario angewendet werden.

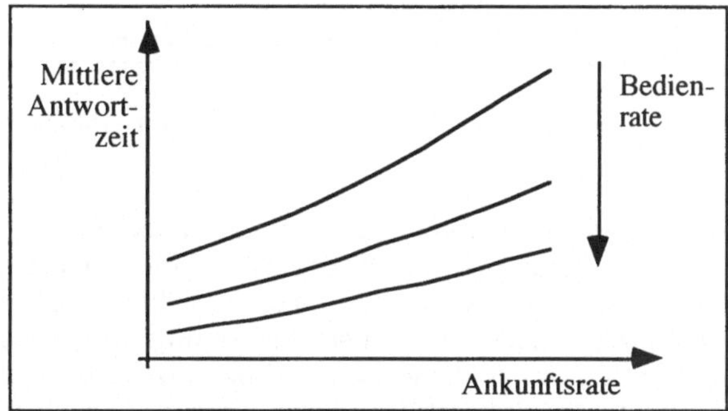

Abb. 7.25: Zusammenhang zwischen Ankunfts-, Bedienrate und Antwortzeit in einer Zwei-Trader-Föderation

Als Ergebnis der analytischen Untersuchungen, die übrigens gut mit Simulationen solcher Szenarien übereinstimmen, ergibt sich ein exponentieller Zusammenhang zwischen Ankunfts- und Bedienrate, vergleiche Abbildung 7.25. Genauere Messungen mit Angabe der Maßeinheiten und Gegenüberstellungen von Analyse und Simulation können [Po 95] entnommen werden.

In Abbildung 7.25 sind verschiedene Kurven eingezeichnet, die bei einer konstanten Bedienrate eines Traders ein Anwachsen der Bedienrate des zweiten Traders beschreiben. Das heißt: betrachtet man einen Trader unverändert, erhöht jedoch die Leistungsfähigkeit des anderen Traders (die größte Bedienrate ist in der untersten Kurve dargestellt), so erhöht sich die Leistungsfähigkeit des gesamten Systems und die Antwortzeit bei Traderanfragen sinkt, was eine höhere Komfortabilität für den Nutzer bedeutet. Neben der Bedienrate hat auch die Ankunftsrate Einfluß auf die mittlere Antwortzeit des Traders. Steigen auf der Abszisse die Werte für die Ankunftsrate an, so erhöht sich ebenfalls die Last des Systems, das heißt, die Antwortzeit vergrößert sich auch in diesem Fall, das System arbeitet langsamer. Der Anstieg ist dabei leicht exponentiell.

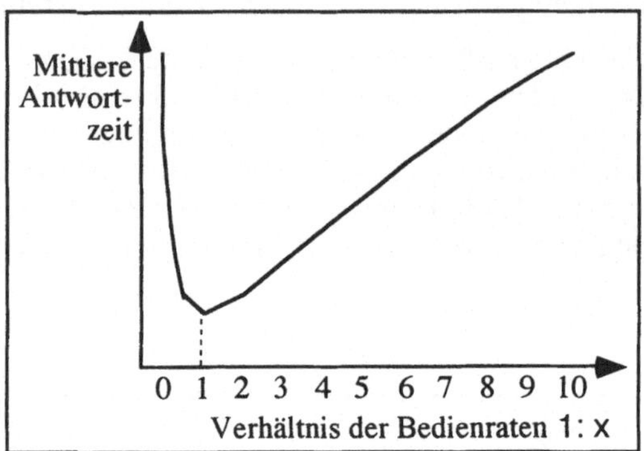

Abb. 7.26: Einfluß des Verhältnisses zweier Bedienraten bei gleicher Gesamtkapazität

Wie sieht die Auslastung einer aus zwei Tradern bestehenden Föderation aus, wenn die Summe der Bedienraten konstant ist, die Kapazität jedoch beliebig auf die einzelnen Trader verteilt werden kann? Zur Auswertung dieses Sachverhalts soll das Verhältnis der Bedienraten von zwei Tradern bei konstanter Summe ihrer Bedienkapazität betrachtet werden. Dieser Zusammenhang ist in Abbildung 7.26 veranschaulicht. Am kürzesten ist die mittlere Antwortzeit der beiden Trader, wenn beide Komponenten gleiche Bedienkapazität besitzen. In diesem Fall sind sie gleichmäßig ausgelastet und die mittlere Antwortzeit des Systems braucht nicht durch das schwächste Glied, d.h. den langsamsten Trader, bestimmt werden. In der Kurve liegt eine gewisse Symmetrie vor. Im Falle eines Verhältnisses von 1 : 1/10 ist die Antwortzeit einer Anfrage die gleiche wie im Falle eines Verhältnisses von 1 : 10. Diese Eigenschaft resultiert daraus, daß durch Vertauschen der beiden Trader der jeweils andere Fall erhalten wird. Auffallend ist wieder das leicht exponentielle Ansteigen der Werte.

Betrachtet man nun Tradingföderationen mit mehr als zwei Tradern, so ist ein ähnliches Verhalten feststellbar.

Abbildung 7.27 beschreibt die mittlere Antwortzeit eines Tradingsystems mit vier Tradern in Abhängigkeit einer Bedienrate bei Gleichbleiben der Bedienraten der anderen drei Trader. In dieser Abbildung sind verschiedene Kurven dargestellt, die von unten nach oben eine zunehmende Ankunftsrate des Systems beschreiben. Hierbei ist das exponentielle Abfallen der Antwortzeit sehr gut erkennbar.

Variiert man die Anzahl der Trader, d.h. wird eine konstante Anzahl von Dienstangeboten eines Traders auf eine bestimmte Anzahl von Tradern gleichmäßig verteilt, so ergibt die Analyse den in Abbildung 7.28 dargestellten Zusammenhang. Dabei ist die Bedienrate proportional zur Anzahl der Dienstangebote angenommen worden, so daß bei kmal so vielen Tradern jeder dieser k Trader nur ein k-tel der Anfragen zu bearbeiten hat und damit über eine k-fache Bedienrate verfügt. Der Synchronisationsaufwand wirkt der Erhöhung der Gesamtprozessorleistung entgegen, somit ist kein zur Anzahl der Trader indirekt proportionales Verhalten vorhanden.

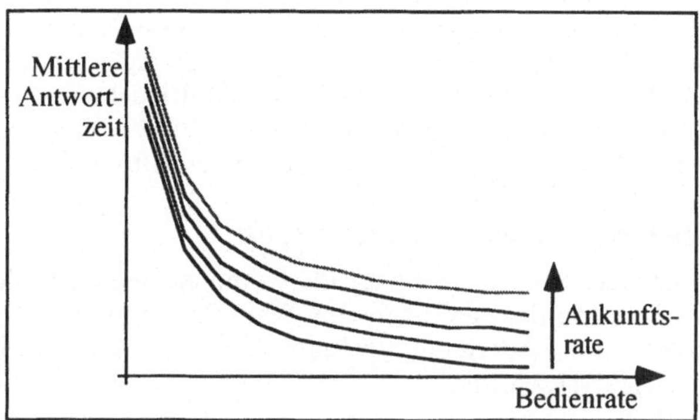

Abb. 7.27: Einfluß der Bedienrate eines Traders in einer Vier-Trader-Föderation

Von unten nach oben bedeuten die Kurven ein Zunehmen der Ankunftsraten von Anfragen an Trader. Das daraus resultierende Ansteigen der mittleren Antwortzeit resultiert aus dem Anwachsen der Systemlast.

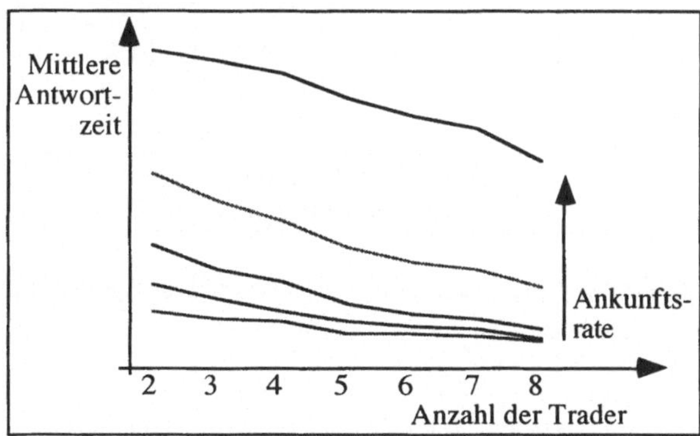

Abb. 7.28: Analyse eines Tradingszenarios mit konstanter Bedienkapazität, die auf eine bestimmte Anzahl von Tradern aufgeteilt wird

Der Sachverhalt, daß die reine Auswertung von Tradinganfragen bei mehr Tradern weniger Zeit erfordert, wird in der praktischen Umsetzung durch die steigende Netzlast relativiert, was bei einer großen Traderanzahl zu einer deutlichen Verzögerung des Antwortzeitverhaltens führt.

Diese Auswertungen sind recht interessant, werden in der Realität jedoch nur tendenziell den Tradingszenarien entsprechen. Im wesentlichen resultieren Abweichungen daraus, daß Such- und Auswahlanfragen nicht an die gesamte Föderation, sondern an ausgewählte Tradingkontexte innerhalb des Angebotsbereichs gestellt werden. Somit muß bei der Modellierung von Broadcast- zu Multicastanfragen übergegangen werden. In der o.g. Literatur sind Erweiterungen der P^2AM-Methode für diesen Fall vorgesehen. Diese sollen im folgenden Abschnitt vorgestellt werden.

II. Systemauslastung bei Multicastanfragen

Im Gegensatz zu Broadcastanfragen, die an alle Komponenten eines Verteilten Systems gerichtet sind, wird bei Multicastanfragen eine Weiterleitung von Anfragen nur an eine bestimmte Teilmenge von Tradern durchgeführt. Aus dieser Besonderheit ergeben sich Erweiterungen der Analyseschritte.

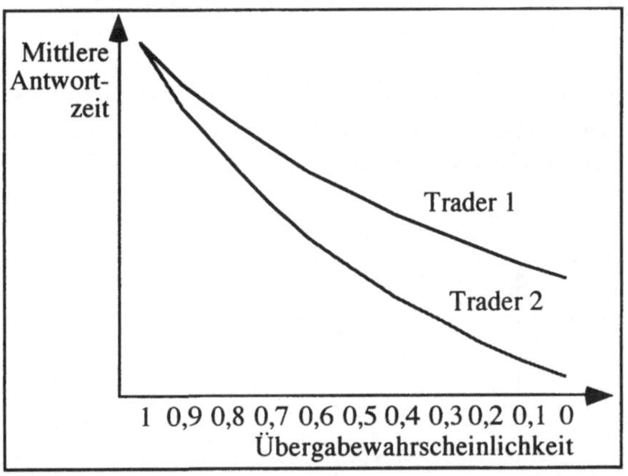

Abb. 7.29: Zwei-Trader-Föderation mit variierender Übergangswahrscheinlichkeit eines Traders

Bei der in [Po 95] vorgestellten Methode werden Multicastanalysen dahingehend erweitert, daß Wahrscheinlichkeiten für die Weiterreichung einer Traderanfrage an einen anderen Trader festgelegt werden. Die Wahrscheinlichkeit für die Auswertung einer Dienstanfrage an dem Trader, an den diese Anfrage gerichtet wurde, wird stets mit 1 angenommen.

Abbildung 7.29 stellt eine aus zwei Tradern bestehende Föderation vor, bei der die Dienstanfragen des ersten Traders generell an den anderen weitergereicht werden, die Anfragen des zweiten Traders werden mit einer Wahrscheinlichkeit zwischen 0 und 1 an den anderen Trader weitergereicht. In den beiden Extremfällen bei einer Wahrscheinlichkeit 0 liegt die Situation vor, daß nur Trader 2 identisch die Anfragen von Trader 1 erhält, bei der Wahrscheinlichkeit 1 ist der Fall vorhanden, daß Aufträge in jedem Fall broadcastmäßig an den anderen Trader weitergegeben werden. Dieser Fall entspricht dem in Abschnitt 7.5.1.1 beschriebenen.

Das Verhalten des Systems ist tendenziell das gleiche, eine geringere Übergabewahrscheinlichkeit ist prinzipiell mit einer geringeren Bedienzeit, d.h. höheren Bedienrate eines Traders zu vergleichen.

III. Ansätze zur Minimierung der Netzlast

Ist der Fall vorhanden, daß Netzanfragen redundant sind, so sollten zwecks Minimierung der Netzlast gesonderte Betrachtungen angestellt werden. Doch wann kann ein derartiger Fall auftreten? Der Nutzer hat in der Regel Interesse an einer vollständigen Angabe aller für seine Zwecke geeigneten Dienstangebote bzw. an dem für seine Anwendung optimalen Dienst. Diese Dienstmengen erhält man nur dadurch, daß ausnahmslos alle Tradingbereiche der in der Föderation vorhandenen Trader durchsucht werden.

Ist nun der Fall vorhanden, daß mehrere, in einer Föderation angeordnete Trader über die gleichen Dienstangebote verfügen, so genügt es, in einem reduzierten Tradingkontext eine Suche zu spezifizieren. Will der Nutzer in einem gut ausgelasteten Verteilten System den Dienst mit der kürzesten Wartezeit vermittelt bekommen, so ist wieder das Durchsuchen aller Tradingkontexte erforderlich. Bei dieser Situation und einer recht großen Anzahl von Tradern kann das Netz unter Umständen sehr schnell ausgelastet bzw. überlastet werden. Es kommt hinzu, daß Dienstangebote schon unaktuell sein können, wenn der letzte Tradingkontext durchsucht ist. Für diese Problemstellung wird in [WoTs 93] eine Lösung angeboten.

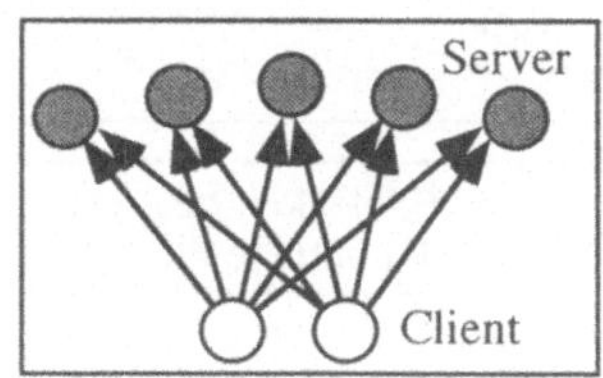

Abb. 7.30: Zwei-Parteien-Trading

Zunächst soll vom Zwei-Parteien-Trading ausgegangen werden. Dabei werden Dienste nicht von einem Trader vermittelt, sondern eine Client/Server-Beziehung kommt durch die Anfrage eines Clients bei einem Server zustande, vergleiche Abbildung 7.30. Ausgegangen wird von N homogenen Servern, alle diese Komponenten verfügen über die gleichen Dienste und auch gleiche Schnittstellen. Aus Nutzersicht möchte der Client natürlich den Server in Anspruch nehmen, der aktuell die geringste Arbeitslast besitzt, also am schnellsten verfügbar ist. Zur Lösung dieses Problems besteht demzufolge Interesse an einem Verfahren, das effizient ist und möglichst optimal arbeitet.

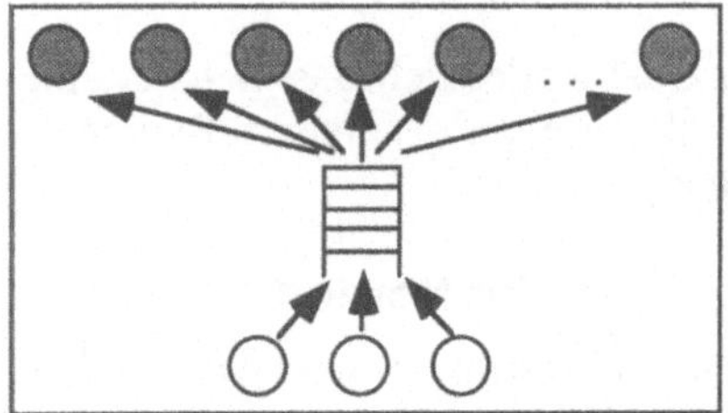

Abb. 7.31: Das Prinzip einer Multi-Server-Queue

Was heißt in diesem Zusammenhang optimal? Am günstigsten wäre es, wenn jeder Server nicht über eine eigene Warteschlange, in der anstehende Dienstaufrufe abgespeichert werden, verfügt, sondern eine Bedienung aus einem 'Pool' erfolgen würde. Diese Vorgehensweise nennt man Multi-Server-Queue, siehe Abbildung 7.31.

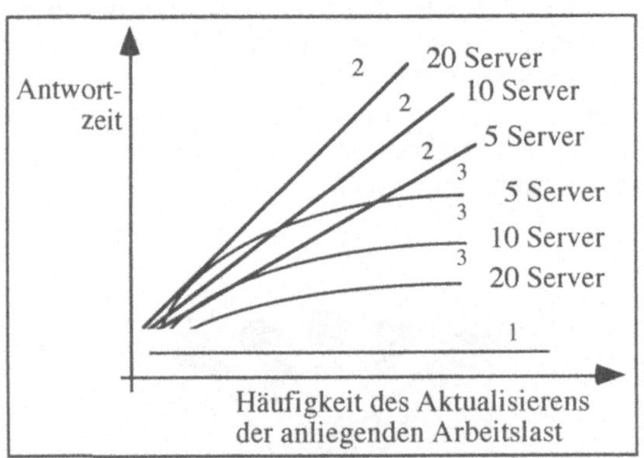

Abb. 7.32: Zusammenhang zwischen dem Aktualisierungszeitraum der aktuellen
Arbeitslast und der Antwortzeit einer Dienstanfrage

Bei einer zentralen Realisierung ist eine Multi-Server-Queue leicht zu realisieren, dafür gehen jedoch die in Kapitel 2 genannten Vorteile Verteilter Systeme verloren. Die Realisierung einer Multi-Server-Queue innerhalb eines Verteilten Systems ist denkbar, sie würde jedoch eine zu hohe Netzbelastung erzeugen. Wenn jeder Client jeden Server abfragt, so ist die auf dem Netzwerk zustandekommende Last bei größeren Systemen nicht handhabbar. Andererseits kann zwischen einer Abfrage und dem Inanspruchnehmen eines Dienstangebots ein so großer Zeitraum liegen, daß die abgefragten dynamischen Werte wieder unaktuell sind.

Abbildung 7.32 beschreibt ein in [WoTs 93] ausgewertetes Szenario, bei dem nach einem Zeitintervall einer bestimmten, auf der Abszisse gekennzeichneten Größe seitens der Server die aktuelle Arbeitslast den Clients mitgeteilt wird. Von links nach rechts stellt die x-Achse ein Anwachsen dieser Zeiträume dar. Auf der Ordinate ist die Antwortzeit einer Dienstanfrage dargestellt, d.h. die Zeit, die für die Ausführung des Dienstes sowie die Wartezeit davor benötigt wird. Bei einem - zum Vergleich dargestellten - Multi-Party-Queuing ist die Zeitdauer zwischen zwei Aktualisierungen der Serverlast ohne Einfluß auf die Antwortzeit, deshalb ist eine konstante Abhängigkeit dargestellt (Kurve 1).

Betrachtet man im Vergleich dazu den Fall, daß aus der Liste der zu diskreten Zeitpunkten aktualisierten Arbeitslasten jeweils der Trader ausgewählt wird, der die aktuell geringste Arbeitslast aufweist, so ergeben sich die in der Abbildung dargestellten Geraden. Je mehr Server in dem Szenario vorhanden sind, desto größer ist die eigentliche Zeitdauer der Aktualisierung und desto höher sind die Antwortzeiten, die linear ansteigen (Kurve 2 - für 5, 10 und 20 Server).

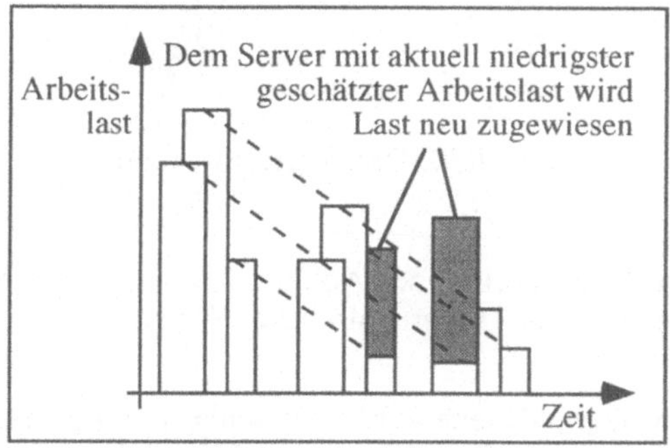

Abb. 7.33: Schätzungen zugewiesener Arbeitslast

Als Alternative wird vorgeschlagen, eine echte Teilmenge von L Servern zufällig auszuwählen, die im Falle einer Dienstanfrage auf ihre Arbeitslast hin betrachtet werden. Wird untersucht, wie groß L sein muß, um mit geringem Aufwand an Netzlast und Abfragezeit eine möglichst geringe Antwortzeit zu erhalten, so kann experimentell ein Wert L=2 ermittelt werden. Liegt nun eine Dienstanfrage vor, dann werden zwei zufällig ausgewählte Server nach ihrer aktuellen Arbeitslast gefragt und der Dienstaufruf an den weniger ausgelasteten dieser beiden Server gerichtet. Es entsteht eine schwach logarithmische Abhängigkeit zwischen der Aktualisierungsdauer und Antwortzeit (Kurve 3 - für 5, 10 und 20 Server), wobei sich die Anzahl der Trader umgekehrt auf das

Antwortzeitverhalten auswirkt, d.h. je mehr Trader anliegen, desto geringer ist die Antwortzeit.

Wird nun vom Client/Server-Modell zum Drei-Parteien-Trading, d.h. der Einbeziehung (genau) einer zentralen dienstvermittelnden Komponente übergegangen, so kann bei einem einzigen Trader dieser die Funktionalität einer Multi-Party-Queue übernehmen. Das o.g. Konzept kann dabei identisch übernommen werden, die niedrigste Arbeitslast wird durch Schätzungen ermittelt, siehe [Kü 94]. In einem solchen Fall wird von der aktuellen Arbeitslast, d.h. der Summe der Arbeitslasten aller wartenden und in Abarbeitung befindlichen Aufträge, ausgegangen. Beim Eintreffen eines Dienstauftrags wird dieser an den Server verwiesen, der die geringste Arbeitslast aufweist und die geschätzte hinzukommende Last dazuaddiert. Abbildung 7.33 veranschaulicht dieses Prinzip.

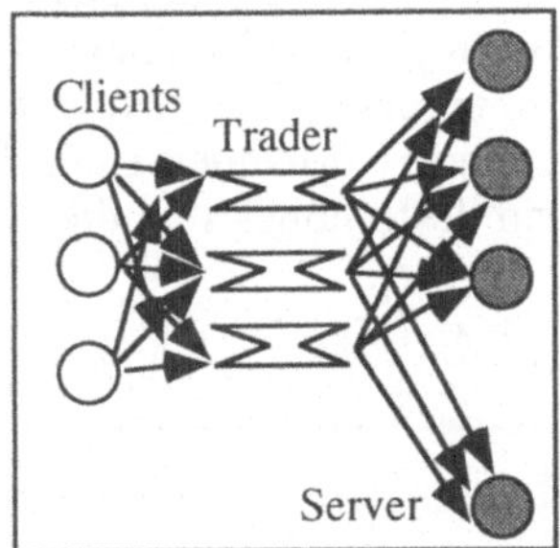

Abb. 7.34: Drei-Parteien-Trading

Problematischer wird die Steuerung der Abläufe bei einer Traderföderation, d.h. beim Auftreten von mindestens zwei Tradern, also Drei-Parteien-Trading mit Föderation, siehe Abbildung 7.34.

Das Prinzip der Multi-Server-Queue wird dann außer Kraft gesetzt, da wieder ein Verteiltes System von Tradern vorliegt. In diesem Fall wird von jedem einzelnen Trader eine Multi-Server-Queue für die ihm zugeordneten Server realisiert. Dieses Verfahren basiert auf Schätzungen der Arbeitslast in Analogie zu nur einem Trader. Dabei kann der in Abbildung 7.35 dargestellte Zusammenhang zwischen den Zeitintervallen der Aktualisierung und der resultierenden Arbeitslast ermittelt werden. Die Abhängigkeiten sind für den Fall von einem, drei und fünf Tradern dargestellt.

Wird der bei der Realisierung dieses Ansatzes entstehende Aufwand als zu hoch empfunden, so gibt es die Möglichkeit, die Server zyklisch nacheinander zuzuordnen. Die dabei entstehenden Antwortzeiten sind ebenfalls in Abbildung 7.35 dargestellt. Auffällig ist in diesem Zusammenhang, daß im Falle von fünf Tradern bei einer geschätzten Auswertung die Antwortzeit erst ansteigt und danach wieder abfällt. Während der sehr großen Antwortzeiten bei relativ kleinen Aktualisierungszeiträumen ist das zyklische

Vorgehen zudem besser geeignet, da es weniger aufwendig ist und außerdem eine geringere Antwortzeit bei Dienstaufrufen bewirkt.

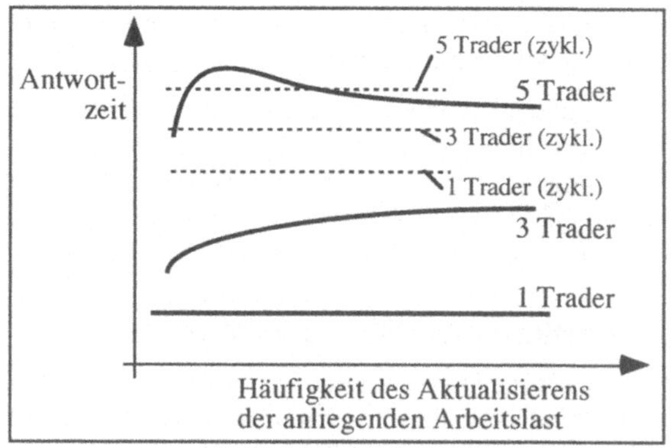

Abbildung 7.35: Zusammenhang zwischen Aktualisierungszeiträumen und
Antwortzeit

Mit diesen Überlegungen soll der Abschnitt der Analyse und Bewertung von Tradingszenarien abgeschlossen werden. Zahlreiche Literaturstellen stehen dem interessierten Leser zur Verfügung, um tiefer in die interessanten Aufgabenstellungen einzusteigen.

7.5.2 Mehrwertschnittstellen für einen Trader

Der Begriff der Mehrwertschnittstelle oder des Mehrwertdienstes gewinnt zunehmend an Bedeutung. Aus diesem Grund soll das grundlegende Problem andiskutiert werden. Es bleibt dem Entwickler eines Verteilten Systems selbst überlassen, ob und in welcher Form er entsprechende Möglichkeiten anbietet. Ein Mehrwertdiest ist innerhalb des Tradings dadurch realisierbar, daß einem Importer auch Dienste angeboten werden, die aus zwei oder mehreren Exporterschnittstellen konstruiert werden. Falls der Importer versucht, die gewünschte Schnittstelle bzw. den gewünschten Dienst zu importieren, so wird der Trader beim Matchen der Anfrage zunächst erfolglos sein, da keine Werte des gewünschten Dienstes bzw. der Schnittstelle existieren.

Als Beispiel soll angenommen werden, daß ein technischer Mitarbeiter ein elektronisches Bild eines Apple Macintosh zur Benutzung in einem Dokument erhalten möchte. Das Textverarbeitungssystem fordert Bilder an, die in einem einfachen Bitmapformat zur Verfügung stehen müssen. Der technische Mitarbeiter versucht, ein geeignetes Bild aus seinem Graphikarchiv zu importieren. Eine Anfrage an das System könnte wie folgt aussehen:

```
SEARCH PICTURE WITH
    name = "Apple Macintosh" AND format=Bitmap
ENDSEARCH
```

In diesem Fall gibt es kein Graphikarchiv, das Bilder im Bitmapformat an einen Apple Macintosh exportiert. Statt dessen gibt es jedoch ein exportiertes Bild eines Apple Macintosh im Postscriptformat und einen exportierten Konverter, der Postscript in Bitmap abbildet. Der Trader selbst kann nicht das entsprechende Semantikwissen besitzen, um diese beiden exportierten Schnittstellen zu kombinieren und dann die vom technischen Mitarbeiter gewünschte Schnittstelle zu erhalten.

Ein geschäftstüchtiger Unternehmer könnte dieses Semantikwissen einiger Schnittstellentypen einbeziehen, um die Konstruktion neuer, komfortablerer Schnittstellen aus existierenden zu ermöglichen. Diese entstehenden Schnittstellen werden als Mehrwertschnittstellen (*Value Added Interfaces*) bezeichnet. Ein zu diesem Zweck entwickeltes Modell, die sogenannte Dienstalgebra, wird in [Po 95] vorgestellt.

7.5.3 Trading im Kontext der Directorykonzepte

Die meisten wichtigen Anforderungen an die Tradingfunktion treten in ähnlicher Form bereits im OSI-Directory auf. Aus diesem Grund sollte beim Entwurf eines Tradingszenarios überlegt werden, Bestandteile des OSI-Directories in die Realisierung von Tradingdiensten mit einzubeziehen. Dabei ist es denkbar, das Trading als Erweiterung des OSI-Directories zu realisieren, wobei neue Funktionalitäten hinzukommen, oder auch das Trading als Anwendung eines OSI-Directories zu verstehen.

Im letztgenannten Fall werden zum einen keine existierenden Standards angegriffen, zum anderen wird dabei auch recht effektiv die durch ein OSI-Directory bereitgestellte Funktionalität genutzt. Es darf jedoch nicht außerachtgelassen werden, daß das OSI-Directory nicht über alle Fähigkeiten verfügt, die für das Trading notwendig sind.

Genau genommen werden vom Trader zwei Funktionen ausgeführt: das *Domain Management,* d.h. die Verwaltung von Tradingkontexten, und das *Type Space Management*, also das Management von Untertypbeziehungen. Bei dieser Unterscheidung kann die *Domain Space Management Function* vom OSI-Directory angeführt werden, die *Type Space Management Function* muß jedoch vom Trader realisiert werden.

Jeder Tradingbereich besteht gemäß [ODP Tr] aus genau einem Trader und einem oder mehreren sogenannten Verzeichnisdienstagenten (*Directory Service Agents*, DSAs). Der Trader beinhaltet die Fähigkeiten eines sogenannten Verzeichnisnutzeragenten (*Directory User Agents*, DUAs). Der Verzeichnisdienstagent innerhalb eines Traderbereichs muß hingegen so konfiguriert sein, daß keine unerwünschten Wechselwirkungen mit Verzeichnisdienstagenten in anderen Tradingbereichen auftreten. Diese Wechselwirkungen müssen vielmehr seitens des Traders ausgeführt werden, um Tradervorschriften zu beachten und Typrestriktionen einzubeziehen.

Im folgenden soll die Beziehung zwischen Tradern und dem X.500-Directory betrachtet werden, die in Abbildung 7.36 dargestellt ist. Dabei wird von einer Schnittstelle zwischen einem Tradernutzeragenten (*Trader User Agent*, TUA) und einem Verzeichnisnutzeragenten ausgegangen. Ein Nutzer des Traders hat auf den Trader über eine Traderschnittstelle Zugriff. Diese Schnittstelle ist mit dem DUA über einen TUA verbunden. Ziel eines Zugriffs ist das Erlangen relevanter Informationen, die in der

Datenbank des Traders gespeichert sind. Der Nutzer des Directories gelangt an die Directorydatenbank über seinen zugeordneten DUA.

Die Architekturen zum Zugriff auf entfernte Trader unterteilt man in nicht-verbundene Trader (*Non-Federated Trader*) und verbundene Trader (*Federated Trader*). Beide Konzepte bedienen sich des X.500-Directories.

Abbildung 7.36 zeigt eine Realisierung von nicht-verbundenen Tradern basierend auf X.500. Der senkrechte Strich bedeutet, daß die Verbindungen zwischen den DSAs und den DUAs verschiedener Trader nicht wirksam werden, wenn die Trader nicht miteinander verbunden sind. Werden verbundene Trader betrachtet, so entfällt die senkrechte Linie zwischen den Directories verschiedener Trader.

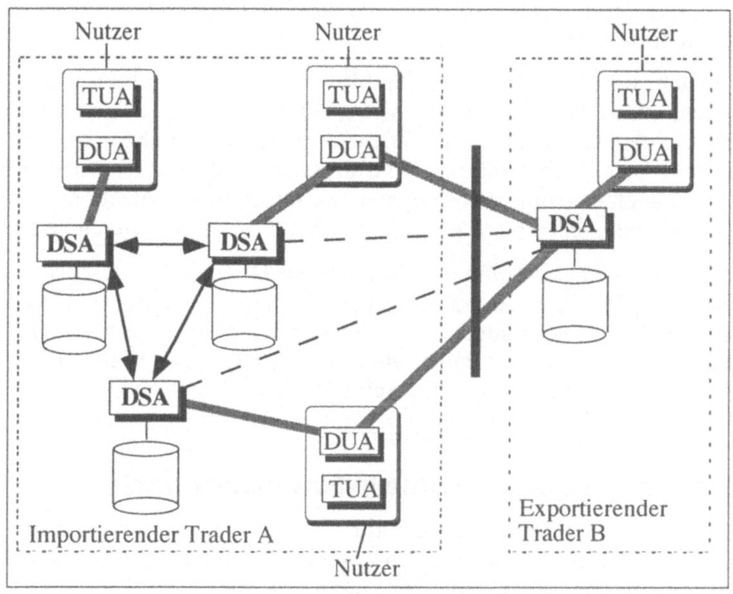

Abb. 7.36: Traderrealisierung basierend auf X.500

Ein Föderationsvertrag unterstützt gemäß [ODP Tr] zusätzliche Semantiken wie zum Beispiel die Abbildung von Diensttypnamen. Die Directories verschiedener Trader werden durch DUA-zu-DSA-Verbindungen zusammengestellt. Diese Tatsache resultiert aus dem Aufbau des Standards im Verhältnis zum X.500-Directory. Dieser Standard unterstützt keine Namensabbildungen. Die Funktionalität der Namensabbildungen wird durch die TUAs gehandhabt. Durch das Verwenden von DUA-zu DSA-Verbindungen verwirft der DSA des importierenden Traders seine Anfrage, anstatt sich in den DSA eines exportierenden Traders einzugliedern, wenn diese Anfrage nicht positiv beantwortet werden kann. Nach dem Erhalt der Zurückweisung (eines *Rejects*) einer Anfrage vom lokalen DSA eines importierenden Traders wird dieser Trader ein *Name Mapping* durchführen und die neue Anfrage zu einem entfernten DSA senden, der zu einem exportierenden Trader gehört. Der TUA wird seinen Standard-DUA nutzen, um die Anfrage zu einem DSA eines exportierenden Traders zu schicken.

Der Trader besitzt die Möglichkeit, den *Directory Service* zu nutzen, um Informationen - einschließlich der Adressen von Dienstanbietern - zu erhalten. Um einen Dienstanbieter auszuwählen, der sich hinsichtlich seiner Verfügbarkeit, Leistungseigenschaften und anderer Kenngrößen bereits bewährt hat, kann der Trader auf die Nutzung eines statistischen Informationsdienstes zurückgreifen.

Um Informationen über den Ort eines Dienstanbieters und die Unterstützung hinsichtlich der Auswahl eines Dienstanbieters zu erhalten, kann sich der Trader eines Konfigurationsdienstes bedienen. Ferner besteht die Möglichkeit, einen Zugangskontrolldienst zu verwenden, um vorbeugend Informationen darüber zu erhalten, zu welchen Dienstanbietern ein Importer keinen Zugang hat.

Schließlich besteht für den Trader noch die Möglichkeit, Dienste bestimmter *Agents* zu nutzen, die Kenntnisse darüber besitzen, wie gewisse Diensttypen miteinander kombiniert werden können und damit einer Dienstanfrage entsprochen werden kann. Da hiermit eine sehr komplexe Funktion angesprochen wird, die ausführliches, sowohl syntaktisches als auch semantisches Wissen der Diensttypen besitzen muß, ist es gegebenenfalls vorzuziehen, daß ein solcher *Agent* sich auf bestimmte Bereiche spezialisiert.

Die Tatsache, daß die Rückführung der Trading- auf Directorykonzepte von großer sowohl wissenschaftlicher als auch praktischer Bedeutung ist, widerspiegelt sich in zahlreichen aktuellen Veröffentlichungen. Erste Arbeiten zu dieser Thematik sind in [PoMe 93] enthalten, aktuelle Ansätze können auch in den Papieren [WaBe 95], [LiMa 95] und [VBB 95] nachgelesen werden, die sich ausnahmslos auf das zuvor genannte beziehen.

7.5.4 Typmanagement und aktuelle Forschungsarbeiten

Nach der o.g. Directoryoperation soll nun die Typmanagementoperation gemäß [ODP Tr] betrachtet werden. Im folgenden sollen einige Aussagen zum Hintergrund der Typanforderungen sowie der Typmanagementfunktion gemacht werden. Der Trader führt ein Matchen der Dienstanfragen mit Dienstangeboten durch. Dieser Vorgang basiert auf der Diensttypkompatibilität.

Die Notwendigkeit einer Funktion zum Speichern von Diensttypen und bestimmten Kompatibilitätsbeziehungen zwischen diesen Typen ist im ODP-Trading nicht spezifiziert. Alternativ kann man sich vorstellen, daß das Typmanagement eine ODP-Funktion wird, die Gegenstand separater Standardisierungsarbeiten ist. Falls die Typmanagementfunktion nicht in der Lage ist, die volle geforderte Funktionalität zu liefern, so sollte der ODP-Trader zusätzliche Schnittstellen für die Typmanagementfunktion zur Verfügung stellen.

Seitens des Traders wird angenommen, daß Diensttypen gewisse Diensteigenschaften besitzen, die in diesem Zusammenhang der Parametrisierung eines Diensttyps dienen. Der Diensttyp wird für die Konstruktion eines Typgraphen verwendet. Werden mehrere Trader miteinander verbunden, so muß eine gemeinsame Basis für das Verstehen der genutzten Diensttypen geschaffen werden. Dazu besteht seitens des Typmanagers die Notwendigkeit, einzelne Typgraphen miteinander zu mischen und den verbundenen Tradern ein einheitliches Konzept zu liefern. Die Schaffung eines kanonischen Formats zur Beschreibung von Diensttypen und eine standardisierte Bibliothek von Diensttypen kann die Föderation von Typmanagern sehr erleichtern.

Betrachtet man die Schnittstelle eines Typmanagers, so müssen verschiedene Funktionalitäten angeboten werden und zwar Operationen zu Hinzufügen von Typen, zum Löschen von Typen und zum Auflisten von Typen.

Eine besondere Forschungsleistung ist in diesem Zusammenhang von australischen Wissenschaftlern zu verzeichnen. Eine sehr schöne Arbeit ist z.B. in [IBR 94] enthalten. Hierbei geht es um die Konzeptionierung eines *Type Management Systems* für den ODP-Trader. Intuition dieses Papiers war die Realisierung eines Offenen Verteilten Systems, das einer einheitlichen Konzeptionierung für den Dienstbegriff bedarf. Aus diesem Grunde widmet sich das Papier der Typbeschreibung und dem Typmanagement sowie zugehörigen Funktionen, die erforderlich sind, um ein dynamisches *Service Matching* durch einen ODP-Trader ausführen zu können. In diesem Zusammenhang soll auch eine Föderation von Tradern unterstützt werden. Es wird ein Typmodell vorgestellt, das den entstehenden Anforderungen genügt, indem Typbeschreibungen und Typbeziehungen genutzt werden, um kompatible Diensttypen in einer offenen Umgebung zu finden. Nach der Klassifizierung von verschiedenen Typenarten werden *Service Type Hierarchies*, d.h. Hierarchien von Diensttypen, betrachtet, die eine Einordnung der Zusammenhänge zwischen Diensttypen ermöglichen.

Abschließend zu den allgemeingültigen Aussagen zum Trading soll noch - unabhängig vom Typmanagement - aktuelle Forschungsarbeiten zum Trading andiskutiert werden.

Aktuelle Forschungsarbeiten zum Trading

Ein wichtiger Begriff ist der **offene Dienstmarkt** [SaMi 95]. [MeLa 94] gehen von einem *Common Open Service Market* (COSM) aus, in dem die Anwendungsentwicklung von solchen existierenden Diensten profitieren kann, die als Bausteine für die Entwicklung individueller integrierter Anwendungen genutzt werden. Die Entwurfsprinzipien lassen sich dabei auf zwei Ansätze zurückführen. Zum einen wird auf jedem Abstraktionsniveau des Gesamtsystems ein generisches Client/Server-Modell in einheitlicher Art und Weise auf einzelne kooperierende Komponenten angewendet. Zum anderen wird eine strikte Trennung zwischen der Anwendungsschicht, von welcher die Dienste genutzt werden, und einer sogenannten Dienstschicht, welche die entsprechenden Dienste bereitstellt, vorgenommen. Durch diesen Ansatz, so die Schlußfolgerungen der Arbeit, wird eine Reduzierung der Anzahl von verschiedenen Schnittstellen zwischen den Anwendern und Servern vorgenommen.

In den neueren Arbeiten zum Trading gibt es Ansätze einer sogenannten **Objektvermittlung** (eines *Object Tradings*). In [GoNi 94] wird eine neue Klasse von Namens- und Objektmanagement vorgestellt, die es den Nutzern eines Offenen Systems erlauben, Objekte, die nicht in deren lokalen Systemen verfügbar sind, gemeinsam zu nutzen. In diesem Zusammenhang wird eine verteilte Implementierung des Tradingdienstes vorgeschlagen. Diese basiert sowohl auf Attributnamen, als auch auf der wechselseitigen Kooperation einer gewissen Anzahl von Tradingdiensten bzw. Tradern. Bei diesem Ansatz werden neben homogenen auch heterogene Systeme betrachtet, so daß gezeigt werden kann, daß ein *Object Sharing* in einer offenen Umgebung möglich ist.

Da ODP sich objektbezogener Konzepte bedient, wird in einigen Traderarbeiten auch die Einbeziehung **objektorientierter Techniken** betrachtet. Insbesondere [DoDu 94] schlägt die Verwendung von Object-Z vor, eine Vorgehensweise, welche objektorientierte Spezifikationen nutzt, wobei die hierarchische Kontextstruktur und andere Eigenschaften, die am Beispiel des Traders demonstriert werden, erhalten bleiben. Hierarchien werden durch eine Klassenstruktur der Spezifikation beibehalten. Ebenso wird eine Informationsverteilung realisiert, die von der Object-Z nicht direkt verteilt, aber von globalen Zustandsvariablen zentralisiert vorgenommen wird. Wenn - zum Beispiel beim Trading - eine Diensteigenschaft eines Exporters modifiziert wird, so müssen die entsprechenden globalen Variablen modifiziert werden.

Andere globale Traderansätze beziehen sich sehr stark auf **Heterogenitätsaspekte**. In [IDV 94] wird insbesondere in der Unternehmenssichtweise ODP als ein Instrumentarium zur Beherrschung von Heterogenität angesehen, [FaLo 94] dagegen schlägt eine Transformation der Sichtweisen vor. In diesem Ansatz werden die Gemeinsamkeiten der Viewpoints herausgearbeitet, um konsistent eine Zuordnung von Systembestandteilen verschiedener Viewpoints vornehmen zu können. Insbesondere wird eine abstrakte Beschreibung ausgehend von der Verarbeitungssichtweise vorgeschlagen, die konsistent in eine Beschreibung des aktuell zu realisierenden Systems in der Engineeringsichtweise übergeht.

7.6 Ein Beispiel für die Traderrealisierung: ANSAware

Mit der Vorstellung der Tradingkonzepte ist ein Objekt beschrieben worden, das den Charakteristiken eines Verteilten Systems entspricht. Der Trader der ANSAware soll innerhalb dieses Abschnitts zur Veranschaulichung von zwei Prinzipien betrachtet werden: zum einen soll diese konkrete Realisierung das beschriebene Konzept der Dienstvermittlung noch einmal verdeutlichen, zum anderen soll an diesem Beispiel gezeigt werden, wie die in den ersten Kapiteln vorgestellten Konzepte der *Viewpoints* zum Einsatz kommen.

Da von der *Advanced Network Systems Architecture* (ANSA) bereits vor den ersten Standardisierungsarbeiten zu ODP mit Sichtweisen gearbeitet wurde, ist der ANSAware-Trader recht gut geeignet, diese Konzept zu veranschaulichen. Aus diesem Grund wird die Komplexität des ANSAware-Traders im folgenden dahingehend reduziert, daß eine Einordnung in die beschriebenen Sichtweisen vorgenommen wird.

I. Der ANSAware-Trader im Enterprise und Information Viewpoint

Die Betrachtungen im *Enterprise* und *Information Viewpoint* sind von der konkreten Realisierung prinzipiell unabhängig. Im *Enterprise Viewpoint* wird eine funktionelle

Struktur des Systems beschrieben, im *Information Viewpoint* auf die Strukturen der beim Trading vorliegenden Komponenten eingegangen.

ANSAware ist allgemein eine verteilte Umgebung. Die Betrachtungen des *Enterprise Viewpoints* entsprechen den in Abschnitt 7.2.1 und 7.2.2 gemachten Ausführungen. Das gesamte Tradingsystem samt seiner als Exporter und Importer fungierenden Systemkomponenten sowie - bei weiterer Verfeinerung - die den Trader bildenden Bestandteile sind in dieser Sichtweise relevant.

Im *Information Viewpoint* werden die Strukturen der Datentypen und Informationen analysiert. Der Dienst ist in ANSAware eine Funktion, die von einem Objekt an einer Schnittstelle angeboten wird, bzw. die Menge der Fähigkeiten, die an der Schnittstelle eines Objekts verfügbar sind. Ein Dienst in ANSAware verarbeitet, speichert oder übermittelt Informationen. Dienste werden von sogenannten Dienstanbietern oder Servern bereitgestellt.

Es gibt in ANSAware zwei prinzipiell verschiedene Klassen von Diensten:

- Anwendungen (*Application Services*), die kein Bestandteil des ANSAware-Pakets sind, und
- Verwaltungsdienste (sogenannte *Architectural Services*), die von ANSAware bereitgestellt werden und der Vermittlung von Diensten, der Verwaltung von Kontext- und Diensttypen u.ä. dienen.

Der Zugang zu Diensten erfolgt über eine oder mehrere Schnittstellen, die Instanzen eines Schnittstellentyps (entspricht einem Diensttyp) sind. Die Lokalisierung von Objekten erfolgt über Schnittstellenreferenzen. Hierbei ist die in Abschnitt 7.3 zugrundegelegte Betrachtungsweise dominierend. Da unter den in ANSAware auftretenden Begriffen gleiche Sachverhalte verstanden werden, braucht bei der Untersuchung eines speziellen Tradingsystems nicht neu darauf eingegangen zu werden.

II. Der ANSAware-Trader im Computational Viewpoint

Ein Verteiltes System unter ANSAware ist eine Anzahl von Rechnerknoten, die durch ein Kommunikationsnetz verbunden sind. Auf jedem Knoten sind mehrere funktionale Instanzen realisiert, die einen Dienst anbieten oder nutzen. In [Kü 95] wird für derartige Instanzen im *Computational Viewpoint* anstelle der in Kapitel 5 beschriebenen Verarbeitungsobjekte der treffendere Begriff eines **Abstraktionsobjekts** (AOs) geprägt, der im folgenden auch verwendet werden soll. Ein Beispiel für ein Abstraktionsobjekt ist der Trader selbst oder auch ein Dienst, der Typen oder Traderkontexte verwaltet.

Im *Computational Viewpoint* werden Operationen festgelegt, die der Trader seinen Nutzern zur Verfügung stellt. Im Gegensatz zu den in [ODP Tr] definierten Funktionen, die neben Abschnitt 7.4.4 insbesondere in Anhang D dargestellt sind, weichen die von ANSAware bereitgestellten Operationen in Anzahl und Funktionalität etwas ab.

ANSAware stellt drei grundlegende Komponenten bereit, welche die Rolle von Servern annehmen. Der eigentliche Trader wiederum kann verschiedene Operationen ausführen, während die sogenannte Factory und der Node Manager im weiteren Sinne auch zur Verwaltung und Vermittlung von Diensten benötigt werden.

Der Trader verfügt über drei grundlegende Operationen: `register` wird dazu verwendet, ein Dienstangebot im Traderverzeichnis einzurichten, `lookup` ist eine Operation zum Suchen von Diensten, wobei die Angabe von statischen Diensteigenschaften erforderlich ist, die als *Property Constraints* bezeichnet werden, und `delete` wird zum Löschen bereits vorhandener Einträge verwendet. `TrClient` ist ein Client, der die Nutzung des Traders über Eingaben von Kommandos über eine Shell gestattet.

`TrType` ist ein Objekt, das der dynamischen Verwaltung von Diensttypen dient. ANSAware nutzt das Konzept einer Diensttyphierarchie. Dabei wird der Begriff der Konformität verwendet, das heißt, ein Diensttyp B ist in ANSAware konform zu einem Diensttyp A, genau dann, wenn B zumindest alle Operationen von A anbietet.

Von `TrType` werden fünf Operationen angeboten. `AddType` realisiert das Hinzufügen eines Diensttyps, `MaskType` dient der Maskierung eines Diensttyps, so daß eine transitive Beziehung zu Untertypen gewährleistet bleibt, eine Registrierung neuer Diensttypen unter diesem Diensttyp jedoch nicht zugelassen wird. `UnmaskType` hebt diese Maskierung wieder auf, `DelType` löscht Diensttypeinträge und `ListType` bietet dem Nutzer die Möglichkeit, sich alle Einträge von Diensttypen anzeigen zu lassen.

Von dem `TrType`-Objekt wird ein Client angeboten, über den der Nutzer durch Kommandos über eine Shell diese Operationen ausführen kann. Dieser Client besitzt die Bezeichnung `TypeCl`.

Zur Verwaltung der Traderkontexte existiert ein Objekt `TrCtxt`, das Dienstangebote nach administrativen Gesichtspunkten in Kontexte gliedert. Dieses Objekt kann drei Operationen ausführen: `AddName` zum Hinzufügen eines Kontextes in die Kontexthierarchie, `ListNames` zur Angabe der Kontexthierarchie und `DelName` zum Löschen von Kontexten.

Über einen Client `CtxtCl` kann der Nutzer direkt über eine Shell auf diese Operationen zugreifen.

Schließlich existiert noch ein Objekt `TrFed`, das zur Erweiterung von Angebotsbereichen durch die Föderation verwendet wird. Dieses Objekt bietet vier Operationen an: `BindContext` dient zum Einbinden eines Angebotsbereiches in einen spezifizierten Knoten eines fremden Kontextbaums, `UnbindContext` wird zum Rückgängigmachen dieser Einbindung genutzt, `ProxyExport` ist eine Operation zum Einrichten eines stellvertretenden Dienstangebots, des sogenannten Proxy Offers, und `DeleteProxy` macht diese Einrichtung wieder rückgängig.

In ANSAware gibt es zwei verschiedene Arten von Föderation, die kontextbezogene und die dienstbezogene Föderation. Bei der kontextbezogenen Föderation wird der gesamte Angebotsbereich eines Traders in einen fremden Angebotsbereich einbezogen, bei der dienstbezogenen Föderation werden lediglich stellvertretende Dienstangebote, die Proxy Offer, in den Kontextbaum des fremden Angebotsbereichs eingebunden.

Die **Factory** gestattet die dynamische Erzeugung und Terminierung von sogenannten Kapseln. Dabei muß die Factory auf dem Knoten realisiert sein, auf dem die Kapseln erzeugt werden sollen. In eine Kapsel, die von einer Factory erzeugt wurde, können dynamische Objekte hinzugebunden und wieder entfernt werden.

Die Factory bietet insgesamt vier Funktionen an: `Instantiate` führt die dynamische Erzeugung einer Kapsel auf Knoten aus, auf denen die Factory realisiert ist, `Terminate` realisiert die dynamische Terminierung von Kapseln, `IsAlive` überprüft, ob eine spezielle Kapsel auf einem Knoten läuft, und `ReRegister` übernimmt die Spezifizierung einer Instanz, die über das Ableben einer Kapsel informiert werden soll.

Der sogenannte **Node Manager** stellt Instrumente zur Verwaltung und Kontrolle von Diensten auf einem Knoten bereit. Er verfügt über die Operationen zur Verwaltung einer Datenbank mit Dienstbeschreibungen des Knotens, ferner ist er in der Lage, Dienste auf einem Knoten zu erzeugen, und er kann Dienste dynamisch in Kombination mit dem Einbinden eines stellvertretenden Dienstangebots in der Datenbank des Traders erzeugen.

Der Node Manager stellt insgesamt zehn verschiedene Operationen zur Verfügung: `InstallAlias`, `RemoveAlias` und `ListAlias` realisieren das Einrichten, Entfernen und Auflisten von Alia, d.h. Verweisen auf ein Objekt, `RunAlias` und `KillAlias` realisieren die Erzeugung bzw. Terminierung eines durch ein Proxy Offer im Trader erzeugten Dienstes. `ShowAlias` dient zur Ausgabe der mit Alias verknüpften Dienstbeschreibung, `MarkAlias` dient der Markierung zur Vermeidung von weiteren Aktivitäten eines Dienstes, `ShowActivations` wird für die Ausgabe der mit Alias verknüpften Aktivierungen eines Alias genutzt, und `PostProxy` sowie `DeleteProxy` dienen dem Einfügen und Entfernen eines stellvertretenden Dienstangebots in der Datenbank des Traders.

III. Der ANSAware-Trader im Engineering Viewpoint

Allgemein sind die Betrachtungen eines Verteilten Systems im *Engineering Viewpoint* mit den Konzepten eines verteilten Betriebssystems assoziierbar. Aus dieser Sicht geht es um eine detaillierte Beschreibung von verteilten Umgebungen, jedoch noch nicht um die physikalische Implementierung der Komponenten.

Die Konzepte, die der Realisierung der im *Computational Viewpoint* erklärten Operationen und Funktionalitäten zugrundeliegen, werden im *Engineering Viewpoint* zum Zwecke ihrer Realisierung erklärt. Deshalb werden als Gegenstück zu den im *Computational Viewpoint* verwendeten Abstraktionsobjekten in [Kü 95] für den *Engineering Viewpoint* anstelle der in Kapitel 5 eingeführten Engineeringobjekte sogenannte **Realisationsobjekte** (RO) eingeführt.

Realisationsobjekte bilden in ANSAware die kleinste Einheit, die verteilt, aktiviert, terminiert oder migriert werden kann. Mehrere ROs können zu einem neuen RO zusammengefaßt werden, und ein Realisationsobjekt kann ein oder mehrere Abstraktionsobjekte repräsentieren. Ein Beispiel für ein Realisationsobjekt ist eine **Kapsel**, siehe Abschnitt 5.2.4. Sie besteht aus

- einem Nukleus, der selbst ein RO ist, das den übrigen ROs Ressourcen zuordnet,
- Realisationsobjekten zur Gewährleistung von Transportmechanismen und
- Realisationsobjekten, die ein oder mehrere Abstraktionsobjekte verwirklichen.

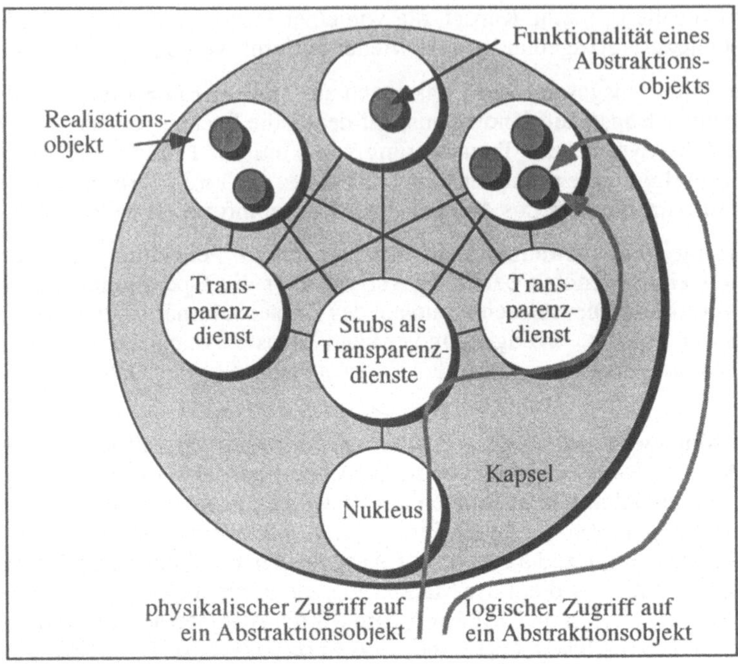

Abb. 7.37: Die Architektur eines Realisationsobjekts

Eine Kapsel ist ein autonomes Gebilde. Sie verfügt über einen eigenen Adreßraum, bei Rechnerknoten mit Multitaskbetrieb können mehrere Kapseln gleichzeitig und unabhängig voneinander laufen. Ein Beispiel für ein Realisationsobjekt ist in Abbildung 7.37 dargestellt. Dabei liegt dem Realisationsobjekt ein schichtenähnliches Modell zugrunde, das heißt, jede Schicht nimmt Dienste der unterliegenden Schicht in Anspruch und stellt der überliegenden Schicht Dienste zur Verfügung.

Interessant ist bei dieser Architektur der **Nukleus**, vergleiche Abschnitt 5.2.4. Er verwaltet Ressourcen der Kapsel wie zum Beispiel Tasks, Threads, Ereigniszähler, Channels, Sessions und Schnittstellenreferenzen. Der Nukleus stellt die Kommunikation über das Netzwerk her und teilt die Ressourcen unter den übrigen Realisationsobjekten einer Kapsel auf. Bei der Implementierung eines Nukleus unter UNIX, wie dies in ANSAware erfolgt ist, besitzt dieser Nukleus sowohl die Funktionalität eines ANSAware-Interpreters, als auch die eines ANSAware-Ressourcenmanagers, siehe Abbildung 7.38.

Der Interpreter umfaßt dabei die Bibliothek von Funktionen zur Abwicklung entfernter Interaktionen, der Verwaltung von Threads, deren Synchronisation durch Ereigniszähler, Sequenzierer u.ä., während der Ressourcenmanager Tabellen und Einträge handhabt, die den Status der Ressourcen festhalten. Etwas bildlicher ausgedrückt kann man auch sagen, daß der Interpreter ankommende Dienstaufrufe verwaltet, der Ressourcenmanager verwaltet die Ressourcen der Kapsel.

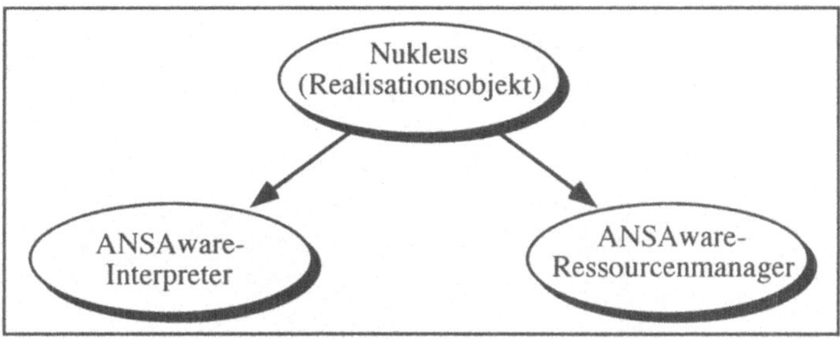

Abb. 7.38: Die Funktionalität eines Nukleus

ANSAware liegt eine Kommunikationsrealisierung zugrunde, die im folgenden als 3-Schichten-Modell für Kommunikationsprotokolle bezeichnet wird. Dieses Protokoll beschreibt die wichtigste Interaktion zwischen Abstraktionsobjekten in einem verteilten ANSAware-System. Das Kommunikationsprotokoll übernimmt das Aufrufen von Operationen und übermittelt die Ergebnisse dieser Operationen. Die Aufgabe des Nukleus besteht in diesem Zusammenhang darin, Kommunikation über ein Netzwerk herzustellen, zu kontrollieren und zu verwalten. Um dieser Aufgabe gerecht zu werden, stellt ANSAware das in Abbildung 7.39 dargestellte Schichtenmodell für die Kommunikationssteuerung bereit. Die Schichten sollen im folgenden kurz von unten nach oben erläutert werden.

• Message Passing Service

Der *Message Passing Service* (MPS) realisiert den Auf- und Abbau von Verbindungen zwischen einzelnen Knoten sowie die Übertragung und den Empfang von Nachrichten. Der Message Passing Service kann in drei Varianten auftreten: als UDP-, TCP- und IPC-MPS. Dabei stehen drei Funktionen zur Verfügung, `MPS_startup`, `MPS_sendMsg` und `MPS_receiveMsg`, siehe [ANSA 3].

• Ausführungsprotokoll

Ausführungsprotokolle bilden die Operationsaufrufe eines Abstraktionsobjekts auf den MPS ab. Dabei sind von ANSAware zwei verschiedene Protokolle vorgeschlagen, das *Remote Execution Protocol* (REX) und das *Group Execution Protocol* (GEX), in der aktuellen Version der ANSAware ist letzteres Protokoll jedoch noch nicht realisiert.

Das REX-Protokoll verwirklicht eine Kommunikation zwischen einzelnen Endpunkten und basiert auf dem RPC. Dabei sind zwei Aufrufarten realisiert: `call` und `cast`. Während der `call`-Aufruf den Nukleus eines Clients blockiert, bis eine Antwort durch den Server eintrifft, ist der `cast`-Aufruf das asynchrone Gegenstück dazu. Er blockiert den

Client nur während des Absendens von Aufrufen. Da er kein Reply erwartet, kann der Client gleich weiterarbeiten. Der `call`-Aufruf nimmt mehr Zeit in Ansspruch, kann jedoch im Gegensatz zum `cast`-Aufruf bei auftretenden Fehlern wiederholt werden.

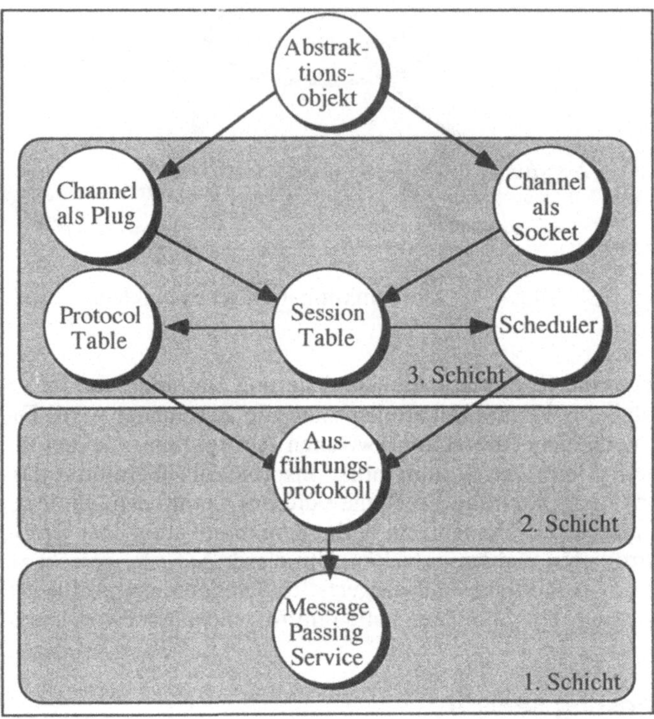

Abb. 7.39: Das 3-Schichten-Modell für Kommunikationsprotokolle

Je ein `call`- und ein `cast`-Aufruf sind in Abbildung 7.40 dargestellt. Beim `call`-Aufruf ist deutlich zu sehen, über welche Zeitdauer eine Blockierung des Clients erfolgt. Erst wenn nach der Wiederholung einer nichterfolgreichen Anfrage ein Reply angekommen ist, endet die Blockierung des Clients. Erfolgt ein `cast`-Aufruf, so wird der Client nur so lange blockiert, wie die Übertragung des Aufrufes vom Client zum Server andauert. Schon während der Abarbeitung der Anfrage beim Server kann der Client seine Arbeit fortsetzen.

• Interpreter

Der Interpreter stellt ein recht komplexes Gebilde dar. Zum Zwecke des Festhaltens eines Verbindungszustands existieren zwei *Session Objects*, eines beim Client, das andere beim Server. Der aktuelle Zustand der Verbindungen wird im Kanal gespeichert, dabei werden auch die Verbindungen mit berücksichtigt, die aus ehemaligen Verbindungen noch verfügbar sind. Erfolgt eine Initiierung des RPCs, so wird die Sitzungstabelle (*Session Table*) daraufhin untersucht, ob zum aufgerufenen Server bereits ein Channel vorhanden ist oder zuvor eine Interaktion stattgefunden hat. Ist die Client/-Server-Interaktion beendet, so werden die zugehörigen Objekte auf beiden Seiten 'Idle' gesetzt, nach einer bestimmten Frist werden die Informationen durch den Sheduler eliminiert.

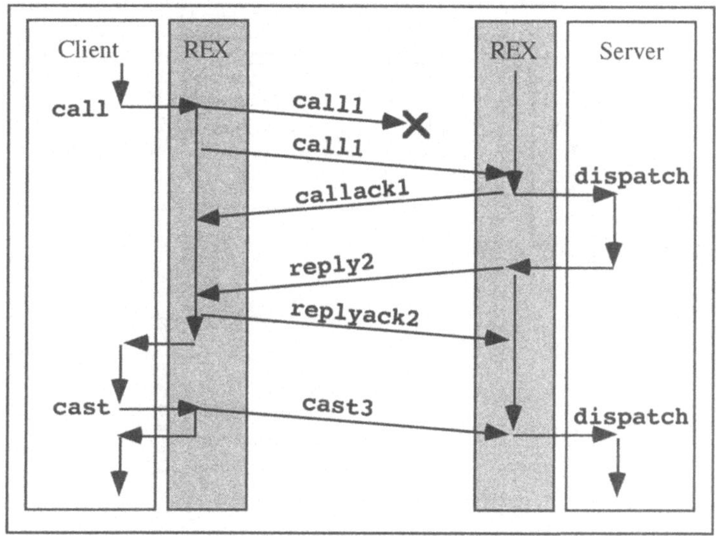

Abb. 7.40: `call`- und `cast`-Aufrufe eines Ausführungsprotokolls

Zur Unterstützung des Multitaskings stellt der Nukleus Mechanismen bereit, um in einer Kapsel gleichzeitig mehrere Prozesse bearbeiten zu können. Der Nukleus der ANSAware realisiert ein Multitasking unabhängig vom zugrundeliegenden Betriebssystem. Durch eine vom vorhandenen Betriebssystem bereitgestellte Parallelität besteht jedoch die Möglichkeit, mehrere Kapseln gleichzeitig auf einem Knoten zu betreiben.

Betrachtet man einen Knoten als Einprozessorsystem, das lediglich die Möglichkeit besitzt, ein sequentielles Abarbeiten von Prozessen zu realisieren, so unterscheidet man zwischen preemptiven und nichtpreemmptiven Multitasking.

Preemptives Multitasking beschreibt dabei den Vorgang, daß eine Ressource durch das Betriebssystem auf wartende Prozesse verteilt wird. Dies bedeutet, daß nach einer bestimmten Zeit der nächste Prozeß bearbeitet wird, auch wenn die Abarbeitung noch nicht beendet ist. Unter UNIX ist das preemptive Multitasking als Round-Robin-Strategie mit Prioritäten realisiert. Im Gegensatz dazu kann jeder Prozeß beim nichtpreemptiven Multitasking Ressourcen auf unbestimmte Zeit beanspruchen. Im Falle eines auftretenden Deadlocks hat dieses System zur Folge, das ein Neustart erforderlich ist. Der Scheduler und auch der Nukleus arbeiten unter ANSAware nach dem Prinzip des nichtpreemptiven Multitaskings.

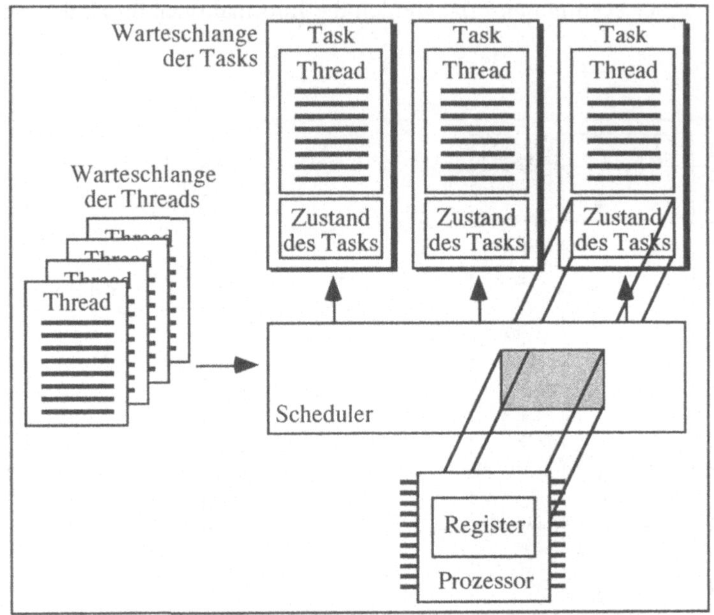

Abb. 7.41: Tasks und Threads in einem Verteilten System

Ein weiteres Konzept des *Engineering Viewpoints* ist der sogenannte **Thread**. Er symbolisiert einen Ausführungspfad, der parallel zu anderen Threads abgearbeitet wird. Ein Thread kann nur arbeiten, wenn ihm zuvor ein Task zugewiesen wurde, dies geschieht durch den Scheduler. Einem Task kann immer nur genau ein Thread zugeordnet sein, beide bleiben so lange verbunden, bis der Thread terminiert. Übersteigt die Anzahl der Threads die der freien Tasks, so werden wartende Threads durch den Scheduler in einer Warteschlange verwaltet, bis Tasks freiwerden, siehe Abbildung 7.41.

Aus Sicht des *Engineering Viewpoints* ist die Realisierung der Factory noch sehr interessant. Streng genommen ist die Factory ein Realisationsobjekt, welches den Verwaltungsdienst der Factory beinhaltet.

Die Wirkungsweise einer solchen Factory ist in Abbildung 7.42 dargestellt. Zunächst ruft der Client die Funktion `instantiate` der Kapsel auf (1). Dadurch wird eine leere Kapsel auf dem Knoten der Factory erzeugt (2) und ein Abstraktionsobjekt Kapsel zur dynamischen Erzeugung von Objekten integriert (3). Die Schnittstellenreferenz dieses Objekts wird an die Factory zurückgegeben (4) und an den aufrufenden Client übermittelt (5). Der Client kann daraufhin die Operation `instantiate` mit Angabe eines gewünschten Objekts an der Schnittstelle der Capsule aufrufen (6), und ein neues Objekt wird innerhalb der Kapsel kreiert (7).

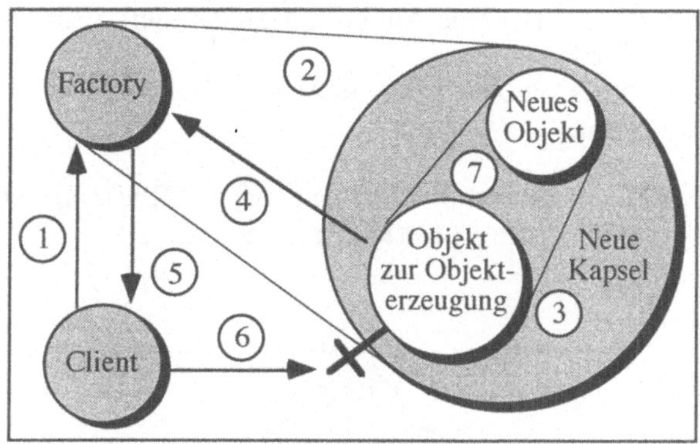

Abb. 7.42: Wirkungsweise einer Factory

Die Wirkungsweise des Node Managers ist entsprechend. Hat dieser ein Proxy Offer zu einem nichtinstanziierten Dienst an den Trader übermittelt (1), und paßt genau dieses Dienstangebot bei der Dienstsuche eines Clients (2), so sendet der Trader einen Aufruf an den Node Manager (3). Mit Hilfe der Factory kreiert der Node Manager in der o.g. Form eine Kapsel und richtet dort den Dienst zum Proxy Offer ein (5). Daraufhin gibt er die Schnittstellenreferenz an den Trader (6), der diese an den Client weiterleitet (7). Somit hat der Client die Möglichkeit, den instanziierten Dienst zu nutzen (8).

Innerhalb des *Engineering Viewpoints* wird ferner eine Schnittstellenbeschreibungssprache festgelegt, welche Möglichkeiten bereitstellt, um die Schnittstellen von Abstraktionsobjekten spezifizieren zu können. Die Schnittstellenbeschreibungssprache verfügt über Instrumente zur Definition von Operationen und deren Parametern.

Die Datentypen dieser Parameter können ebenfalls durch die Schnittstellenbeschreibungssprache bestimmt werden. Ein beschriebener Schnittstellentyp läßt sich mit diesem Konstrukt durch einen Verweis auf andere Schnittstellentypen in eine Typhierarchie eingliedern.

Die allgemeiner Form einer ANSAware-Schnittstellenbeschreibung besitzt folgenden Aufbau:

```
TypeName1: INTERFACE =
[IMPLEMENTATION] A IS  COMPATIBLE WITH TypeName2
   [FROM File]; NEEDS TypeName3 [FROM File];
BEGIN
   ...   {schnittstellenspezifisch zusammengesetzte Datentypen
```

```
...      und Operationssignaturen}
END.
```

Die hierbei genutzten Operationssignaturen können in zwei verschiedenen Varianten auftreten:

- INTERROGATION erwartet eine Antwort, dazu definiert diese Operation spezielle Rückgabeparameter, z.B.
```
INTERROGATION OPERATION [x,y: REAL]
RETURNS [sum: REAL]
```
  und
- ANNOUNCEMENT als Operation ohne Antwort und Rückgabeparameter, z.B.
```
ANNOUNCEMENT OPERATION [i: INTEGER; z: REAL]
RETURNS [].
```

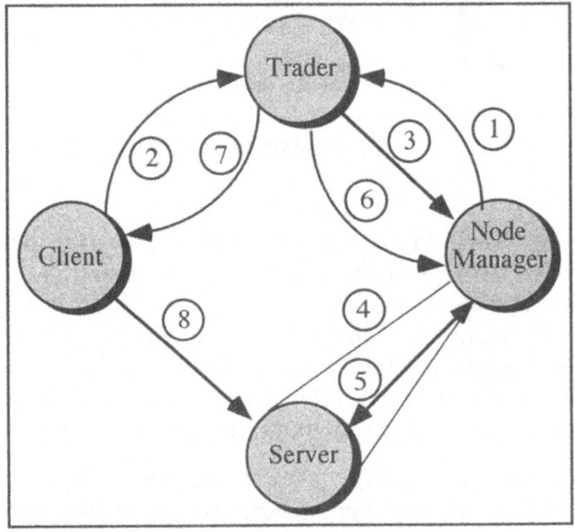

Abb. 7.43: Wirkungsweise eines Node Managers

Schließlich ist noch die Verwendung einer Präprozessorsprache, des sogenannten PREPC von Bedeutung. PREPC stellt Sprachkonstrukte bereit, welche die Interaktionen zwischen entfernten Abstraktionsobjekten gestatten.

Das Prinzip der Entwicklung bzw. Einbindung von Anwendungen in ein Verteiltes System besteht darin, die aus einer IDL-Schnittstellenspezifikation resultierenden Serverstubs mit dem Anwendungscode, der die Funktionalität des bereitzustellenden Dienstes gewährleistet, zu verknüpfen. Durch Hinzunahme von Bibliotheken der Kapsel und entsprechendes Linken entsteht der Servercode, der über den Serverstub Dienste anbietet. In [Gei 95] wird ein Serverstub als eine Stellvertreterprozedur bezeichnet, was die Funktionalität dieser Komponente recht treffend widerspiegelt. Abbildung 7.44

stellt die Entwicklung von Client und Server mittels PREPC noch einmal graphisch dar.

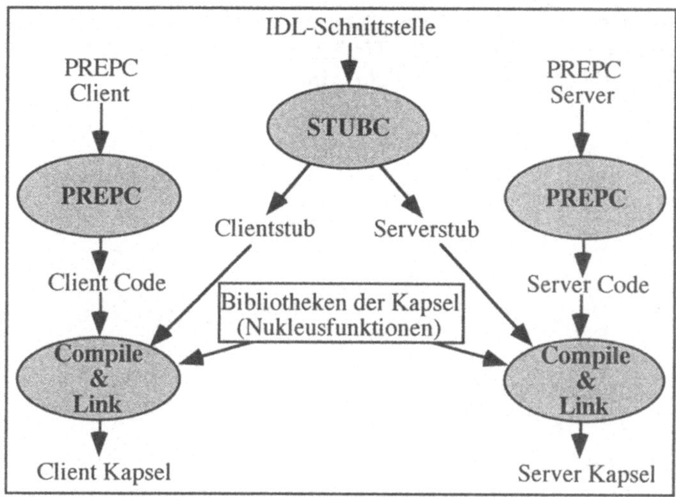

Abb. 7.44: Entwicklung von Client- und Serverstub mittels PREPC

Aus der Schnittstellenspezifikation wird ein Client- und ein Serverstub (vergleiche Abschnitt 5.2.4) generiert, der Clientstub enthält dabei Routinen zum Marshalling von Datentypen und Funktionen, welche einen Operationsaufruf an den Interpreter weiterleiten.

Der Serverstub enthält die entsprechenden Routinen zum Unmarshalling, wobei eine geeignete Datenstruktur wieder mit dem ursprünglichen Inhalt gefüllt wird. Die PREPC-Anweisungen in den Implementierungen des Clients und Servers werden durch Aufruf des Compilers PREPC in gewöhnlichen C-Code transformiert. Die Funktionen und ihre zugehörigen Stubs werden in Maschinencode übersetzt und zusammengebunden.

IV. Der ANSAware-Trader im Technology Viewpoint

In dieser Sichtweise werden die Realisierungen betrachtet. Die Darstellungen gehen über allgemeine Konzepte und theoretische Betrachtungen hinaus, wobei eine spezielle Plattform mit bestimmten Charakteristiken zugrundegelegt wird. In dieser Sichtweise wird ferner keine Abstraktion von Implementierungsdetails vorgenommen, sondern vielmehr eine Konkretisierung, d.h. Anpassung der in den vorangegangenen Sichtweisen beschriebenen Objekte vorgenommen, um die Voraussetzungen für die anschließende Implementierung vollständig vorliegen zu haben. Beispielsweise kann TCP/IP als zu benutzendes Transportprotokoll gewählt werden und UNIX als Programmiersprache.

Mit diesen Ansätzen und Konzepten der Dienstvermittlung sollen die eher theoretischen Ausführungen abgeschlossen werden. Das folgende Kapitel geht vielmehr von praktischen Ansätzen verteilter Plattformen und dienstvermittelnder Objekte aus und stellt vor, inwiefern bereits industrielle Umsetzungen erfolgt sind, bzw. in welche Richtung sich dieser Bereich weiterentwickeln wird.

8 RELATION VON ODP ZU ANDEREN SPEZIFIKATIONEN

8.1 ISO/IEC und ITU-T Normen

Dieses Kapitel enthält Beispiele zur Veranschaulichung von Gemeinsamkeiten, Ähnlichkeiten und Unterschieden des ODP-Referenzmodells zu anderen Normen und Standards der ISO/IEC und ITU-T.

8.1.1 OSI-Systemmanagement

Eine Übersicht der ISO/IEC und ITU-T Standards für das Systemmanagement ist in ISO/IEC 10040 | ITU-T X.701 enthalten. Dieses Kapitel stellt einen Bezug zwischen den OSI-Managementkonzepten der *Managed Objects* sowie Manager und der ODP-Sichtenterminologie her. Die Abbildungen 8.1 und 8.2 veranschaulichen den Zusammenhang zwischen den Konzepten Manager, *Managed Objects* und Agenten.

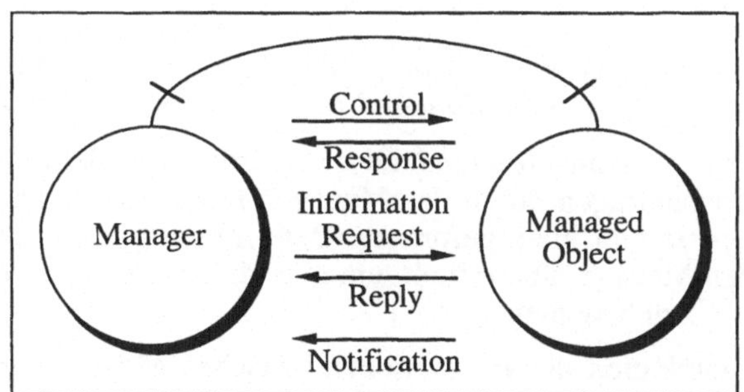

Abb. 8.1: Objektinteraktionen im OSI-Systemmanagement

Ein *Managed Object* (MO) ist eine Entität, auf die eine Managementstrategie angewendet wird und deren Verhalten durch einen Manager überwacht oder geändert werden kann. Ein *Managed Object* kann eine Hard- oder Softwarekomponente, eine Sammlung von Informationen (z.B eine Datenstruktur) oder sogar eine Person sein.

Manager überwachen die Aktivitäten von *Managed Objects*, treffen Managemententscheidungen aufgrund der dabei gewonnenen Informationen und führen Steuerungsaktionen auf den *Managed Objects* aus. Ein Manager kann sowohl ein Mensch als auch ein Automat sein. Manager können ebenfalls *Managed Objects* für höhere Ebenen des Managements sein.

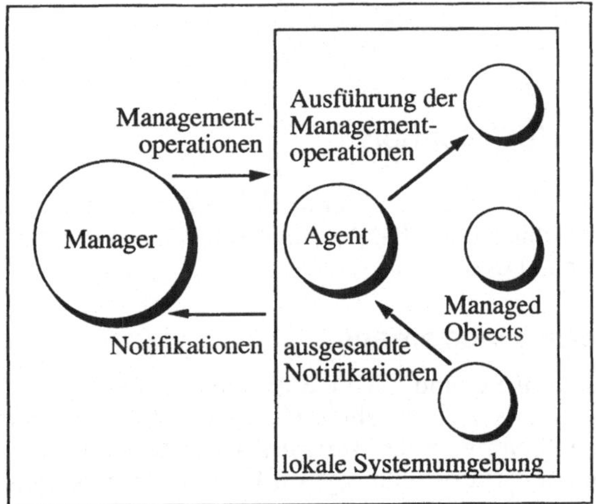

Abb. 8.2: OSI-Systemmanagementkonzepte

Es können - wie in der Abbildung 8.1 dargestellt - drei verschiedene Arten von Interaktionen zwischen Managern und *Managed Objects* unterschieden werden.

Steuerungsaktionen auf dem *Managed Object* werden von dem Managerobjekt bestimmt, Informationsanfragen durch das Managerobjekt resultieren in einer Antwort des *Managed Objects* und unaufgeforderte Benachrichtigungen des *Managed Objects* werden an den Manager übermittelt, um über das Auftreten von Fehlern oder bestimmten Ereignissen zu berichten.

Die offene Kommunikation der Interaktionen zwischen Manager und *Managed Objects* ist in dem OSI-Management Framework so spezifiziert, daß sie über den *Common Management Information Service* (CMIS, allgemeiner Managementinformationsdienst der OSI-Anwendungsschicht) stattfindet und daß das *Common Management Information Protocol* (CMIP, allgemeines OSI-Anwendungsschichtprotokoll für Managementinformationen) für die Implementierung dieses Dienstes verwendet wird.

CMIS definiert im wesentlichen die in der Abbildung 8.1 dargestellten Interaktionen.

Außerdem führt das OSI-Managementmodell - wie in der Abbildung 8.2 dargestellt - zwischen dem Manager und den *Managed Objects* einen Agent ein. Damit können zwei unterschiedliche Aspekte der Interaktionen modelliert werden. Einerseits stellt der Agent einen OSI-Kommunikationspartner für den Informationsaustausch dar. Andererseits stellt er lokale Schnittstellen für Managementinteraktionen mit den *Managed Objects* zur Verfügung. Wird der Agent selbst administriert, so wird er unter diesem Aspekt betrachtet und als *Managed Object* spezifiziert.

Abbildung 8.3 veranschaulicht den Zusammenhang zwischen den OSI-Managementkonzepten *Managed Object* sowie Manager und den ODP-Modellen einer Verarbeitungs- sowie Engineeringsicht.

In der Verarbeitungssicht korrespondiert das Verarbeitungsobjekt A mit dem Manager. Das *Managed Object* korrespondiert mit zwei Schnittstellen des Verarbeitungsobjekts B. Die Managementoperationen, die in den Verarbeitungsobjekten B ausgelöst werden, sind durch die Verarbeitungsschnittstellen AB1 repräsentiert. Meldungen, die von dem Verarbeitungsobjekt B emittiert werden, sind durch die Verarbeitungsschnittstelle BA1 repräsentiert.

In der Abbildung 8.3 ist die direkte Korrespondenz zwischen den Verarbeitungsobjekten und den Engineeringobjekten dargestellt. Die beiden Schnittstellen AB1 und BA1 des Verarbeitungsmodells sind an einer einzelnen Kommunikationsdienstschnittstelle zusammengefaßt, die durch eine CMIP-Assoziation zwischen den beiden CMIP-Protokollstackobjekten zur Verfügung gestellt wird.

In der Engineeringsicht ist die Funktionalität des Agenten auf ein Stubobjekt, ein Bindeobjekt, ein Protokollobjekt und das Basisengineeringobjekt B verteilt. Die Managerfunktionalität ist auf das Engineeringobjekt A, ein Stubobjekt, ein Binderobjekt und ein Protokollobjekt verteilt.

Bei der Definition einer zukünftigen offenen und verteilten Managementarchitektur *(Open Distributed Management Architecture*, ODMA*)* wird ODP als Referenzmodell verwendet. Die ODMA beabsichtigt sowohl Aspekte des Managements in föderativen Diensterbringerstrukturen zu berücksichtigen, als auch den hohen Anforderungen zukünftiger intelligenter Hochgeschwindigkeitsnetze mit flexiblen, bedarfsoptimierten und zunehmend komplexeren Mehrwertdiensten, wie Multimediatelediensten, Rechnung zu tragen.

8.1.2 Skizze einer Managementspezifikation in ODP

Das Management eines ODP-Systems wird im allgemeinen durch eine ODP-Anwendung zur Verfügung gestellt. Folglich ist eine ODP-Managementanwendung spezifiziert durch folgende Komponenten.

* Eine Unternehmensspezifikation, welche die Managementziele und Managementstrategien definiert. Diese umfaßt sowohl Anwendungen als auch die Infrastruktur und betrifft somit alle Objekte der Engineeringspezifikation des ODP-Systems.
* Eine Informationsspezifikation, die folgendes umfaßt:
  - Die Informationseigenschaften der Managementanwendung, d.h. die Bedeutung, die ein Mensch den Daten zuordnen würde, die in den Managementkom-

ponenten gespeichert und zwischen den Managementkomponenten der Managementanwendung ausgetauscht werden,
- die Anforderungen an die Handhabung der Informationen in der Managementanwendung, d.h. an die Speicherung, Erfassung, Organisation, Verarbeitung und Präsentation.

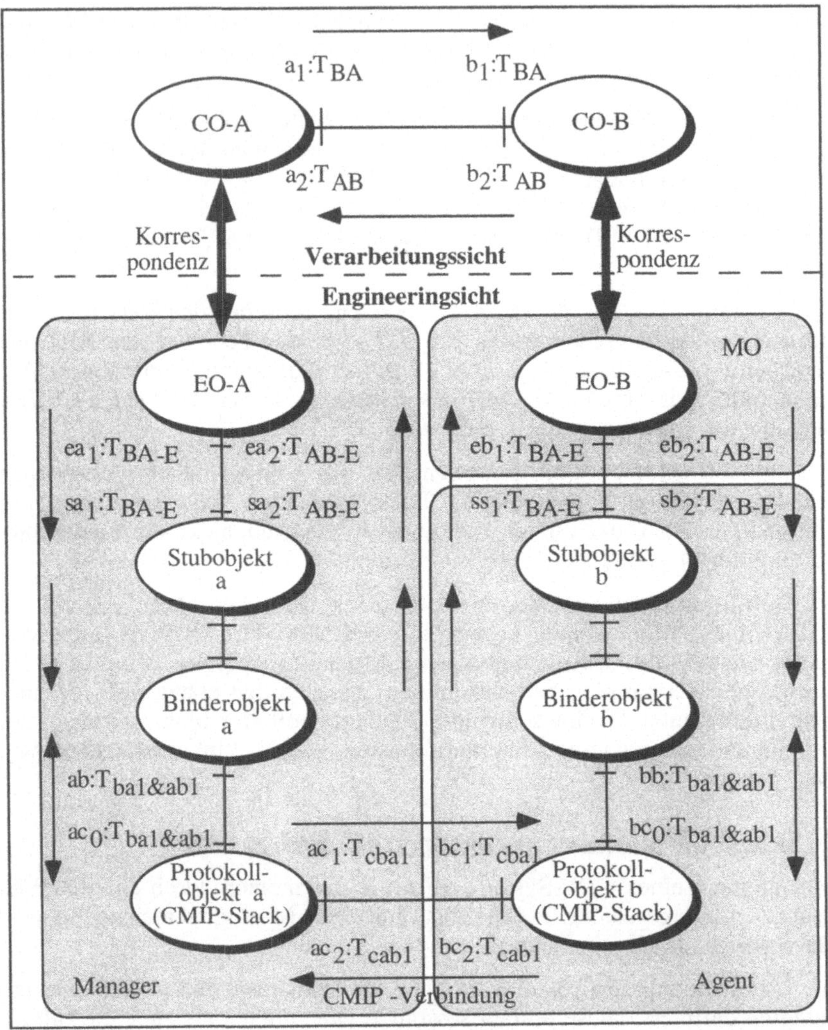

Abb. 8.3: Verarbeitungs- und Engineeringsicht auf *Managed Objects* und Manager

- Eine Verarbeitungsspezifikation, welche die Verteilungstransparenz in folgenden Begriffen definiert:
  - Die Aktivitäten, die in der Managementanwendung vorkommen,
  - die Interaktionen zwischen den Komponenten der Managementanwendung,
  - die Strukturierung der Komponenten, die sie zum Interworking und zur Portabilität befähigt.

- Eine Engineeringspezifikation, welche
  - die Organisation einer abstrakten Infrastruktur beschreibt, welche die Ausführung der Managementanwendung ermöglicht,
  - die Abstraktionen identifiziert, die für die Bewältigung der physikalischen Verteilung und das Management der lokalen Systemressourcen erforderlich sind,
  - die Rollen von verschiedenen Objekten identifiziert und definiert, welche die Managementanwendung untersützen,
  - die Referenzpunkte zwischen den verschiedenen Objekten identifiziert.

- Eine Technologiespezifikation, die
  - zum Ausdruck bringt, auf welche Art und Weise die Spezifikationen der Managementanwendung implementiert wird,
  - die Spezifikationen für die Technologie identifiziert, die für die Konstruktion der Managementanwendung relevant sind,
  - eine Taxonomie für diese Spezifikationen zur Verfügung stellt,
  - von den Implementierern - zur Interpretation und Überprüfung von Konformitätsaussagen - benötigte Informationen beschreibt.

Managementfunktionen

Das OSI-Managementkonzept identifiziert fünf Bereiche von Managementfunktionen für das Management von Kommunikationssystemen - und zwar das Konfigurations-, Fehler-, Leistungs-, Abrechnungs- und Sicherheitsmanagement. Für ODP-Systeme erscheint eine alternative funktionale Klassifikation geeigneter, die im folgenden beschrieben wird. Sie basiert auf der Prämisse, daß eine Managementfunktion von Managern ausgeführt wird.

Ein ODP-System besteht aus einer Anzahl von Anwendungen, die von den unterstützenden Diensten Gebrauch machen, ähnlich wie dies bei traditionellen Betriebssystemen in einem zentralen System der Fall ist. Als allgemeine unterstützende Dienste können die für die Verarbeitung, die Dateispeicherung, den Benutzerzugriff und die Kommunikation benötigten Dienste, aber auch andere typische Dienste wie Verzeichnis- oder Namensdienste, Tradingdienste, Sicherheitsdienste oder die elektronische Post angesehen werden.

Alle diese Dienste und alle Anwendungen müssen administriert werden. Einige der benötigten Managementfunktionen sind von dem jeweiligen Dienst oder der Anwendung abhängig. Andere nehmen selektive Aufgaben zur Steuerung des Informationsflusses zwischen Diensten und Anwendungen wahr.

Es ist notwendig, die Managementschnittstellen in einer festgelegten Granularität zu spezifizieren, um eine ODP-Managementanwendung realisieren zu können. Die Be-

schaffenheit der Managementgranularität wird durch die betrachtete Managementanwendung bestimmt.

Die allgemeinen Funktionen, die für das Management eines ODP-Systems benötigt
werden, sind:

- Konfigurationsmanagement,
- *Quality-of-Service*-Management,
- Abrechnungsmanagement,
- Monitoring,
- Erleichterungen (*Facilities*) zur Definition der Managementstrategie.

Diese Managementfunktionen müssen zusätzlich zu der Funktionalität, die durch die
'normalen' Dienste oder Anwendungen definiert sind, zur Verfügung gestellt werden.

In dieser Menge der Managementfunktionen sind keine Sicherheitsfunktionen enthalten, es wird aber von Managementinteraktionen erwartet, daß sie Gegenstand der
strategischen Steuerung (*Policy Control*) sind. Authentifizierung und Zugriffskontrolle sind i.a. unentbehrlich, um zu verhindern, daß unberechtigte Benutzer oder Manager
Managementaktionen auf Dienst- oder Anwendungskomponenten ausführen. Deshalb
ist es erforderlich, daß alle Dienste in einer ODP-Umgebung einen Sicherheitsdienst
benutzen, genauso wie sie Kommunikationsdienste benutzen.

Sicherheitsmanagement ist jedoch kein generischer Managementdienst, der für das
Management anderer Dienste benötigt wird. Abrechnung (*Accounting*) ist in der Klassifikation der ODP-Managementfunktionen enthalten, da die meisten Dienste ein internes Abrechnen für Managementzwecke benötigen, auch wenn die Benutzer eines
Dienstes nicht durch eine Rechnung zur Kasse gebeten werden. Die Tatsache, daß die
Notwendigkeit zur Durchführung einer Rekonfiguration zum Zwecke der Aufrechterhaltung einer bestimmten Dienstgüte bestehen kann, veranschaulicht, daß die Managementfunktionen nicht unabhängig voneinander sind.

Konfigurationsmanagement

Es ist notwendig, eine initiale Konfiguration von anwendungsspezifischen Hard- und
Softwarekomponenten zu spezifizieren. Unter dem Begriff Konfigurationsmanagement
wird im allgemeinen lediglich Versionskontrolle (*Software Version Control*) verstanden. Die Spezifikation, welche Klassen von Komponenten erforderlich sind und welche Instanzen benötigt werden, welche Kommunikationsverbindungen die Schnittstellen verbinden und die Spezifikation der Aufteilung von Hard- und Software stellen andere Aspekte des Konfigurationsmanagements dar. Darüber hinaus ist die einfache und
schnelle Änderung eines Systems erforderlich, um ein evolutionäres Verhalten erzielen
zu können. Damit kann neue Funktionalität oder Technologie aufgenommen, sowie
nutzlos gewordenen Funktionalität oder unwirtschaftliche bzw. veraltete Technologie
entfernt werden.

QoS-Management

Ein Benutzer eines Dienstes fordert eine vordefinierte Dienstgüte, beispielsweise in den
Begriffen Verzögerungs- oder Reaktionszeit, Durchsatz, Sicherheitsstufe, Rate unent-

deckter Fehler etc. Somit benötigt das Management der Dienstgüte ein Mittel zur Spezifikation der erforderlichen Parameter, der Aufrechterhaltung der geforderten Dienstgüte, eine Benachrichtigung über Änderungen der Dienstgüte und das Aushandeln einer anderen Güte, wenn die geforderten Werte nicht erreicht werden können. Das Aufrechterhalten der Dienstgüte, das sowohl das Leistungs- als auch das Fehlermanagement umfaßt, ist eine Verallgemeinerung der OSI-Managementfunktionen des Leistungs- und Fehlermanagements.

Abrechnung und Überwachung

Abrechnung (*Accounting*) erlaubt es den Benutzern, Informationen über den Ressourcenverbrauch zu erhalten und wird von den Diensterbringern benötigt, um die Dienstnutzung in Rechnung stellen zu können. Es wird ebenso für eine faire Ressourcenaufteilung benötigt, um die Freigabe von Ressourcen zu garantieren.

Das Überwachen (*Monitoring*) von Zuständen, Fehlern, Leistung und Gebrauch von Informationen wird benötigt, um die übrigen Managementfunktionen zu unterstützen. OSI *Management Information Services* und die OSI-Systemmanagementfunktionen für das Leistungsmanagement stellen Hilfsmittel für die Überwachung zur Verfügung.

Managementstrukturen und Organisation

Eine wichtige Funktion des Managements ist die Definition einer Managementstrategie, die bestimmt, wie ein System verwaltet wird und somit, wie es sich verhält.

Um die Komplexität der Managementaufgaben und die Frage der Skalierbarkeit, insbesondere in großen ODP-Systemen bewältigen zu können, ist ein allgemeiner Rahmen für die Unterteilung des gesamten Managements unentbehrlich.

In einer ODP-Umgebung ist eine Vielzahl von koexistierenden Managementsichten und Verantwortlichkeitsbereichen vorhanden, von denen jeder auf unterschiedlichen Strukturierungskriterien basiert. Domänen berücksichtigen diesen Sachverhalt und liefern ein flexibles und pragmatisches Mittel zur Spezifikation der Grenzen von Managementverantwortlichkeiten und Befugnissen. Sie gestatten es, daß eine Menge von administrierten Objekten mit einer allgemeinen Strategie kontrolliert werden kann und stellen damit eine Basis zur Bewältigung der Komplexität von großen ODP-Systemen zur Verfügung. Ferner vereinfachen sie Managementaktivitäten, da Strategie und Gruppenzugehörigkeit durch Interaktionen mit einem einzelnen Objekt - Domänenkoordinator genannt - verändert werden können und es deshalb den Managern erspart bleibt, mit jedem einzelnen der in der Regel sehr zahlreichen verwalteten Objekte einer Domäne interagieren zu müssen.

Eine Domäne identifiziert eine Menge von Objekten, von denen jedes durch eine charakterisierende Beziehung zu dem Domänenkoordinatorobjekt verbunden ist. Die Objekte einer Domäne können in Abhängigkeit von dem Zweck, für den eine bestimmte Domäne definiert ist, Ressourcen, Workstations, Modems, Prozesse, etc. sein. Das Domänenkoordinatorobjekt kennt die Mitgliederobjekte, d.h. es hat Zugriff auf entsprechende Bezeichner bzw. Objektreferenzen, oder es verwaltet sie selbst. Ein Objekt wird als Domänenmitglied bezeichnet, wenn seine Identität dem Domänenkoordinatorobjekt bekannt ist.

Mitgliederobjekte sind nicht durch die Domänen eingekapselt - externe Objekte können direkt mit den Objekten einer Domäne interagieren. Domänen sind persistent, auch wenn sie kein einziges Objekt enthalten - es muß nämlich möglich sein, eine leere Domäne zu erzeugen und später Objekte einfügen zu können.

Managementdomänen, -strategien und Domänenbeziehungen

In einer Unternehmensspezifikation verkörpert die charakterisierende Beziehung einer Domäne die mit ihr assoziierte Strategie. Deshalb stellen Domänen ein Mittel zur Spezifikation einer Managementstrategie für eine Gruppe von administrierten Objekten zur Verfügung. Strategieaspekte für eine Domäne sind das globale Managementziel und externe Anforderungen, die sich auf Gesetze wie das Datenschutzgesetz oder andere Vorschriften beziehen sowie Managementstrategien der Leitungsebene. Einige der Beispiele zeigen, daß schwierig es sein kann, Strategien formal zu spezifizieren.

Interne Regeln einer Domäne führen zu Einschränkungen bei den Operationen, die auf den Objekten der Domäne ausgeführt werden können. Dies kann deklarativ durch die Verpflichtungen für potentielle Objekte der Domäne ausgedrückt werden.

Ein wichtiger Aspekt der Managementstrategie ist es, zu spezifizieren, welche Managementoperationen Manager auf den Objekten ausführen dürfen, die von ihnen administriert werden.

Eine Zugriffsregelung ist die sogenannte Authoritätsbeziehung, die eine Menge von erlaubten Interaktionen zwischen einer Domäne von Managern und einer Domäne von administrierten Objekten spezifiziert. So können beispielsweise alle Mitglieder der Domäne 'Systemprogrammierer' die Erlaubnis haben, die Objekte in der Domäne 'Abteilungsdienste' zu starten und zu stoppen. Die genehmigten Interaktionen können eine Teilmenge der Managementinteraktionen sein, die durch die Schnittstellen der Objekte in der Domäne definiert sind.

Domänenbeziehungen

Domänenbeziehungen können dazu verwendet werden, Managementstrukturen zu modellieren. Zwei Domänen sind so definiert, daß sie überlappungsfrei sind, wenn sie kein gemeinsames Mitglied haben. Zwei Domänen überlappen sich, wenn es Objekte gibt, die Mitglieder von beiden Domänen sind. Ein Beispiel hierfür ist das gemeinsame Management eines Gateways, das zwei unterschiedliche Netzwerke verbindet und durch die Managementzentren der jeweiligen Netzwerke administriert wird. Dies kann durch Referenzierung von beiden Domänen auf das Gatewayobjekt erreicht werden. Abbildung 8.4 zeigt das Engineeringmodell einer Drei-Parteien-Interaktion zwischen zwei Kommunikationsdomänen.

Implizite Überlappung kann zwischen zwei Domänen vorkommen, die administrierte Objekte unterschiedlichen Typs enthalten, sich aber auf die gleiche Entität der realen Welt beziehen. Ein Beispiel hierfür sind die Scheduling- und Wartungsdomänen, in denen nach dem Deaktivieren einer Workstation für den normalen Benutzerbetrieb in einer Wartungsdomäne die Workstation ebenfalls nicht mehr in der Schedulingdomäne verfügbar ist. Implizite Überlappung ist die Regel, wenn die Managementaktivitäten funktional auf verschiedene Domänen verteilt sind.

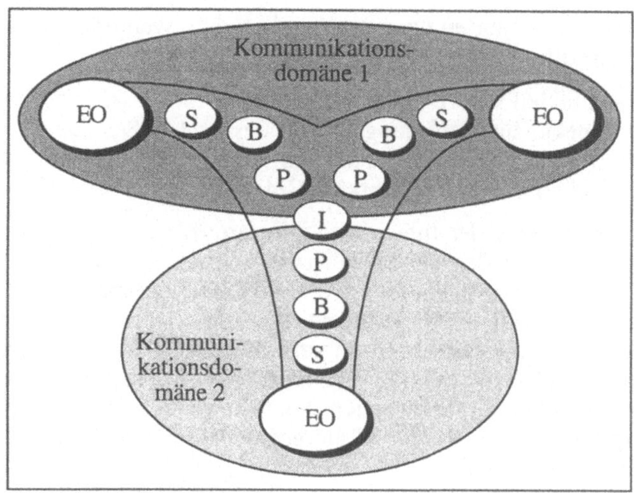

Abb. 8.4: Drei-Parteien-Interaktion zwischen zwei Kommunikationsdomänen

8.1.3 OSI-Architektur

Einer der Hauptunterschiede zwischen den ODP- und den OSI-Upper-Layer-Modellierungsaktivitäten ist ihr Betrachtungsrahmen. Dies zeigt sich in unterschiedlichen Modellierungsansätzen in zwei Bereichen.

Das ODP-Referenzmodell stellt einen Rahmen für die Standardisierung aller Aspekte der Verteilten Verarbeitung in Offenen Systemen zur Verfügung. Insbesondere definiert ODP die Syntax und Semantik aller Begriffe der präskriptiven ODP-Sprachen (siehe ODP-Architektur) für die Spezifikation Verteilter Systeme und Anwendungen in den ODP-Sichten. Die Sprachen der ODP-Sichten werden für die Spezifikation von Konformitätsanforderungen an Verteilte Systeme und Anwendungen verwendet.

Das OSI-Modell der Anwendungsschicht widmet sich mit seiner Kommunikationsorientierung nur den Anforderungen an die Modellierung verteilter Anwendungen aus der Kommunikationsperspektive. Es stellt ein abstraktes Modell eines realen Systems zur Verfügung, das ausschließlich den Zweck hat, Verhalten zu spezifizieren, das mit der von außen sichtbaren Kommunikation zwischen Anwendungen verbunden ist. Es befaßt sich nicht mit der internen Struktur des realen Systems.

Architektureller Vergleich

Die Informations-, Verarbeitungs- und Engineeringsicht können - aus der OSI-Perspektive betrachtet - als die bedeutendsten ODP-Sichten angesehen werden.

Kommunikationsfunktionen sind hauptsächlich in der Engineeringsicht repräsentiert. Dennoch können Kommunikationsfunktionen in einer Verarbeitungsspezifikation sichtbar sein, wenn nämlich Kommunikationsressourcen ein internes Merkmal der in dieser Spezifikation definierten Operationen sind, d.h., wenn Kommunikation explizit modelliert werden soll.

Das OSI-Referenzmodell stellt ein abstraktes Modell für die Spezifikation und Standardisierung aller Aspekte zur Verfügung, die für das nach außen sichtbare Verhalten des realen Systems erforderlich sind. Es stellt somit als eine Protokollarchitektur einen Rahmen für die Spezifikation von Interworking-Referenzpunkten des ODP zur Verfügung.

Die eigentliche Bedeutung der Interworking-Referenzpunkte wird durch die Sicht der Spezifikation bestimmt, in der diese identifiziert werden. In einem Modell einer Verarbeitungsspezifikation betrifft ein Interworking-Referenzpunkt nur die Interaktionen zwischen den Komponenten einer Anwendung - diese Komponenten können sich am gleichen oder an unterschiedlichen Orten befinden. Das OSI-Referenzmodell kann auf Spezifikationen an einem Interworking-Referenzpunkt in einer ODP-Engineeringspezifikation bezogen werden. Es repräsentiert dennoch keine Engineeringspezifikation für die Realisierung von OSI, da das OSI-Referenzmodell sich nicht mit dem internen Design von Systemen befaßt.

Repräsentation der OSI-Kommunikation in ODP

Die in einem ODP-Sichtenmodell repräsentierten Kommunikationsfunktionen können durch die Verwendung von OSI-Standards zur Verfügung gestellt werden.

Obwohl sich OSI hauptsächlich mit Objekten der Engineeringsicht befaßt, ist das OSI-Referenzmodell und insbesondere die OSI ULA (*Upper Layer Architecture*) nicht als Engineeringspezifikation von OSI-Kommunikationsfunktionen gedacht. Ähnlich verhält es sich mit den Konzepten AP (*Application Process*) und AE (*Application Entity*). Die OSI-Modellierungskonzepte, die sich auf einen AP bzw. auf eine AE beziehen, müssen in der Verarbeitungs- oder Engineeringspezifikation nicht explizit präsent sein. Sie sollen eine Abgrenzung für das OSI-Referenzmodell schaffen. Dabei soll jedoch nicht vorgeschrieben werden, wie OSI-Protokolle implementiert werden.

Die OSI-Konzepte des AP und der AE sind Abstraktionen eines vollständigen Systems aus dem Blickwinkel der Kommunikation. Das OSI-Referenzmodell repräsentiert keine Schnittstelle, an der ein kompletter Satz von Kommunikationsdiensten einem Systembenutzer zur Verfügung gestellt wird.

Um die Bedeutung der AP- und AE-Konzepte in ODP-Engineeringspezifikationen zu veranschaulichen, erscheint es sinnvoll, ein Beispiel anzugeben. Dazu wird im folgenden ein Verarbeitungsmodell betrachtet, das aus den zwei Objekten A und B besteht, die über einen Interaktionspunkt verbunden sind, an dem die Schnittstelle X definiert ist. Unter der Annahme, daß dieses Modell Ortstransparenz beinhaltet, kann es auf eine Engineeringspezifikation abgebildet werden, in der die örtliche Verteilung explizit sichtbar ist. So kann beispielsweise dargestellt werden, wie OSI-Konzepte in einem ODP-Engineeringmodell realisiert werden.

In diesem Modell können die Engineeringobjekte die OSI AP-Invocations API-A und API-B sein, die über ein zwischen ihnen liegendes Kommunikationsobjekt miteinander verbunden sind, das den gesamten Protokollstack der OSI-Schichten 1 bis 6 enthält. Bezeichnet man die Schnittstellen der Interaktionspunkte zwischen den Objekten des

Engineeringmodells - in Analogie zu der Schnittstelle X des Verarbeitungsmodells - mit X′ und X″. Diese sind durch den expliziten Effekt des Kommunikationsobjekts, das ein Bindeglied für die Interaktionen zwischen den Objekten API-A und API-B an den Schnittstellen X′ und X″ bildet, gegenüber der Schnittstelle X modifiziert.

Die Schnittstellen X′ und X″ sind beide Verfeinerungen der Schnittstelle X. Sie korrespondieren mit den entsprechenden Sichten der Objekte API-A und API-B auf den jeweils räumlich entfernten Ressourcen.

Im allgemeinen können die Funktionen der AE-Invocations (AEIs) nicht von den anderen Funktionen einer API getrennt werden. Deshalb existiert in diesem Beispiel eines Engineeringmodells in jedem API auch entsprechend mindestens ein AEI, d.h. API-A kann AEI-A und API-B kann AEI-B enthalten. So kann die Schnittstelle X′ bzw. X″ an den Objekten AEI-A bzw. AEI-B angesiedelt sein und damit von den entsprechenden AP-Invocations abstrahiert werden. Wären die AE-Invocations und die ASO-Invocations in dem Kommunikationsobjekt zwischen den AP-Invocations enthalten, so würde das Kommunikationsobjekt einen Kommunikationsdienst der OSI-Anwendungsschicht repräsentieren.

Abstrahiert man von diesem Beispiel, so können die folgenden allgemeinen Aussagen gemacht werden:

- Die Merkmale der Informationsverarbeitung einer AP-Invocation sind sowohl in der Verarbeitungs- als auch der Engineeringspezifikation vorhanden,
- die Kommunikationsfähigkeiten einer AP-Invocation sind in der Engineeringspezifikation und eventuell in der Verarbeitungsspezifikation vorhanden,
- es besteht die Möglichkeit, daß nicht zu jedem Objekt in einer Sichtenspezifikation eine eindeutige Korrespondenz besteht.

Im folgenden soll zu dem Beispiel zurückgekehrt und eine alternative Engineeringspezifikation zu der gleichen Verarbeitungsspezifikation betrachtet werden. Durch die Verwendung eines expliziten RPC-Mechanismus ist eine klare Trennung des Kommunikationsaspektes von dem Informationsverarbeitungsaspekt einer AP-Invocation möglich. In unserem Beispiel beschreibt die Schnittstelle X die Interaktionen zwischen den Objekten A und B unabhängig von den verwendeten Kommunikationsmechanismen. Eine alternative Engineeringspezifikation wird im folgenden dargestellt, um die Schnittstelle X zu unterstützen.

Den Objekten A und B der Verarbeitungsspezifikation entsprechend existieren die Objekte A_E und B_E. Neben einem Kommunikationsobjekt existieren jedoch zusätzlich noch zwei Stubobjekte und zwei Upper-Layer-Kommunikationsobjekte. Die Stubobjekte sind mit den Upper-Layer-Kommunikationsobjekten sowie A_E bzw. B_E verbunden. Sie haben die Aufgabe, die lokale Repräsentationen der Schnittstelle X durch die Schnittstellen Y′ und Y″ und die Abbildung der Invocations dieser Schnittstellen auf die verwendeten RPC-Kommunikationsdienste zu unterstützen. Dabei befinden sich die lokalen Implementierungen der oberen OSI-Schichten (5 bis 7) in der Kapsel des Upper-Layer-Kommunikationsobjekts, und das Kommunikationsobjekt dieses alternativen Engineeringmodells enthält den OSI-Transportdienst, d.h. die kompletten unteren vier OSI-Schichten.

Die Schnittstellen Y´ und Y´´ werden aus der Abbildung der für X benutzten *Interface Definition Notation* (IDN, Schnittstellendefinitionssprache) auf die lokale Programmiersprache abgeleitet. Diese Schnittstellen Y´ und Y´´ unterscheiden sich von den Schnittstellen X´ und X´´ des ersten Engineeringbeispiels, in dem das Kommunikationsobjekt den OSI *Presentation Service Provider* darstellte. Das mit den Protokollen der oberen OSI-Schichten assoziierte Verhalten, in Kombination mit dem der Schnittstelle X entsprechenden Verhalten, ist an den Schnittstellen Z´ bzw. Z´´ zwischen den Upper-Layer-Kommunikationsobjekten und dem Kommunikationsobjekt sichtbar.

In diesem alternativen Engineeringmodell stellen die Schnittstellen Y´, Y´´, Z´ und Z´´ spezielle Sichten auf den Kommunikationsprozeß dar, der erheblich abstrakter in dem Verarbeitungsmodell durch die Schnittstelle X repräsentiert ist.

ODP- und OSI-Objektmodellierungskonzepte

Die Bedeutung der Begriffe Invocation in OSI und Instanz in ODP sind sehr ähnlich. Eine **Invocation** ist die Instanz eines Objekts, das mit einem bestimmten Kommunikationsverhalten assoziiert ist. Eine Invocation - oder genauer gesagt eine Invocationsinstanz - ist durch den internen Zustand und die Operationen des Objekts charakterisiert, die es instande ist auszuführen. Im Unterschied zu einem Typ, der lediglich beschrieben werden kann, ist die Instanz einer Invocation beobachtbar.

AP-Invocations und AE-Invocations besitzen ein Verhalten und einen internen Zustand. Deshalb können sie als ODP-Objekte betrachtet werden. Diese Objekte sind Mitglieder von Klassen, die ihr Verhalten bestimmen. Bei der Verwendung von Objekten sind ihre Typen und Untertypen Bestandteil ihrer Spezifikation, auch wenn dies in Implementierungen nicht notwendigerweise sichtbar ist.

AP-Typen und AE-Typen repräsentieren Schablonentypen für Objekte in dem Sinne, daß sie die Kommunikationsfunktionen beschreiben, die eine AE erbringen kann. Folglich sind AP-Invocations und AE-Invocations Instanzen der korrespondierenden Schablonen. Vor diesem Hintergrund stellen die ODP-Konzepte der Schablone und Instanziierungsregeln relevante Konzepte für OSI dar.

Da sich ein AE auf ein aktives Element der OSI-Anwendungsschicht bezieht, kann gefolgert werden, daß von den Objekten, die ein AE beinhalten, mindestens eines eine AE-Invocation ist. Somit beinhaltet das AE der OSI-Anwendungsschicht AE-Invocations eines Offenen Systems. Andere Elemente, die noch in dem AE enthalten sein können, sind Objekte, welche die AE-Invocations steuern und überwachen sowie ein Objekt, das die Schablonen instanziiert, die den AE-Typ repräsentieren.

Die Korrespondenz zu ODP-Konzepten für den AE-Typ, AE und AE-Invocation kann ebenfalls auf einen ASO-Typ (ASO: *OSI Application Service Object*), ASO und ASO-Invocation angewendet werden. Insbesondere kann das ASO auf der höchsten Rekursionsebene genau das AE sein. Die Charakteristiken der ASO-Kapsel sind augenscheinlich, da das ASO direkt durch die angeforderten bzw. angebotenen Dienste beschrieben wird.

Eine Zusammenstellung der Propositionen enthält die folgende Tabelle.

ULA-Konzepte	ODP-Konzepte
AP-/AE-/ASO-Typ	Schablonentyp
AP/AE/ASO	Instanziierungsmechanismus für eine Schablone
AP-/AE-/ASO-Invocation	Instanzen einer Klasse

Bei der Betrachtung der Konzepte des AP und AE kann eine Reihe von Betrachtungsweisen unterschieden werden:

- Benutzung des AP/AE: Ausführung der Operationen, die mit einer oder mehreren Anwendungsassoziationen (*Application Associations*), an denen sich der AP/AE beteiligt, assoziiert ist.
- Erzeugung des AP/AE: Dies kann das direkte Resultat von Kommunikation sein, oder es kann eine separate Aktivität sein, die in dem System zur Kommunikationsvorbereitung initiiert wird. Eine entsprechende Unterscheidung ist nicht notwendig, wenn das beobachtbare Verhalten nicht unterschiedlich ist (z.B. vor der ersten Benutzung des AP/AE). Trotzdem kann die explizite Modellierung der Erzeugung erforderlich sein, wenn die sequentielle Benutzung eines einzelnen Objekts für das zu spezifizierende Verhalten eine fundamentale Rolle spielt.
- Management des AP/AE: Managementaktivität kann dazu benötigt werden, die Schablone, aus der die AP-Invocations und AE-Invocations erzeugt werden, zu modifizieren, um die Änderung des Systemverhaltens oder der -eigenschaften zu ermöglichen oder um Typevolution durch Unterstützung von Versionsänderungen oder Erweiterungen von Funktionen zu berücksichtigen.

Bei der Erzeugung einer Invocation besteht die Notwendigkeit, ein Objekt zu berücksichtigen, das die Erzeugung ausführt. In ODP-Begriffen gesprochen ist dies eine Nukleusfunktion, die von einem Knotenobjekt erbracht wird. Ein derartiges Objekt arbeitet mit der Klassenschablone des gewünschten Objekts und den für die Erzeugung der Invocation benötigten Instanziierungsregeln der Schablone.

Betrachtet man in diesem Zusammenhang Managementaufgaben, so wird deutlich, daß ein anderes Objekt für die Ausführung der Operationen zur Änderung der initialen Parameter der Klassenschablone oder zur Änderung der Instanziierungsregeln benötigt wird, um Systemeigenschaften oder Defaults zu ändern oder um Systemevolution zu unterstützen. Derjenige, der eine Klasse spezifiziert, muß bestimmen, was in der Schablone durch Managementaktionen verändert werden kann. Dazu kann eine Klassenhierarchie verwendet werden, wobei eine übergeordnete Klasse als fixiert betrachtet wird und die untergeordneten Klassen durch ihre Managementeigenschaften unterschieden werden können.

Objektzusammensetzung in OSI-Modellen

Die Verschachtelung der ASOs in der zweiten Ausgabe des OSI-Application-Layer-Structure-Modells kann als Objektzusammensetzung im ODP-Sinne betrachtet werden. Obwohl ASOs bezüglich ihrer Modellierung als ODP-Objekte angesehen werden können, korrespondieren diese ULA-Konzepte nicht notwendigerweise mit den speziellen Modellen der ODP-Sichten. Dies liegt darin begründet, daß die OSI ULA-Konzepte besitzt, die speziell auf die Modellierung der OSI-Kommunikation zugeschnitten sind.

Das Konzept der ALS-Kontrollfunktion (*Control Function*, CF) hat zwei komplementäre Bedeutungen:

1. Es repräsentiert die Existenz von Zusammensetzungsregeln für die Komponenten eines ASO, d.h. seine interne Konfiguration, und
2. es modelliert die Ausführung dieser Regeln für ein Invocationsmodell eines ASO.

Die Instanziierung einer Kontrollfunktion aus einer CF-Schablone ist nicht unabhängig von dem ASO, da es die CF beinhaltet. Die CF ist im ODP-Sinne die Kompositionsregel, nach der die ASO konstruiert sind.

OSI und ODP Peer-to-Peer Beziehungen

ODP und OSI haben eine Reihe von ähnlichen, aber nicht identischen Begriffsdefinitionen entwickelt. So gibt es ähnliche Begriffe von Peer-to-Peer-Beziehungen, ähnliche Begriffe von Beziehungsmanagement (z.B. Erzeugung und Terminierung) und einen ähnlichen Kontextbegriff, der für Interaktionen innerhalb einer Beziehung verwendet wird.

Das ALS-Modell verwendet beispielsweise das Konzept einer ASO-Assoziation. Ein vergleichbares ODP-Konzept findet man in dem generellen Liaison-Konzept, das den Zustand einer Menge von Objekten beschreibt, die alle einen gemeinsamen Kontext haben.

Die Verarbeitungs- und Engineeringspezifikationen von verteilten Anwendungen identifizieren die unterschiedlichen Beziehungen zwischen den Komponenten des Systems. Das Konzept der ODP-Liaison definiert einen generischen Begriff, der generell für Beziehungen zwischen beliebig vielen Objekten in einem System verwendet werden kann.

Es ist grundsätzlich möglich, in OSI sowohl die Verarbeitungs- als auch die Engineering-ODP-Liaison zu identifizieren. Eine Verarbeitungsbeziehung zwischen den Komponenten verteilter Anwendungen kann beispielsweise als Beziehung zwischen APs repräsentiert werden. Dies kann in Beziehungen zwischen AEs der OSI-Anwendungsschicht übersetzt werden.

Über diese Korrespondenzen hinaus gibt es keine feste Abbildung des Konzepts der ODP-Liaison auf OSI. Dies rührt daher, daß das OSI-Referenzmodell nicht die eigentlichen Komponenten vorschreibt, die in jeder Engineeringspezifikation vorhanden sein müssen, und daher kann eine ODP-Liaison, die in einer Sichtenspezifikation definiert ist, nicht explizit in OSI indentifiziert werden. Ebenso kann eine ASO-Assoziation aus der OSI-Anwendungsschicht nicht unbedingt explizit als ODP-Liaison in Sichtenspezifikationen identifiziert werden.

Das Konzept des ASO-Kontextes richtet sich an die Identifikation von Regeln, die das gemeinsame Verhalten von interagierenden Objekten bestimmen. Daher besteht eine Korrespondenz zwischen dem ASO-Kontextkonzept und dem ODP-Kontextkonzept.

Auch das OSI-Konzept des *Presentation Context* (Kontext zwischen Kommunikationsinstanzen der OSI-Schicht 6) ist ein Beispiel für ein ODP-Kontextkonzept.

Datenrepräsentation in Verteilten Systemen

In einem Verteilten System können - je nach der Abstraktionsebene, auf der Daten interpretiert werden - viele unterschiedliche syntaktische Sichten auf diese Daten bestehen. Es können Spezifikationen existieren, in denen die Übertragung von Informationen über ein dazwischenliegendes Objekt stattfindet. Das dazwischenliegende Objekt kann dann zwischen den unterschiedlichen syntaktischen Darstellungsformen übersetzen.

Das ODP-Referenzmodell betrachtet die Elemente eines Verteilten Systems als eine kohärente Konfiguration, die es erlaubt, sowohl die anwenderorientierte (*end-to-end*) Sicht als auch eine Folge von kommunikationsorientierten (*point-to-point*) Sichten auf Information zu etablieren und die Beziehungen zwischen ihnen zu beschreiben.

Es bestehen in den unterschiedlichen Spezifikationen der ODP-Sichten nicht nur unterschiedliche Sichten auf Daten, sondern unterschiedliche Abstraktionsebenen zwischen den Modellen einer Spezifikation innerhalb einer Sicht gestatten ebenfalls die Beschreibung mehrer syntaktischer Datenbetrachtungen. Die Interaktionen, die in einem bestimmten Modell beschrieben werden, sind abhängig von den identifizierten Objekten. Dadurch ist die Sicht auf die Daten festgelegt. Wenn ein Modell ein Objekt identifiziert, das zwischen dem eigentlichen Sender und Empfänger der Daten liegt, so muß dieses Modell die syntaktische Form der Daten berücksichtigen, die das dazwischenliegende Objekt verwendet.

8.1.4 OSE-Profile

Das Rahmenwerk für die Profile offener Systemumgebungen, OSE (*Open Systems Environment*), ist Bestandteil einer ISO/IEC-Norm zur Standardisierung internationaler Profile [TR10000-3] (*Framework and Taxonomy of International Standardized Profiles -Part 3: Principles and Taxonomy for Open System Environment Profiles*).

OSE-Konzepte

In der ISO/IEC-Norm TR 10000-3 werden die Begriffe OSE-Profil und OSI-Profil definiert. In TR 10000-3 wird auf die Begriffsdefinitionen der ISO/IEC-Norm TR 14252 *"Guide to the POSIX Open System Environment"* verwiesen.

Ein OSE-Profil definiert das gesamte oder einen Teil des Verhaltens eines IT-Systems an mindestens einer OSE-Schnittstelle. Ein spezielles OSE-Profil, das sich aus OSI-Basisnormen oder -Austauschformaten und Basisnormen für die Datenrepräsentation zusammengesetzt, wird als OSI-Profil definiert.

Die Funktionalität eines OSE-Systems ist durch die Funktionalität der Anwendungs- und Plattformsoftware definiert. Die Funktionalität der Anwendungssoftware ist in Begriffen eines Systemprofils definiert, das seinerseits wiederum durch eine Kombination von funktionalen Profilen bestimmt wird.

OSE- und ODP-Systemspezifikationskonzepte

ODP-Systemspezifikationskonzepte können mit OSE-Szenarien verglichen werden. Die von einem OSE-System erbrachte Funktionalität und folglich auch die Identifizierung von OSE-Profilen, welche die Erbringung dieser Funktionalität spezifizieren, ist von der Spezifikation des korrespondierenden OSE-Szenarios abhängig.

Das ODP-Referenzmodell stellt einen konzeptionellen Rahmen zur Verfügung, der dazu geeignet ist, OSE-Szenarios wie folgt zu spezifizieren.

- Ein Unternehmensmodell stellt eine Spezifikation des Zwecks eines OSE-Szenarios zur Verfügung,
- Ein Informationsmodell stellt eine Spezifikation der Informationen und Informationshandhabung zur Verfügung, das durch Daten repräsentiert wird, die in einem OSE-Szenario benötigt und verändert werden.
- Ein Verarbeitungsmodell stellt eine Spezifikation von Anforderungen zur Verfügung, um die Verteilung der Komponenten der von dem OSE-Szenario ausgeführten Informationsverarbeitung zu erlauben und identifiziert die Schnittstellen, die in der Implementierung explizit angegeben sein müssen.
- Ein Engineeringmodell stellt eine Spezifikation der Zusammenstellung der Verarbeitungsfunktionen in OSE-Systemen und den internen Aufbau der Infrastuktur, welche die Verarbeitung unterstützt, zur Verfügung.
- Ein Technologymodell stellt eine Spezifikation der Anforderungen an die Hard- und Softwarekomponenten zur Verfügung, aus denen die ein OSE-Szenario bildendes System bestehen.

OSE-Systemprofile und ODP-Spezifikationen

Die Funktionalität eines OSE-Systems entspricht der Funktionalität, die mit dem Knotenobjekt einer Engineeringspezifikation eines korrespondierenden OSE-Szenarios assoziiert ist.

Ein OSE-Profil spezifiziert Funktionalität und Schnittstellenanforderungen an Hard- und Softwarekomponenten, aus denen das realisierte OSE-System besteht. Die einzelnen funktionalen Profile, aus denen das OSE-Profil besteht, können die Hard- oder Softwarekomponenten repräsentieren, mit denen das OSE-System realisiert ist.

Konformität in OSE/POSIX und ODP

In OSE-Profilen werden - in Übereinstimmung mit POSIX 1003.0 - vier Kategorien von Schnittstellen identifiziert, an denen das Systemverhalten beobachtet und ein Referenzpunkt als potentieller Konformitätspunkt zugeordnet werden kann:

- Anwendungsprogrammierschnittstelle (*Application Program Interface*, API),
- Benutzungs- oder Bedienoberfläche (*Human Computer Interface*, HCI),
- Ablageformatschnittstelle (*Information Services Interface*, ISI) und
- Kommunikationsschnittstelle (*Communication Service Interface*, CSI).

Diese vier OSE/POSIX-Referenzpunktkategorien entsprechen den vier ODP-Referenzpunktkategorien, die in den ODP-Grundlagen vorgestellt wurden, d.h., dem

- Programmatischen Referenzpunkt,
- Referenzpunkt der Wahrnehmung (ODP schließt auch nichtmenschliche Wahrnehmungen durch Sensoren ein, z.B. Roboter oder Videokameras),
- Interchange-Rreferenzpunkt und
- Interworking-Referenzpunkt.

Durch die unterschiedlichen Zielsetzungen in OSE und ODP entstanden unabhängig voneinander Begriffsdefinitionen. Trotz grundsätzlicher Gemeinsamkeiten und Ähnlichkeiten besteht jedoch keine jeweilige Äquivalenz zwischen diesen vier Referenzpunktkategorien. Die bestehende Korrespondenz bedeutet, daß ein an einer bestimmten OSE-Schnittstelle identifizierter anwendbarer Standard auch an dem korrespondierenden ODP-Referenzpunkt anwendbar ist.

8.1.5 Sicherheit und ODP

Das Thema IT-Sicherheit wird in einer Reihe von nationalen und internationalen Normungsgremien behandelt, wie beispielsweise den *OSI Security Frameworks* und allgemeinen Arbeiten hinsichtlich Sicherheit in der ISO und ITU-T. Bei Anwendern und Herstellern gibt es noch häufig die Meinung, daß sich Sicherheit und Offenheit widersprechen. Dies trifft jedoch nicht zu.

Das ODP-Referenzmodell stellt einen konzeptionellen Rahmen zur Verfügung, der dazu geeignet ist, Sicherheitsszenarien und Architekturen zu spezifizieren:

- Das Unternehmensmodell stellt eine Spezifikation der Sicherheitsanforderungen und eine Einbettung in die Umgebung zur Verfügung.
- Ein Informationsmodell stellt eine Spezifikation der Informationen und Informationshandhabung zur Verfügung. Diese wird durch Daten repräsentiert, die in einer sicheren verteilten Anwendung oder einem sicheren System benötigt und verändert werden.
- Das Verarbeitungsmodell stellt eine Spezifikation von Komponenten und Erfordernissen zur Verfügung, um die Verteilung der Komponenten der sicher ausgeführten Informationsverarbeitung zu erlauben. Sie ermöglicht insbesondere das Verbergen von Schnittstellen, die in der Implementierung explizit sein müssen, aber nicht allgemein verfügbar sind.
- Ein Engineeringmodell stellt eine Spezifikation der Zusammenstellung der Verarbeitungsfunktionen und Sicherheitsmechanismen in sicheren Systemen sowie den internen Aufbau der Infrastuktur zur Verfügung, die sichere Verarbeitung unterstützt.
- Ein Technologymodell stellt eine Spezifikation der Anforderungen an die Hard- und Softwarekomponenten zur Verfügung, aus denen die Systeme bestehen, die eine sichere verteilte Anwendung unterstützen oder überhaupt erst ermöglichen.

Vertrauen ist ein zentrales Element in der IT-Sicherheit und wird als eine Beziehung zwischen den in der ODP-Architektur definierten Objekten modelliert, wobei A gewisse Rollen an B delegiert. Regeln, die von Objekt A aufgestellt wurden, werden dabei von B akzeptiert. In der Praxis zeigt B die Regeln und Rollen und damit die Umstände, unter denen das Objekt einen Dienst anbietet, und A entscheidet, ob er den Dienst auf dieser Grundlage nutzt.

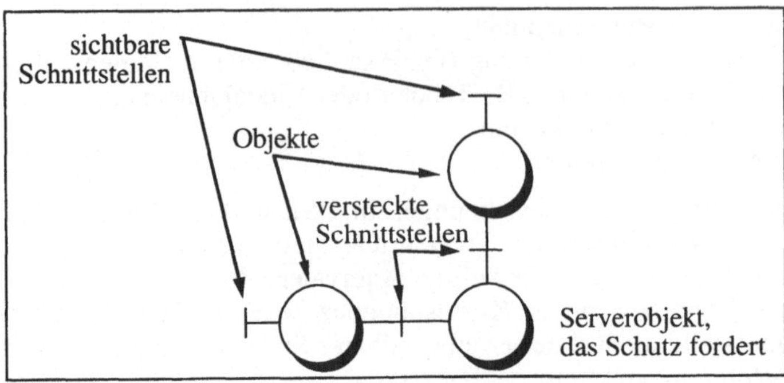

Abb. 8.5: Schutz eines Servers durch Guards

In einem Unternehmen existiert im allgemeinen eine Menge von Vertrauensverhältnissen, die durch das Verhalten der Rollen und der Strategie des Unternehmens beschrieben werden. Berechtigungen und Sicherheitsstrategien (*Security Policies*) sind die grundlegenden Sicherheitsinformationen. Eine Strategie besteht aus einer Menge von Rollen, die wiederum eine Menge von Aktivitäts- zu Artefaktbeziehungen sind, und einer Menge von Identitäts- und Rollenbeziehungen.

Für die Realisierung sicherer Verteilter Systeme ist das Kapselungsprinzip sehr hilfreich. Ein Objekt kann nicht direkt auf interne Zustände eines anderen zugreifen. Indem alle internen Schnittstellen auf externe Schnittstellen abgebildet werden, kann kein anderes als die äußere Objektkapsel die internen Schnittstellen entdecken. Dies erzwingt, daß alle externen Zugriffe über die äußere Objektkapsel erfolgen müssen.

Abbildung 8.5 zeigt ein Serverobjekt mit zwei Schnittstellen, die geschützt werden müssen. Zwei Guardobjekte wurden eingeführt, um Zugriffe auf die verborgenen Schnittstellen zu kontrollieren. Das Serverobjekt wird selbst jede Anfrage bearbeiten, die an seinen Schnittstellen erfolgt.

Wenn ein Guardobjekt unabhängig vom zu schützenden Objekt konzipiert ist, kann die Guardstruktur rekursiv für die verschiedensten Sicherheitsarten angewendet werden. Die wichtigsten Regeln, innere Schnittstellen verborgen zu halten, sind:

- Das Guardobjekt darf keine Referenz auf eine innere Schnittstelle nach außen reichen; dies wird durch den entsprechenden Entwurf und seine Implementierung erreicht.
- Der Basisserver darf nicht in der Lage sein, Referenzen auf seine Schnittstellen nach außen zu reichen. Dies hängt damit zusammen, wie der Guard Aufrufanforderungen und -antworten weiterreicht, insbesondere was mit den Parametern passiert. Es ist außerdem notwendig, daß alle Interaktionen des Servers über die Guardobjekte erfolgen.
- Die Interaktion zwischen Guard und Server muß geheim sein. Dies hängt damit zusammen, wie das Guardobjekt relativ zum Server angeordnet ist und der entsprechenden Engineeringunterstützung für die Interaktionen.

Der Engineeringmechanismus muß eine Schutzzone um den Basisserver und seine Guards bilden, innerhalb derer er sicherstellen kann, daß die Interaktionen geheim sind. Dies deutet die Schattierung in Abbildung 8.6 an. Da das Engineeringmodell ein kontextrelatives Namensschema für Schnittstellen realisiert, kann diese Schutzzone realisiert werden, indem die verborgenen Schnittstellen in einem zur Schutzzone relativen Namensraum bezeichnet werden und niemals Namen aus einem anderen Namensraum erhalten.

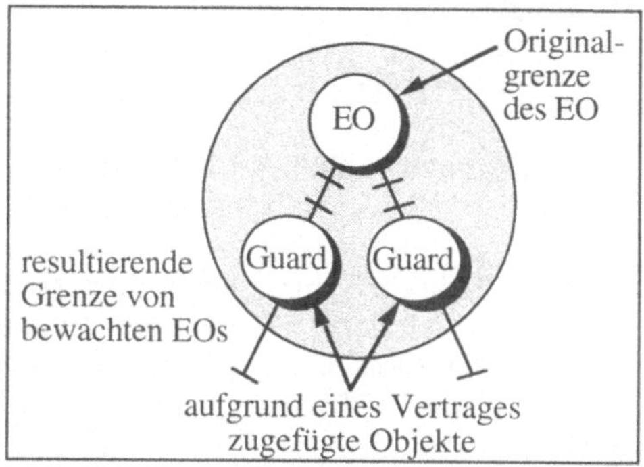

Abb. 8.6: Sicherheit durch Vertrag (implizites Binding)

Aus Verarbeitungssicht kann Sicherheit somit entweder durch explizite Interaktion mit Guardobjekten modelliert werden oder durch das einfache 'Kapselungsprinzip' ausgedrückt werden, d.h. der Sicherheitsmechanismus ist Bestandteil des Servers und wird durch einen Vertrag des Servers mit seiner Umgebung ausgedrückt oder durch explizite Interaktion mit Guardobjekten modelliert werden. Aus Engineeringsicht kann das Kapselungsprinzip durch Cluster- oder Kapselregeln ausgedrückt werden. Werden Guards benutzt, so erfolgt die Modellierung von Sicherheitobjekten aus Verarbeitungssicht. Nur das Kapselungsprinzip ist aus Engineeringsicht darstellbar. Wenn die Sicherheit verletzt wird, kann dies als ein spezieller Ausfall aufgefaßt werden. Sicherheit als Umgebungsvertrag hat Auswirkungen auf die Aktivierung, Deaktivierung und Konsistenzregeln der ODP-Architektur. Bei der Instanziierung von Schablonen und Schnittstellenbindungen muß der Vertrag für die Schnittstellen eingehalten werden. Dabei ist innerhalb einer ODP-Umgebung ist nicht garantiert, daß Sicherheit durch die Umgebung bereitgestellt wird.

Damit sichergestellt ist, daß Zugriffe nur über Guardobjekte erfolgen, darf der Zugriff auf eine Kapsel nur über einen Kanal erfolgen. Sicherheit kann erzielt werden, indem entweder das richtige Objekt mit dem Ende eines Kanals innerhalb einer Kapsel verbunden wird oder das geeignete Template für den Kanal, der ein Sicherheitsprotokoll enthält, ausgewählt wird. Letzteres korrespondiert mit der Auswahl eines geeigneten Vertrags, der Sicherheit garantiert. Die erstgenannte Kanalbindung hingegen stimmt mit dem impliziten Binding eines Objekts überein, das sich selbst zwischen dem Basisengineeringobjekt und dem Ende des Kanals befindet. In beiden Fällen werden Sicherheitsvereinbarungen durch einen Umgebungsvertrag realisiert.

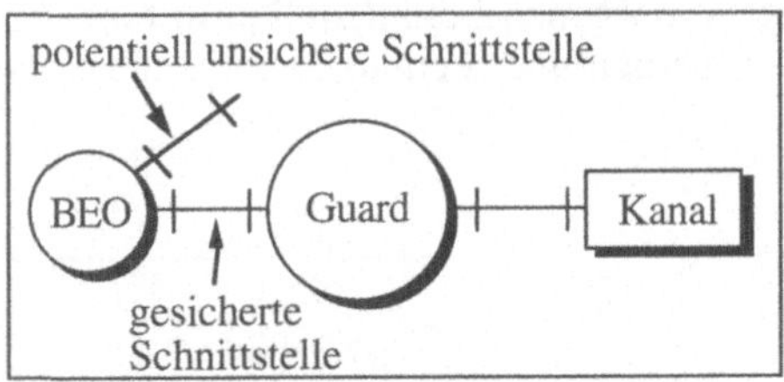

Abb. 8.7: Sicherheit durch explizites Binden an ein Guardobjekt

Ein anderer Fall besteht darin, Sicherheit durch einen Sicherheitsserver zu realisieren. In diesem Fall müssen die Schnittstellen zwischen dem Engineeringbasisobjekt und dem Sicherheitsserverobjekt verborgen bleiben. Dies bedeutet, daß sich die beiden Objekte innerhalb der selben Kapsel befinden müssen. Die Abbildungen 8.6 bis 8.8 zeigen die verschiedenen Fälle.

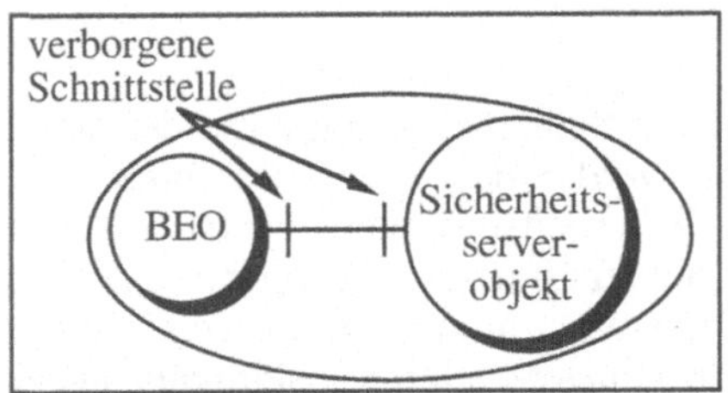

Abb. 8.8: Sicherheit durch explizites Binden an ein Guardobjekt

8.2 Andere öffentlich verfügbare Spezifikationen

Das ODP-Referenzmodells liefert ein Rahmenwerk für das technische Verständnis und die Positionierung einiger Industrieinitiativen im Bereich der Verteilten Verarbeitung und ermöglicht die Entwicklung von internationalen Basisnormen, welche die Nutzeranforderungen an Offene Systeme weitgehend befriedigen. Wichtige Initiativen sind die *Object Management Group* (OMG), die *Open Software Foundation* (OSF) und die *Advanced Network Systems Architecture* (ANSA) sowie im Bereich der Telekommunikation die Aktivitäten von TINA-C.

Die Arbeiten zur Erzielung von Offenheit innerhalb der *Object Management Group* verwenden einen der ODP-Normung ähnlichen objektorientierten Ansatz. Ein interessanter Aspekt ist hierbei, daß Anbieter, die verschiedene Infrastrukturen für die Verteilte Verarbeitung anbieten, das Interworking zwischen *Object Request Brokern* (ORBs) auf verschiedenen Infrastrukturen im ersten Ansatz nicht berücksichtigt haben. Diese ORBs stellen die Basismechanismen für die Kommunikation zwischen Objekten bereit. Eine Konzentration erfolgte zunächst hinsichtlich Fragen wie Integration, Portabilität und verschiedenen Arten der ORBs für unterschiedliche Anwendungsumgebungen. Das Interworking von ORBs ist eine Herausforderung, falls es ohne Einschränkung von Implementierungsfreiheiten erfolgen soll. ODP diskutiert dies als Teil des Themas Föderation. Somit kann das ODP-Referenzmodell als Leitfaden für weitere Normen dienen.

Die *Open Software Foundation* definiert in ihrer *Distributed Computing Environment* (DCE) eine betriebssystemunabhängige Plattform von Diensten zur Unterstützung der Entwicklung von verteilten Anwendungen. Die Ansätze der OSF, z.B. mit der *Distributed Management Environment* (DME) eine Architektur für ein verteiltes Management durchzusetzen, sind bisher nicht erfolgreich.

ANSA lieferte mit seiner Architektur grundlegende Beiträge für die ODP-Normung und machte sich durch die pre-normativen Arbeiten und einem frühen Prototypen zu ODP verdient.

Hauptaufgabe des *Telecommunications Information Networking Architecture Consortiums* (TINA-C) ist die Definition und Validierung einer Architektur für Telekommunikationsanwendungen. Dieses Konsortium entstand aufgrund der Erkenntnis, daß künftig die Telekommunikations- und Computerindustrie zusammenwachsen werden. Darüber hinaus kann die Telekommunikation als weltweit größte verteilte Anwendung betrachtet werden.

Industriestandards reflektieren die Prioritäten und Ziele der sie entwickelnden Gruppen. Es gibt eine Reihe von überlappenden Interessen und bruchstückhaften Definitionen sowie Festlegungen und Entwicklungen, die entweder an technologischen oder administrativen Grenzen zwischen Systemen enden. Das ODP-Referenzmodell enthält in diesem Zusammenhang Konzepte, beide Seiten der Grenzen zu analysieren und zu überwinden.

8.2.1 OMG-Architektur CORBA

Die *Object Management Group* wurde 1989 mit dem Ziel der Integration von Anwendungen gegründet und hat bereits über 500 Mitglieder, die sich einig sind, daß dieses Ziel am besten mit Hilfe der Objektorientierung erreicht werden kann.

Hauptaufgabe der *Object Management Group* ist die Bereitstellung einer Architektur und einer Menge von Spezifikationen, welche die Entwicklung verteilter, integrierter Anwendungen ermöglichen. Basis hierfür sollen kommerziell verfügbare Objekttechnologien sein. Wichtige Ziele sind Wiederverwendbarkeit, Portierbarkeit und Interoperabilität von objektbasierenden Softwarekomponenten in verteilten heterogenen Umgebungen.

Der *Object Management Architecture Guide* definiert die technischen Zielsetzungen sowie die Terminologie und beschreibt die konzeptionelle Infrastruktur, auf der künftige Spezifikationen aufbauen sollen. Das Dokument enthält ein Referenzmodell, das die Komponenten, Schnittstellen und Protokolle identifiziert und charakterisiert, die eine Objektmanagementarchitektur bilden. Als erster OMG-Standard wurde CORBA veröffentlicht. Abbildung 8.9 zeigt die vier Hauptteile des OMG-Referenzmodells. Die ausgefüllten Kästchen stellen Software mit Anwendungsschnittstellen dar.

- Der *Object Request Broker* erlaubt es, transparente Anfragen oder Verarbeitungsanforderungen und Antworten in einer verteilten Umgebung zu machen und zu empfangen.
- Die sog. *Object Services* sind eine Ansammlung von Diensten (Schnittstellen und Objekten) zur Unterstützung von Basisfunktionen hinsichtlich Nutzung und Implementierung von Objekten, z.B. Erzeugung neuer Objekte, Löschen und Benachrichtigung über eingetretene Ereignisse.
- *Common Facilities* sind eine Ansammlung von Diensten, die allgemein nützliche Fähigkeiten für viele Anwendungen zur Verfügung stellen, aber nicht unbedingt von jeder Anwendung gebraucht werden, z.B. Drucken oder E-Mail-Anschluß.
- Anwendungsobjekte (*Application Objects*) sind spezifische Objekte für bestimmte Endanwendungen. Die OMG wird Anwendungsobjekte nicht standardisieren.

Mit dem CORBA-Standard wird das Ziel verfolgt, die Abhängigkeiten zwischen den verschiedenen Teilen eines Systems so zu minimieren, daß insbesondere Anforderer und Bereitsteller eines Dienstes vollständig aus dem Anwendungsprogramm verschwinden.

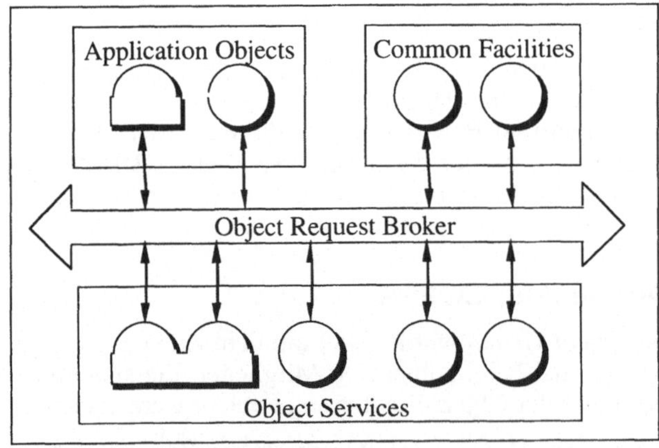

Abb. 8.9: Objektmanagementarchitektur

Die OMG beschreibt das OMA-Referenzmodell durch detaillierte Spezifikationen für jede Komponente. Das OMG-Objektmodell, das ein Teil des OMA Guides ist, definiert hingegen implementierungsunabhängig allgemeine Objektsemantiken für die Spezifikation der extern sichtbaren Eigenschaften der Objekte.

Wie schon erwähnt, stellt ein ORB die Basismechanismen für die transparente Anfrage und den Empfang von Antworten von lokalen oder entfernten Objekten zur Verfügung, ohne daß der Client die Mechanismen für die Kommunikation, die Aktivierung oder Speicherung von Objekten kennen muß. Dieses Ziel wird erreicht durch

- **Zugriffstransparenz**
  (der Quellcode zur Durchführung von Aufrufen hat die gleiche Syntax, wenn Client und Server im gleichen Adreßraum liegen oder auf zwei verschiedenen Maschinen die durch Netze verbunden sind),
- **Ortstransparenz**
  (Interaktionen mit entfernten Objekten verhalten sich gleich, unabhängig von ihrem Ort) und
- **Implementierungstransparenz**
  (Interaktionen sind unabhängig von programmiersprachlichen Einzelheiten der beteiligten Objekte).

Insofern bildet der ORB die Grundlage für die Konstruktion von Anwendungen aus verteilten Objekten und für die Interoperabilität zwischen Anwendungen in homogenen und heterogenen Umgebungen.

Die *Common Object Request Broker Architecture* (CORBA) Spezifikation definiert die Programmierschnittstellen zur ORB-Komponente. Objekte, die durch einen ORB bereitgestellt werden, machen ihre Schnittstellen unter Nutzung einer Schnittstellenbeschreibungssprache (*Interface Definition Language*, IDL) bekannt, die in der CORBA-Spezifikation definiert ist. Sie erlaubt eine programmiersprachenunabhängige Spezifikation der Operationen und Attribute von Objekten.

Zur Unterstützung dieser Sprachunabhängigkeit sind Abbildungen von der IDL auf eine Reihe von Programmiersprachen notwendig. Dies ermöglicht, daß Pogramme verschiedener Quellsprachen mit anderen Anwendungen über CORBA zusammenarbeiten können. Bisher gibt es Abbildungen für die Programmiersprachen C, C++ und Smalltalk. Der OMG-Ansatz kann als Entwurf einer verteilten objektbasierten Verarbeitungsumgebung angesehen werden.

Die nächsten Themen auf der Standardisierungsliste der OMG sind eine verbesserte Version des CORBA-Standards sowie die *Object Services*. Themen für CORBA 2.0 sind die Zusammenarbeit (Interoperabilität) von *Object Request Brokern*, Transaktionsabsicherung, einheitliche Identifikation von Objekten und Synchronisationsdienste für die zeitgleiche Benachrichtigung mehrerer Objekte im Kontext von multimedialen Anwendungen. Die *Object Services* sind in zwei Gruppen unterteilt:

- *Lifecycle Services* beschreiben die Erzeugung und das Löschen sowie die Migration von Objekten und *Event Notification Services* dienen der gezielten Benachrichtigung von Objekten hinsichtlich bestimmter Ereignisse. *Persistence Services* erleichtern die dauerhafte Speicherung von Objekten und *Naming Services* erlauben die Zuordnung von Namen zu Objekten.

- Die andere Gruppe beinhaltet *Concurrency, Externalization, Relationship, Time* und *Transaction Services.*

Es gibt bereits eine Reihe von CORBA-Implementierungen, die jedoch größtenteils nicht zusammenarbeiten können. Dieses Interoperabilitätsproblem wurde Ende 1994 durch die Einigung auf einen entsprechenden Vorschlag gelöst, das sog, UNO-Proposal. Innerhalb dieses Vorschlags wird eine Architektur definiert, wie verschiedene Protokolle in einen ORB eingebunden werden können. Es wurde ferner ein auf TCP/IP basiertes Protokoll für den Austausch von Informationen zwischen verschiedenen ORBs spezifiziert. Als mögliches Austauschprotokoll wird der *Remote Procedure Call* von OSF/DCE akzeptiert. Die Architektur erlaubt es auch, private Protokolle oder OSI-Protokolle einzufügen.

Die ersten, sich an den CORBA-Standard orientierenden Produkte waren DOMS von Hyperdesk und ACA von Digital. DOMS läuft unter Unix und unterstützt PC-Clients, ACA läuft auf DEC-Rechnern und unterstützt unter anderem Windows und Macintosh Clients. Orbix von IONA ist ein recht leistungsfähiger ORB, der mit dem angekündigten Produkt von SunSoft - *Distributed Object Environment* (DOE) - zusammenarbeiten kann. DOE ist aus der gemeinsam mit HP entwickelten CORBA-Implementierung, der sogenannten *Distributed Object Management Facility* (DOMF) entstanden. ORBPlus von HP wird als erster ORB eine Transaktionssicherung von Objektverarbeitung über Maschinengrenzen hinweg ermöglichen. Auch Novell hat mit AppWare eine ORB-Implementierung angekündigt.

Die Zeichen für die weitere Verbreitung objektorientierter Technologien, insbesondere auf Basis von CORBA, stehen nicht zuletzt durch eine Reihe von Industriekooperationen recht gut. HP und IBM haben sich jeweils bereits 1993 ihre Technologien gegenseitig zur Vefügung gestellt, um eine verteilte Objektwelt über HP- und IBM-Maschinengrenzen hinweg anbieten zu können. DEC und Microsoft haben angekündigt, das sogenannte OLE nach außen wie CORBA erscheinen zu lassen. Dies scheint die Anti-CORBA-Haltung von Microsoft aufzuweichen. Die Anbindung von OLE2 erfolgt über Objektadapter auf der Serverseite des ORB zum von Microsoft offengelegten Protokoll. Damit können ORB-Sever transparent in die proprietäre Microsoft-Umgebung eingebunden werden.

Eine sehr interessante Kooperation von NeXT und SunSoft versucht, mit OpenStep die bewährte objektorientierte Technologie von NeXT mit CORBA zu verbinden.

Zwischen den ISO/ITU-Aktivitäten zum ODP-Referenzmodell und der OMG gibt es offizielle Zusammenarbeit mit dem Ziel, jeweils die Ergebnisse anzuerkennen, sofern sinnvoll und möglich. Bisher ist dies für die *Interface Description Language* von OMG erfolgt, die als ISO-Norm übernommen werden soll und für die ISO-Traderspezifikation, die als OMG-Standard übernommen werden soll.

Die IDL von OMG kann mit Einschränkungen für die Spezifikation von ODP-Verarbeitungsobjekten bzw. deren Schnittstellen verwendet werden. Der ORB kann prinzipiell - jedoch noch sehr eingeschränkt - als eine spezifische ODP-Plattform betrachtet werden, die bereits Zugriffs- und Ortstransparenz beinhaltet. Auch das Objektmodell ist in Bezug auf das ODP-Referenzmodell noch sehr eingeschränkt. Beispielsweise kann ein

OMG-Objekt nur eine Schnittstelle besitzen und es werden auch keine Streamschnittstellen unterstützt. Erweiterungen in Richtung des ODP-Objektmodells stehen auf der Arbeitsliste der OMG.

8.2.2 OSF-Architektur DCE

Die *Open Software Foundation* wurde im Jahre 1988 als ein Non-Profit-Organisation gegründet. Die Mitglieder bestehen aus Herstellern, Endnutzern, Regierungsorganisationen, Verwaltungen und Forschungseinrichtungen. Die OSF bat die Industrie, festzulegen, welche herstellerneutralen Computerumgebungen gefordert werden. Unter anderem geschah dies für die *Distributed Computing Environment* und die *Distributed Management Environment*.

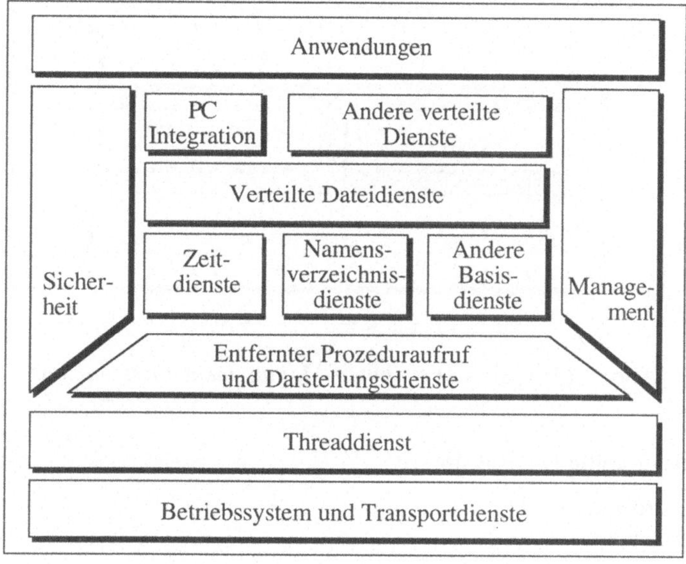

Abb. 8.10: Die *Distributed Computing Environment* der OSF

Die *Distributed Computing Environment* der OSF ist eine integrierte Menge von Diensten - eine Plattform -, welche die Entwicklung, Nutzung und Wartung von verteilten Anwendungen unterstützt. Die Verfügbarkeit einer Menge von Diensten an beliebigen Stellen in einem Netzwerk ermöglicht, daß Anwendungen Ressourcen nutzen können, die ansonsten oft ungenutzt vorhanden sind. DCE ist betriebs- und netzwerkunabhängig und kompatibel zu existierenden Umgebungen.

In Abbildung 8.10 ist die geschichtete Architektur von DCE mit den kommerziell verfügbaren Diensten dargestellt.

Für Anwendungen erscheint die gesamte Umgebung eher als ein einheitliches logisches System, als eine Ansammlung von unterschiedlichen Diensten.

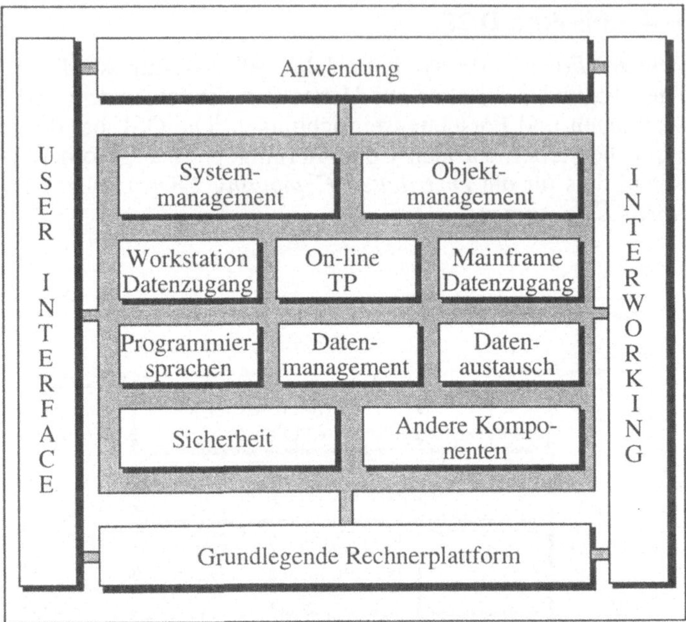

Abb. 8.11: OSF's *Distributed Management Environment*

Grundlegende Verteilte Dienste sind:

- Entfernter Prozeduraufruf,
- Namensverzeichnisdienst,
- Zeitdienst,
- Sicherheitsdienst und
- Threaddienst.

Zur verteilten Datenhaltung sind folgende Dienste definiert:

- verteiltes Dateisystem,
- Unterstützung plattenloser Rechner sowie
- MS-DOS-Dateien und Druckdienste.

Die Beschreibungen der Dienste können den DCE-Dokumenten der OSF oder Publikationen wie z.B. [Sch 93] entnommen werden.

Die Architektur für die *Distributed Management Environment*, die sich jedoch bisher nicht durchsetzen konnte, ist in Abbildung 8.11 dargestellt.

Die *Distributed Computing Environment* enthält eine Client/Server- bzw. RPC-orientierte Kommunikationsplattform, die als eine spezifische Engineering-Kanalstruktur für die Kommunikation zwischen verschiedenen Plattformen betrachtet werden kann. Einige Komponenten, insbesondere die Sicherheitskomponenten der DCE-Plattform erfüllen Teilaspekte der ODP-Funktionen. Ein Nachteil von DCE besteht darin, daß es nicht objektorientiert ist.

8.2.3 ANSA-Architektur

Die ANSA-Architektur ist eine Plattform für die Konstruktion von herstellerneutralen, heterogenen Verteilten Systemen. APM wurde im Jahre 1984 initiiert. Die entsprechende Software wird ANSAware genannt und kann als erste Ausprägung einer ODP-basierten Plattform für die Entwicklung verteilter Anwendungen angesehen werden. Das erfolgreiche Projekt wurde von APM Ltd. ab 1989 fortgeführt.

Verglichen mit der OMG-Architektur wurden in der ANSA-Plattform bereits weitere ODP-Transparenzen realisiert und durch diese Vorarbeiten Erfahrungen für künftige ODP-Plattformen gewonnen. APM ist auch Mitglied der OMG.

Da die ANSAware als Beispiel einer Traderrealisierung bereits im letzten Abschnitt des siebten Kapitels vorgestellt wurde, soll an dieser Stelle nicht weiter darauf eingegangen werden.

8.2.4 Telecommunications Information Networking Architecture Consortium

Das TINA-Consortium ist im Jahre 1993 gegründet worden und vorerst auf eine Dauer von fünf Jahren befristet. Die Mitglieder dieser Non-Profit-Organisation sind Telekommunikations-, Netzwerk- und Dienstbetreiber, Software-, Rechner- und Telekommunikationszubehörhersteller, Informationsanbieter, Forschungs- und Entwicklungsorganisationen und Nutzer.

Die Nachfrage nach neuen Diensten aus den Bereichen Mutimedia, *Universal Personal Telecommunications*, mobilen und Breitbanddiensten erfordert eine Netzinfrastruktur, in die Dienste und Management sehr leicht integriert werden können. Zur Kostenreduktion bei der Entwicklung und dem Betrieb derartiger Infrastrukturen und Dienste stehen Portabilität, Interoperabilität und Wiederverwendbarkeit im Vordergrund. TINA-C möchte eine Architektur für Telekommunikationsanwendungen entwickeln, die eine geeignete Menge von Mechanismen für verläßliche und sichere Systeme beinhaltet und es ferner erlaubt, neue Dienste und unterstützende Technologien schnell einzuführen und zu pflegen sowie einen offenen Informationsmarkt aufzubauen.

Die Kernaktivitäten sind in die nachfolgend aufgelisteten vier Gebiete unterteilt:

- logische Rahmenwerkarchitektur (*logical framework architecture*),
- Dienstspezifikation, -konstruktion und -management,
- Managementarchitektur und Ressourcenmanagement, sowie

- ggf. portable Referenzimplementierung des TINA-C (*Distributed Processing Environment (DPE)*).

Das architekturelle Rahmenwerk soll eine Verteilte Verarbeitung in die Telekommunikation einbringen. Es beruht sehr stark auf den Prinzipien des ODP-Referenzmodells, zeigt die Eignung von Objektorientierung für die verteilte Telekommunikationsanwendungen und ist für Intelligente Netze (IN) und *Telecommunication Management Networks* (TMN) gleichermaßen geeignet.

Die TINA-Aktivitäten sind ein wichtiges Anwendungsgebiet für die Konzepte des ODP-Referenzmodells und deren Verbreitung. Inwieweit die ODP-Konzepte ohne größere Modifikationen bzw. Erweiterungen dabei angewendet werden, muß sich noch zeigen.

9 ODP - EINORDNUNG UND AUSBLICK

In den vorangegangenen Kapiteln wurde eine Einführung in die grundlegenden Konzepte des *Open Distributed Processing* und Tradings gegeben. Dabei war die Art der Darstellung sehr an die Ausführungen der ODP-Standards angelehnt, um von dem dort vermittelten Inhalt nicht zu sehr abzuweichen. Die hohe Standardkonformität bedingt jedoch auch eine gewisse Abstraktheit hinsichtlich des vermittelten Stoffs.

Im folgenden wird weiterführende bzw. ergänzende Literatur aufgeführt. Ferner werden einige aktuelle Begriffe, die mit dem ODP in Zusammenhang stehen, und künftige Aktivitäten von ODP skizziert sowie eingeordnet.

Besitzt der Leser Interesse an einer etwas ausführlicheren Einführung in einzelne Teilgebiete des ODP, so sei an dieser Stelle auf [ANSA2] und [PSM 93] verwiesen. Ersteres Werk bildet die Grundlage für sehr wesentliche der im ODP-Standard existierenden Ideen. Von der ANSA kam ursprünglich auch die Idee, Verteilte Systeme nach *Viewpoints* strukturiert zu betrachten. [ANSA 2] geht davon aus, eine Architektur zu schaffen, welche die einfachste Menge von Konzepten bereitstellt, die notwendig ist, um ein Verteiltes System konstruieren zu können.

[PSM 93] beschreibt den Entwurf Verteilter Systeme etwas detaillierter. Hier werden zu den verschiedenen Sichtweisen jeweils Modelle und Entwurfsmethoden angegeben, welche das Design des Systems in der entsprechenden Sichtweise unterstützen. Weitere Anregungen, die auf den Entwurf und die Modellierung von Offenen Verteilten Systemen eingehen, sind beispielsweise in [Po 92], [PSM 93], [SPV 94], und [DoDu 94] zu finden.

Der Zweck der architekturellen Semantik ist es, eine eindeutige, formale Interpretation der grundlegenden Modellierungs- und Spezifikationskonzepte von ODP zu definieren. Dabei wird - wie in Abschnitt 3.4 bereits erwähnt - keine neue formale Beschreibungssprache definiert, sondern vielmehr auf die Zusammenhänge zwischen den Architekturkonzepten eingegangen.

Zur Tradingfunktion gibt es verschiedene Arbeiten, die den Einstieg in diese Thematik ermöglichen oder das Wissen vertiefen, als Beispiele seien [Ke 93] und [SPM 94] genannt. Wie bereits im Abschnitt 7.5.4 aufgeführt, hat sich innerhalb des Tradings eine Vielzahl von verschiedenen Forschungsrichtungen entwickelt, die vom Typmanagement [IBR 94] mit dem Ziel der Überwindung von Heterogenität [IDV 94], [FaLo 94], [Me 95] über die Betrachtung eines Dienstemanagements [Po 95] bis hin zur Einbeziehung von Konzepten der Leistungsbewertung [MePo 93], [PMS 94] und Objektorientierung [GoNi 94], [DoDu 94] reichen.

Die Anwendungen im Bereich des ODP werden immer vielfältiger. Neben dem *Road Traffic Informatics* (RTI) und *Computer Integrated Manufacturing* (CIM) sind unter anderem die Medizin [LMVW 94], [HaKu 94] und das Multimedia [MaBl 92], [PiLi 94], [FTH 94] erwähnenswert. Innerhalb des Forschungs- und Entwicklungsprogramms *Advanced Informatics in Medicine* (AIM) wurde beispielsweise in einem Teilprojekt ein Framework zur Unterstützung von Telemedizindiensten entwickelt.

Zur Untersützung der Verteilten Verarbeitung sind Plattformen notwendig, die auch als Netzbetriebssysteme [Ta 92], Verteilungsinfrastruktur bzw. Verteilungsplattformen [Ge 95] oder *Middleware* bzw. *Midware* bezeichnet werden. Ins Deutsche übersetzt spricht man auch von Mittelware, wobei dieser Begriff weniger verbreitet ist. Man versteht darunter eine Abstraktion bzw. Softwareschicht, die vor dem Entwickler oder Anwender unterschiedliche Betriebssysteme oder Kommunikationsmechanismen verbirgt. Insbesondere bei Wechselwirkung mit heterogenen Rechensystemen erweist sich das Vorhandensein einer solchen Verteilungsplattform als sehr nützlich. Es resultiert die Notwendigkeit, mit Hilfe der *Middleware* vorhandene verteilte Umgebungen unabhängig von deren unterliegenden Plattformen zu gestalten. Zu diesem Zweck müssen zur Laufzeit Dienste bereitgestellt werden, die verschiedene Formen von Transparenz unterstützen, vergleiche Abschnitt 2.1. Von besonderer Bedeutung ist dabei die Orts- und Verteilungstransparenz. Beispiele für Verteilungsplattformen sind die im 8. Kapitel erwähnten Netzbetriebssysteme OMG/ CORBA, OSF/DCE und ANSAware.

Middleware-Produkte sind eine notwendige Technologie, um *Open Distributed Processing* zu erreichen. Das Referenzmodell dient der Einordnung verschiedener Plattformen und bildet einen Rahmen für künftige Weiterentwicklungen dieser Produkte.

Neben der Fortführung und voraussichtlichen Verabschiedung des vollständigen ODP-Referenzmodells im Jahre 1996 (insbesondere der fehlenden Teile 1 und 4 sowie des Traderteils) gibt es im Rahmen der ODP-Standardisierung zusätzliche Rahmenwerke und Komponentenstandards. Diese Aktivitäten umfassen u.a.

- die Erarbeitung einer Norm für ODP-Schnittstellenreferenzen und Binding,
- die Erarbeitung einer Norm für Sprachanbindungen der Verarbeitungssichtweise an Interworking-Referenzpunkte,
- die internationale Normung der CORBA-Schnittstellensprache (IDL),
- die Entwicklung einer offenen verteilten Managementarchitektur (*Open Distributed Management Architecture*, ODMA) und
- die Erarbeitung eines Rahmenwerks für die Sicherheit in Offenen Systemen.

Die Normungsgruppe von ODP arbeitet mit einer Reihe von anderen Gruppen zusammen. Dies sind u.a Gruppen, die folgende Themen behandeln:

- Objektmanagement und offenes verteiltes Management,
- Dienstqualitäten (QoS),
- Verteilte Datenbanken,
- OSI-Directory und
- TMN-Evolution.

Auch die TINA-C-Aktivitäten werden stark von ODP beeinflußt.

ANHANG A:

MODELLIERUNGSKONZEPTE

In diesem Anhang werden die Modellierungskonzepte der ODP-Grundlagen vorgestellt. Wie in Abschnitt 4.2 beschrieben, gliedern sich die Modellierungskonzepte in
vier verschiedene Klassen. Auf diese wird im folgenden einzeln Bezug genommen.

A.1 Interpretationskonzepte

Um die Semantik eines Modells zu spezifizieren, werden grundlegende Interpretationskonzepte verwendet. Dies sind Metakonzepte, die allgemein auf jede Art von Modellierungsaktivität anwendbar sind. Die Modellierungsaktivität identifiziert Elemente des
Betrachtungsrahmens (*Universe of Discourse*), die Entität und Proposition.

1. **Entität (*Entity*):**
   Eine Entität kann jeder konkrete oder abstrakte Betrachtungsgegenstand sein, der
   von Interesse ist. Während eine Entität im allgemeinen dazu verwendet wird, um
   sich auf 'irgendetwas' zu beziehen, ist dieser Begriff im Kontext der Modellierung
   ausschließlich auf Betrachtungsgegenstände innerhalb eines modellierten Betrachtungsrahmens zu beziehen.

2. **Proposition:**
   Eine Proposition bezeichnet einen beobachtbaren Sachverhalt, an dem eine oder
   mehrere Entitäten beteiligt sind und bei dem überprüft werden kann, ob Übereinstimmung bezüglich der Aussage über den Sachverhalt besteht.

Weitere grundlegende Interpretationskonzepte für die Strukturierung der Modellierungsaktivität mit zweckdienlichen Abstraktionen sind im folgenden beschrieben.

3. **Abstraktion:**
   Der Prozeß der Unterdrückung irrelevanter Details, um ein vereinfachtes Modell zu
   erhalten oder das Ergebnis dieses Prozesses.

4. **Atomarität:**
   Ein Betrachtungsgegenstand ist atomar auf einer bestimmten Abstraktionsebene,
   wenn er auf dieser Ebene nicht weiter zerlegt werden kann.

5. System:
Etwas, das sowohl als Ganzes als auch aus Teilen zusammengesetzt von Interesse ist. Eine Komponente des Systems kann selbst ein System sein, das dann Teilsystem genannt wird.

Zu Modellierungszwecken wird das Konzept eines Systems in seiner systemtheoretischen Bedeutung verwendet. Der Begriff bezieht sich i.a. auf ein Informationsverarbeitungssystem, er kann aber auch allgemeiner verwendet werden.

6. Systemarchitektur:
Ein Satz von Regeln zur Definition der Struktur eines Systems und der Beziehungen zwischen seinen Teilen.

A.2 Linguistische Konzepte

Unabhängig von den Konzepten oder der Semantik der Modellierungssprache wird die ODP-Architektur in einer bestimmten Syntax ausgedrückt, die sowohl Text als auch graphische Konventionen verwendet. Es wird davon ausgegangen, daß jede geeignete Sprache mit einer Grammatik gültige Symbole und wohldefinierte linguistische Konstrukte festlegt. Die folgenden Konzepte stellen einen Rahmen zur Verfügung, der es erlaubt, die Syntax von jeder Sprache, die für die ODP-Architektur verwendet wird, auf die Interpretationskonzepte zu beziehen.

1. **Term:**
Ein Term ist ein linguistisches Konstrukt, das dazu benutzt werden kann, auf einen Betrachtungsgegenstand zu verweisen.

Der Verweis kann sich auf jede Art von Betrachtungsgegenständen beziehen und ein Modell eines Betrachtungsgegenstandes oder eines anderen linguistischen Konstrukts enthalten.

2. **Satz:**
Ein Satz ist ein linguistisches Konstrukt, das einen oder mehrere Terme und Prädikate einschließt. Ein Satz kann dazu verwendet werden, eine Proposition über Betrachtungsgegenstände durch bezugnehmende Terme auszudrücken.

Ein Prädikat kann dabei verwendet werden, um auf eine Beziehung zwischen den Betrachtungsgegenständen und die sie verbindenden Terme zu verweisen.

A.3 Modellierungskonzepte

Die detaillierte Interpretation der im folgenden definierten Konzepte ist i.a. von der verwendeten Spezifikationssprache abhängig. Dennoch werden die generellen Aussagen zu Konzepten unabhängig von einer bestimmten Sprache festgelegt, um einen Zusammenhang zwischen Konstrukten in unterschiedlichen Sprachen herstellen zu können.

Die grundlegenden Modellierungskonzepte betreffen Existenz und Aktivität, d.h. Beschreibung von dem, was existiert, wo es ist und was es tut.

1. Objekt:
Ein Objekt ist ein Modell eines Betrachtungsgegenstandes. Ein Objekt wird durch sein Verhalten (siehe Def. 6) und dual dazu durch seinen Zustand (siehe Def. 7) charakterisiert. Ein Objekt ist gekapselt, d.h. jede Änderung seines Zustands kann nur als Ergebnis einer internen Aktion oder als Ergebnis einer Interaktion (siehe Def. 3) mit seiner Umgebung (siehe Def. 2) stattfinden. Ein Objekt interagiert mit seiner Umgebung über seine Interaktionspunkte (siehe Def. 11).

In Abhängigkeit der Sichtweise kann das Verhalten oder aber der Zustand mehr oder weniger stark betont werden. Steht das Verhalten im Vordergrund, so ist ein Objekt - informell gesprochen - in der Lage, Funktionen zu erbringen und Dienste anzubieten. Ein Objekt, das eine Funktion verfügbar macht, wird als dienstanbietendes Objekt betrachtet. Zu Modellierungszwecken werden diese Funktionen und Dienste durch die Verwendung der Konzepte 'Verhalten eines Objekts' und seiner 'Schnittstellen' (siehe Def. 4) spezifiziert. Ein Objekt kann mehr als eine Funktion erbringen, und eine Funktion kann durch Kooperation mehrerer Objekte erbracht werden.

Die Konzepte Dienst und Funktion werden hier informell verwendet. Ein Dienst ist eine Abstraktion von Verhalten, in der die von einem Diensterbringer angebotenen Garantien ausgedrückt werden. Der Ausdruck 'Gebrauch einer Funktion' ist eine Abkürzung für die Interaktion mit einem Objekt, das diese Funktion erbringt.

2. Umgebung eines Objekts:
Die Umgebung eines Objekts umfaßt den Teil des Modells, der nicht Bestandteil des Objekts ist. In vielen Spezifikationssprachen repräsentiert die Umgebung den Prozeß der Beobachtung (*Process of Observation*). Es kann davon ausgegangen werden, daß in der Umgebung mindestens ein Objekt für jede Interaktion enthalten ist, das sich uneingeschränkt an der Interaktion (siehe Def. 3) beteiligen kann.

3. Aktion:
Eine Aktion ist ein Prozeß oder ähnliches, das sich ereignet. Jede für Modellierungszwecke interessante Aktion ist mit mindestens einem Objekt assoziiert. Die Menge der mit einem Objekt assoziierten Aktionen wird in interne Aktionen (*Internal Actions*) und Interaktionen (*Interactions*) unterteilt. Eine interne Aktion ereignet sich, ohne daß die Umgebung sich daran beteiligt. Eine Interaktion ereignet sich unter Beteiligung der Umgebung.

'Aktion' bedeutet auch 'Ereignis der Aktion'. Abhängig vom Kontext kann eine Spezifikation zum Ausdruck bringen, daß sich eine Aktion ereignet hat, sich gerade ereignet oder ereignen kann. Die Granularität der Aktionen ist eine Entwurfsentscheidung. Das Ereignis einer Aktion kann eine zeitliche Ausdehnung aufweisen. Aktionen können sich zeitlich überlappen. Interaktionen können durch Begriffe der Ursache-/Wirkungsbeziehung zwischen den beteiligten Objekten gekennzeichnet werden. Konzepte, die dies unterstützen, enthält der Abschnitt Strukturierungskonzepte in Anhang B.

Ein Objekt kann mit sich selbst interagieren. Dabei spielt es in der Interaktion mindestens zwei Rollen und kann in diesem Zusammenhang als Teil seiner eigenen Umgebung betrachtet werden. Die Beteiligung einer Umgebung repräsentiert Beobachtbarkeit. Daher sind Interaktionen beobachtbar, hingegen sind interne Aktionen wegen der Objektkapselung für die Objektumgebung nicht beobachtbar.

4. Schnittstelle:
Eine Schnittstelle ist die Abstraktion eines Objektverhaltens, das aus einer Teilmenge der Interaktionen dieses Objekts zusammen mit einer Menge von Randbedingungen, unter denen sie sich ereignen können, besteht. Jede Interaktion eines Objekts gehört zu einer eindeutigen Schnittstelle. Somit bilden die Schnittstellen eines Objekts die Unterteilung der Interaktionen dieses Objekts. Eine Schnittstelle stellt den Teil eines Objektverhaltens dar, der durch ausschließliche Berücksichtigung der Interaktionen an dieser Schnittstelle und durch das Verbergen aller anderen Interaktionen resultiert. Die Bezeichnung 'eine Schnittstelle zwischen Objekten' wird verwendet, um auf das Binden zwischen den Schnittstellen der betroffenen Objekte zu verweisen.

5. Aktivität:
Ein gerichteter azyklischer Graph, mit einem (!) Ursprung (*Single-Headed*) von Aktionen, wobei das Ereignis einer jeden Aktion in diesem Graph durch die Ereignisse aller unmittelbar vorangegangenen Aktionen ermöglicht wird.

6. Verhalten eines Objekts:
Das Verhalten eines Objekts beschreibt eine Sammlung von Aktionen, mit einer Menge von Beschränkungen (*Constaints*), unter denen sich diese Aktionen ereignen können. Die verwendete Spezifikationssprache bestimmt die Art der Beschränkungen. Sequenzialität, Unbestimmtheit (*Non-Determinism*), Nebenläufigkeit (*Concurrency*) oder Echtzeit (*Real-Time*) sind Beispiele derartiger Beschränkungen. Ein Verhalten kann interne Aktionen einschließen. Die Aktionen sind durch die Umgebung, in der das Objekt lokalisiert ist, beschränkt.

7. Zustand eines Objekts:
Die Beschaffenheit eines Objekts zu einem bestimmten Zeitpunkt. Sie bestimmt die Menge aller Sequenzen von Aktionen, an denen sich das Objekt zu diesem Zeitpunkt beteiligen kann.

Änderungen des Zustands werden durch Aktionen verursacht. Deshalb ist ein Zustand teilweise durch die vorherigen Aktionen bestimmt, an denen sich das Objekt beteiligt hat. Der Zustand eines Objekts kann nicht direkt von der Umgebung verändert werden, da Objekte gekapselt sind, sondern nur indirekt als Ergebnis von Interaktionen, an denen sich das Objekt beteiligt.

8. Kommunikation:
Die Übertragung von Information zwischen zwei oder mehreren Objekten als Ergebnis von mindestens einer Interaktion, möglicherweise unter Beteiligung einiger dazwischenliegender Objekte.

Kommunikationsvorgänge können durch Begriffe der Ursache-/Wirkungsbeziehung zwischen den beteiligten Objekten gekennzeichnet werden. Konzepte, die dies unterstützen, werden in Anhang B unter Kausalität diskutiert. Jede Interaktion ist eine Instanz einer Kommunikation.

9. Ortsangabe (*Location in Space*):
Ein Intervall beliebiger Größe in einem Raum, in dem sich eine Aktion ereignen kann. Der räumliche Ort eines Objekts ist dabei die Vereinigung der räumlichen Orte der Aktionen, an denen sich das Objekt beteiligen kann.

10. Zeitangabe (*Location in Time*):
Ein Intervall beliebiger zeitlicher Größe, in dem sich eine Aktion ereignen kann.

Die Ausdehnung des Zeit- oder Ortsintervalls wird so gewählt, daß die Anforderungen aus einer bestimmten Spezifikationstätigkeit und den Merkmalen einer bestimmten Spezifikationssprache berücksichtigt werden. In einer bestimmten Spezifikation wird eine Orts- oder Zeitangabe relativ zu einem geeigneten Koordinatensystem definiert. Die Zeitangabe eines Objekts ist die Vereinigung der Zeitangaben der Aktionen, an denen sich das Objekt beteiligen kann.

11. Interaktionspunkt:
Ein Interaktionspunkt (*Interaction Point*) ist ein Ort, an dem sich eine Menge von Schnittstellen befindet.

Zu einem bestimmten Zeitpunkt ist ein Interaktionspunkt mit dem räumlichen Ort assoziiert, soweit es die Ausdrucksfähigkeit der verwendeten Spezifikationssprache erlaubt. Es können sich mehrere Interaktionspunkte mit gleicher Orts- oder Zeitangabe im System befinden. Ein Interaktionspunkt kann auch mobil sein.

A.4 Spezifikationskonzepte

Es stehen die nachfolgend beschriebenen Spezifikationskonzepte zur Verfügung,.

1. Zusammensetzung (*Composition*):
   a) **von Objekten**: Eine Kombination von zwei oder mehreren Objekten, die ein neues Objekt ergeben. Die Eigenschaften des neuen Objekts werden durch die kombinierten Objekte selbst und die Art ihrer Kombination bestimmt. Das Verhalten eines zusammengesetzten Objekts ist durch die Komponentenobjektverhalten der korrespondierenden Zusammensetzung bestimmt.
   b) **von Verhalten**: Eine Kombination von mindestens zwei Verhalten, die ein neues Verhalten ergeben. Die Eigenschaften des resultierenden Verhaltens werden durch die kombinierten Verhalten selbst und die Art ihrer Kombination bestimmt.

Diese allgemeine Definition wird immer mit einer bestimmten Absicht benutzt, und dabei wird eine bestimmte Bedeutung der Kombination identifiziert. *Sequential Composition, Concurrent Composition, Interleaving, Choice* und *Hiding* oder *Concealment of Actions* sind Beispiele für verschiedene Kombinationen. In manchen Fällen kann das Zusammenfügen von Verhalten zu einem 'degenerierten' Verhalten führen, z.B. zu einem *Deadlock* als Folge der Einschränkungen und Erfordernisse der ursprünglichen Verhalten.

2. Zusammengesetzes Objekt:
Ein Objekt, das als Zusammensetzung eine Komposition ausdrückt. Dieses Konzept berücksichtigt die Erfahrung, daß oft aus einfachen, bereits vorhandenen Elementen ein gewünschtes, komplizierteres Objekt konstruiert werden kann.

3. Zerlegung (*Decomposition*):
In Analogie zur Zusammensetzung wird auch die Zerlegung auf Objekte und Verhalten angewendet. Dieses Konzept resultiert daraus, daß ein Objekt oder ein Verhalten oft derart komplex ist, daß es nur durch geeignete Zerlegung in handhabbare Teilprobleme zerlegt werden kann. Komposition und Zerlegung sind duale Begriffe und duale Spezifikationsaktivitäten.

4. Verhaltenskompatibilität:
Ein Objekt ist bezüglich seines Verhaltens kompatibel zu einem zweiten Objekt, wenn das erste Objekt durch das zweite ersetzt werden kann, ohne daß für die Umgebung ein Unterschied im Objektverhalten wahrgenommen wird.

Typischerweise schränken Kriterien das erlaubte Verhalten der Umgebung ein. Wenn die Kriterien derart sind, daß die Umgebung sich für das Originalobjekt wie ein Tester verhält, dann wird die resultierende Verhaltenskompatibilitätsrelation als Erweiterung (*Extension*) bezeichnet.

Verhaltenskompatibilität ist reflexiv, aber nicht notwendigerweise symmetrisch oder transitiv. Verhaltenskompatibilität für Objekte gilt gleichermaßen für Schablonen und Schablonentypen. Kompatibilität kann dafür definiert werden, so daß gilt:

a) sind S und T Objektschablonen, so ist S verhaltenskompatibel zu T genau dann, wenn jede S-Instanziierung verhaltenskompatibel zu T-Instanziierungen ist,

b) wenn U und V Objektschablonentypen sind, so werden U und V verhaltenskompatibel genannt, wenn ihre entsprechenden Schablonen verhaltenskompatibel sind.

5. Verfeinerung:
Der Prozeß der Transformation einer Spezifikation in eine detailliertere Spezifikation. Die neue Spezifikation kann als Verfeinerung (*Refinement)* der ursprünglichen bezeichnet werden. Spezifikationen und ihre Verfeinerungen koexistieren typischerweise nicht in der gleichen Systembeschreibung. Was genau eine detailliertere Spezifikation bedeutet, ist abhängig von der verwendeten Spezifikationssprache.

Für jede Bedeutung der durch eine Menge von Kriterien bestimmten Verhaltenskompatibilität erlaubt eine Spezifikationstechnik die Definition einer Verfeinerungsrelation (*Refinement Relationship*). Verfeinerungsrelationen sind nicht notwendigerweise symmetrisch oder transitiv.

6. Spur (*Trace*):
Ein Protokoll der Interaktionen eines Objekts, vom initialen bis zu einem anderen Zustand. Eine Aufzeichnung über das Verhalten eines Objekts ist somit eine endliche Sequenz von Interaktionen. Das Verhalten bestimmt eindeutig die Menge aller möglichen Spuren, was jedoch umgekehrt nicht gilt. Eine Spur beinhaltet kein Protokoll der internen Aktionen des Objekts.

Für die folgenden Definitionen kann eine Anwendung des Begriffs stets auf
  • ein Objekt,
  • eine Schnittstelle und
  • eine Aktion
bezogen werden. Diese drei Begriffe werden verallgemeinert mit <X> bezeichnet.

7. <X>-Typ (*Type of an <X>*):
Ein Prädikat, das eine Sammlung von <X>-en kennzeichnet. Ein <X> ist von dem
Typ oder erfüllt den Typ, wenn das Prädikat dafür eingehalten wird. In einer Spezifikation wird festgelegt, welchem der verwendeten Begriffe ein Typ zugeordnet ist,
d.h. welche Begriffe <X>-e sind. Im ODP-RM werden Typen mindestens für Objekte, Schnittstellen und Aktionen benötigt. Der Begriff 'Typ' klassifiziert die *Entities*
in Kategorien, von denen einige für den Spezifizierer von Interesse sein können
(siehe Def. 8, Klassenkonzept).

8. <X>-Klasse (*Class of <X>s*):
Die Menge aller <X>-e, die einen Typ (siehe Def. 7) erfüllen. Die Elemente der Menge werden als Mitglieder der Klasse (*Member of the Class*) bezeichnet. Eine Klasse
kann auch keine Mitglieder haben, d.h., eine leere Menge sein. Ob die Anzahl der
Mengenelemente sich mit der Zeit ändert, hängt von der Definition des Typs ab.

9. untergeordneter/übergeordneter Typ (*Sub-/Supertype*):
Ein Typ A ist ein untergeordneter Typ des Typs B, und B ist ein übergeordneter
Typ von A, wenn jedes <X>, das A erfüllt, auch B erfüllt. Die *Subtype-* und
Supertype-Relationen sind reflexiv, transitiv und antisymmerisch.

10. unter-/übergeordnete Klasse (*Sub-/Superclass*):
Eine Klasse ist eine untergeordnete Klasse einer anderen, und diese ist eine übergeordnete Klasse der ersten, genau dann, wenn der mit der untergeordneten Klasse assoziierte Typ ein untergeordneter Typ des anderen assoziierten Typs ist.

11. <X>-Schablone (*<X> Template*):
Die hinreichend detaillierte Spezifikation der allgemeinen Merkmale (*Common Fea-
tures*) der Sammlung der <X>-e, so daß ein <X> mit ihr instanziiert werden kann.
Eine <X>-Schablone ist eine Abstraktion einer Sammlung von <X>-en.

Diese Definition ist generisch. Die genaue Form einer Schablone ist abhängig von
der verwendeten Spezifikationstechnik. Die Typen der Parameter (sofern anwendbar) sind ebenfalls von der verwendeten Spezifikationstechnik abhängig. Schablonen können unter Berücksichtigung eines bestimmten Kalküls kombiniert werden.
Die genaue Form der Schablonenkombination ist von der verwendeten Spezifikationssprache abhängig.

12. Schnittstellensignatur (*Interface Signature*):
Die mit den Interaktionen an einer Schnittstelle assoziierte Aktionsschablone. Ein
Objekt kann dabei mehrere Schnittstellen mit der gleichen Signatur aufweisen.

13. Instanziierung einer <X>-Schablone (*Instantiation of an <X> Template*):
Ein mit einer bestimmten <X>-Schablone erzeugtes <X> und weitere Informationen,
beispielsweise Werte, die bei der Instanziierung benötigt werden. Dieses <X> weist

die in der Schablone spezifizierten Merkmale auf. Diese Definition ist ebenfalls generisch. Wie eine <X>-Schablone instanziiert wird, ist abhängig von der verwendeten Spezifikationssprache. Die Instanziierung einer <X>-Schablone kann mit der Aktualisierung von Parametern verbunden sein, dies wiederum kann die Instanziierung anderer <X>-Schablonen u.a. erfordern.

Das Ergebnis der Instanziierung einer Aktionsschablone ist lediglich das Ereignis einer Aktion. Die Bezeichnung 'Instanziierung einer Aktionsschablone' sollte nicht verwendet werden. 'Ereignis einer Aktion' wird anstelle dessen bevorzugt. Wenn <X> ein Objekt ist, wird es in seinem initialen Zustand instanziiert. Ein Objekt kann sich unmittelbar nach der Instanziierung an Interaktionen beteiligen. Instanziierungen aus unterschiedlichen Schablonen können dem gleichen Typ genügen, Instanziierungen aus der gleichen Schablone können unterschiedliche Typen erfüllen.

14. Rolle:
Eine Rolle ist ein Bezeichner für Verhalten, der als Parameter in einer Schablone für ein zusammengesetztes Objekt in Erscheinung treten kann und mit einem der Komponentenobjekte des zusammengesetzten Objekts assoziiert ist.

15. Erzeugung eines <X> (*Creation of an <X>*):
Instanziierung eines <X>, diese wird durch eine Aktion von Objekten erzielt, die Bestandteil des Modells ist. <X> kann alles sein, was instanziiert werden kann, insbesondere Objekte und Schnittstellen.

Wenn <X> eine Schnittstelle ist, so wird diese entweder als Teil der Generierung eines bestimmten Objekts erzeugt oder als eine zusätzliche Schnittstelle an dem erzeugenden Objekt entstehen. Daraus folgt, daß jede gegebene Schnittstelle Bestandteil eines Objekts sein muß. Erzeugung und Vernichtung einer Aktion sind nicht sinnvoll; eine Aktion ereignet sich lediglich.

16. Einführung eines <X> (*Introduction of an <X>*):
Instanziierung eines <X>, diese wird nicht durch eine Aktion von Objekten erzielt, die Bestandteil des Modells ist. Ein <X> wird entweder durch Erzeugung (siehe Def. 15, Erzeugung eines <X>) oder durch Einführung instanziiert, nicht jedoch durch beides. Einführung wird nicht auf Schnittstellen und Aktionen angewendet, da diese bereits durch das ODP-Objektkonzept unterstützt werden.

17. Löschen eines <X> (*Deletion of an <X>*):
Die Aktion des Löschens bzw. der Zerstörung eines instanziierten <X>. <X> kann alles sein, was instanziiert werden kann, insbesondere Objekte und Schnittstellen, im letzten Fall kann diese nur von dem Objekt gelöscht werden, mit dem es assoziiert ist. Die Vernichtung einer Aktion ergibt keinen Sinn, eine Aktion ereignet sich lediglich.

18. Instanz eines Typs:
Ein <X>, das den Typ erfüllt.

19. <X>-Schablonentyp (*Template Type of a <X>*):
Die Relation der *Object Template Subtype/Supertype Relation* (Relation des unter/übergeordneten Objektschablonentyps) deckt sich nicht notwendigerweise mit

der Verhaltenskompatibilität. Instanzen einer bestimmten Objektschablone müssen nicht verhaltenskompatibel mit Instanziierungen der assoziierten Schablone sein. Sie stimmen überein, wenn

- es sich um eine transitive Verhaltenskompatibilitätsrelation handelt und
- Schablonen-*Subtypes* verhaltenskompatibel mit ihren *Supertypes* sind.

Dieses Konzept reflektiert die Vorstellung der Substituierbarkeit beim Design. Die Form des Prädikats, das den Schablonentyp bezeichnet, hängt von der verwendeten Spezifikationssprache ab. "Instanzen einer Schablone T" ist als Kurzschreibweise für "Instanzen eines mit der Schablone T assoziierten Schablonentyps" definiert.

Die Menge der Instanzen von T beinhaltet sowohl die Menge der Instanziierungen von T als auch die Mengen aller Instanziierungen der dem Typ T untergeordneten Typen. Instanziierungen unterschiedlicher Schablonen sind immer disjunkt.

20. <X>-Schablonenklasse (*Template Class of a <X>*):
Die Menge aller <X>, die einen <X>-Schablonentyp erfüllen, d.h. die Menge von <X>-en, die Instanzen des <X>-Schablonentyps sind. Jede Schablone definiert eine einzelne Schablonenklasse, so daß es möglich ist, durch Instanzen der Schablonenklasse auf Instanzen einer Schablone zu verweisen.

Der Begriff der Klasse wird zum Verweisen auf die generelle Klassifikation der <X>e verwendet. Eine Schablonenklasse ist ein restriktiverer Begriff, bei dem die Mitglieder der Schablonenklasse auf die aus der Schablone (oder jeder ihrer *Subtypes*) instanziierten begrenzt sind, d.h. auf die <X>-e, die den <X>-Schablonentyp erfüllen. Die *Subclass*-Relation kann so angesehen werden, daß sie zu einer *Preorder*-Relation (Reihenfolge, eine reflexive und transitive Relation) in einer Sammlung von Schablonen führt.

21. Abgeleitete Klasse/Basisklasse:
Wenn eine Schablone A eine inkrementelle Veränderung einer Schablone B ist, dann ist die Schablonenklasse CA der Instanzen A eine aus der Schablonenklasse CB der Instanzen B abgeleitete Klasse (*Derived Class*) und die Klasse CB ist die Basisklasse (*Base Class*) von CA.

Die Kriterien, eine beliebige Änderung als inkrementelle Veränderung zu betrachten, sind abhängig von Metriken und Konventionen außerhalb des RM-ODP. Wenn die Kriterien es erlauben, kann eine abgeleitete Klasse mehrere Basisklassen haben. Um die abgeleitete Schablone zu erhalten, führt die inkrementelle Veränderung im allgemeinen zu Ergänzungen oder Änderungen der Merkmale der Basisschablone.

Klassen können, den Beziehungen der abgeleiteten Klassen/Basisklassen entsprechend in einer *Inheritance Hierarchy* (Vererbungshierarchie) angeordnet werden. Wenn Klassen mehrere Basisklassen haben, wird dies *Multiple Inheritance* (Mehrfachvererbung) genannt. Wenn die Kriterien die Unterdrückung von Merkmalen der Basisklasse verbieten, nennt man dies *Strict Inheritance* (strenge Vererbung).

22. Invarianz:
Ein Prädikat in einer Spezifikation, das für die gesamte Lebensdauer einer Menge von Objekten erfüllt sein muß.

23. Vorbedingung:
Eine Vorbedingung (*Precondition*) ist ein Prädikat in einer Spezifikation, das erfüllt sein muß, damit sich eine Aktion ereignen kann.

24. Nachbedingung:
Eine Nachbedingung (*Postcondition*) ist ein Prädikat in einer Spezifikation, das unmittelbar nach dem Ereignen einer Aktion erfüllt sein muß.

ANHANG B:

STRUKTURIERUNGSKONZEPTE

In diesem Anhang werden die Strukturierungskonzepte der ODP-Grundlagen vorgestellt, insbesondere werden die in Abschnitt 4.3 beschriebenen fünf Klassen betrachtet.

B.1 Organisatorische Konzepte

1. <X>-Gruppe:
Eine Menge von Objekten mit einer speziellen charakterisierenden Beziehung <X>.
Die Beziehung <X> charakterisiert entweder die strukturelle Beziehung zwischen
den Objekten oder ein erwartetes, allen Objekten gemeisames Verhalten. Beispiele
für spezielle Gruppen sind:

- Adressierte Gruppe: Menge von Objekten, die gleichartig adressiert werden.
- Fehlergruppe: Menge von Objekten, die gemeinsame Fehlerabhängigkeiten auf-
  weisen, beispielsweise bei einem Computer alle darauf ausgeführten Objekte.
- Kommunikationsgruppe: Eine Menge von Objekten, von denen sich alle Objek-
  te an der gleichen Interaktionssequenz mit ihrer Umgebung beteiligen.
- Fehlertolerante Replikationsgruppe: Eine Kommunikationsgruppe, die durch
  Replikation Vorsorge gegen bestimmte Fehler trifft.

2. Konfiguration von Objekten:
Eine Sammlung von Objekten, die an Schnittstellen interagieren können. Eine Konfiguration bestimmt die Menge der Objekte, die für jede Interaktion erforderlich ist.

Die Spezifikation einer Konfiguration kann statisch sein, oder sie kann durch Me-
chanismen wie *Binding* und *Unbinding* (siehe Abschnitt B.4) eine dynamische
Konfiguration festlegen. Eine Konfiguration kann in Begriffen einer nebenläufigen
Zusammensetzung (*Concurrent Composition*) beschrieben werden. Der Prozeß der
Komposition erzeugt ein für die Konfiguration gleichwertiges Objekt auf einer an-
deren Abstraktionsebene.

3. <X>-Bereich (*<X>-Domain*):
Eine Menge von Objekten, von denen jedes durch eine charakterisierende Beziehung zu einem Koordinationsobjekt (*Controlling Object*) gekennzeichnet ist.

Zu jeder Domäne gehört ein mit ihr assoziiertes Koordinationsobjekt. Durch das Koordinationsobjekt kann die gesamte Domäne in Begriffen des Unternehmens mit verschiedenen Strategien (*Policies*) administriert werden. Domänen können disjunkt oder überlappend sein. Eine Domäne ist per Definition eine Gruppe, aber nicht umgekehrt. Beispiele für spezielle Domänen sind:

Domäne	Klassenmitglieder	Beziehung	Klasse
Sicherheits-domäne	verarbeitende Objekte	Strategiefest-legung durch	Sicherheits-autoritätsobjekt
Management-domäne	verwaltetes Objekt	Strategiefest-legung durch	Managementdo-mänenobjekt
Adressierungs-domäne	adressiertes Objekt	Adresse, zugewiesen durch	Adressierungs-autoritätsobjekt
Namens-domäne	benanntes Objekt	Name, zugewiesen durch	Namensautoritäts-objekt

4. Untergeordnete Domäne (*Subdomain*):
Eine Domäne, die eine Teilmenge einer gegebenen anderen Domäne ist.

5. Epoche:
Eine Zeitspanne, in der ein Objekt ein bestimmtes Verhalten zeigt. Jedes Objekt befindet sich zu einer bestimmten Zeit in einer einzelnen Epoche, jedoch können interagierende Objekte sich zum Zeitpunkt der Interaktion in unterschiedlichen Epochen befinden.

Eine Änderung der Epoche kann mit einer Änderung des Objekttyps assoziiert sein, so daß Typevolution unterstützt wird. Alternativ kann eine Änderung der Epoche mit einer Phase assoziiert sein, in der das Verhalten des Objekts einen konstanten Typ aufweist. Damit ein Verteiltes System korrekt funktioniert, muß die Konfiguration der Objekte konsistent sein. Eine Spezifikationssprache sollte folgendes ausdrücken können:

- die Art und Weise, wie Epochen bezeichnet werden,
- die Sequenz der Epochen und ob alle Objekte jede Epoche der Sequenz durchlaufen müssen,
- die Regeln, um aus den Epochen der Objekte einer Komposition die Epoche der Komposition abzuleiten,
- ob die Identität der Epoche Teil des Objektzustandes ist,
- ob Objekte auf der Basis ihrer gegenwärtigen Epochenidentität Verhandlungen führen können,
- die Relation zwischen Epoche und den Konzepten lokaler und globaler Zeit.

6. Referenzpunkte:
Ein für die Auswahl als ein Konformitätspunkt definierter Interaktionspunkt in einer Spezifikation, die mit der Architektur in Übereinstimmung (*compliant*) ist. Signifikante Referenzpunktklassen (*Classes of Reference Points*) sind in ODP identifi-

ziert; Einzelheiten und die Relationen zwischen Modellierung und Konformität sind in Abschnitt 4.4 beschrieben.

7. Konformitätspunkt:
Ein Referenzpunkt, an dem zum Zwecke der Konformitätsprüfung Verhalten beobachtet werden kann.

B.2 System- und Objekteigenschaften

Dieser Abschnitt beschreibt die Eigenschaften, die sich auf ein ODP-System oder einen Teil eines solchen Systems beziehen können.

1. Transparenz:
Transparenz ist die Eigenschaft, vor einem bestimmten Benutzer das potentielle Verhalten gewisser Teile eines Verteilten Systems zu verbergen.

2. Vertrag:
Eine Vereinbarung, die das kollektive Verhalten einer Menge von Objekten regelt. Ein Vertrag legt Verpflichtungen, Berechtigungen und Verbote für die beteiligten Objekte fest.

Die Spezifikation eines Vertrages kann folgendes beinhalten:

- eine Spezifikation der Rollen, die von relevanten Objekten vorausgesetzt werden können, und die Schnittstellen, die mit den Rollen assoziiert sind,
- *'Quality of Service'*-Attribute (s.u.),
- Hinweise auf die Gültigkeitsdauer oder Perioden,
- Hinweise auf Verhalten, das gegen den Vertrag verstößt,
- *Liveness*- und *Safety*-Bedingungen.

Objekte müssen in einem Vertrag nicht hierarchisch verknüpft, sondern können auch auf *Peer-to-Peer*-Basis verbunden sein. Die Anforderungen im Vertrag müssen nicht notwendigerweise auf die gleiche Art für alle betroffenen Objekte gelten.

Eine Objektschablone stellt ein einfaches Beispiel eines Vertrages dar. Sie spezifiziert das Verhalten, das einer Sammlung von Objekten gemeinsam ist, und was die Umgebung eines jeden Objekts dieser Sammlung über ihr Verhalten voraussetzen kann.

3. Dienstgüte oder -qualität (*Quality of Service*):
Eine Menge von Qualitätsanforderungen an das Verhalten von einem Objekt oder das kollektive Verhalten von mehreren Objekten. Dienstgüte kann in einem Vertrag spezifiziert werden oder nach einem Ereignis bewertet und berichtet werden. Dienstgüte kann ferner parametrisiert sein.

Dienstgüte betrifft Charakteristiken wie beispielsweise die Durchsatzrate der Informationsübertragung, Verzögerungszeiten, die Wahrscheinlichkeit einer Kommunikationsunterbrechung, die Wahrscheinlichkeit eines Systemausfalls oder die Wahrscheinlichkeit eines Speicherausfalls.

4. Umgebungsvertrag (*Environment Contract*):
Ein Vertrag zwischen einem Objekt und seiner Umgebung, der Einschränkungen in der Dienstqualität sowie Erfordernisse und Einschränkungen der Nutzung und des Managements des Dienstes beinhaltet. Einschränkungen in der Dienstqualität beinhalten zeitliche Aspekte (z.B. Deadlines), volumenorientierte Größen (z.B. Durchsatz), Verläßlichkeitsrestriktionen, die Aspekte von Zuverlässigkeit, Verfügbarkeit, Wartbarkeit und Sicherheit. Benutzungs- und Managementvereinbarungen beinhalten Ortsangaben (d.h. Aussagen über das Wo und Wann) sowie Verteilungstransparenzen. Einschränkungen in der Dienstqualität können im Zusammenhang mit Benutzungs- und Managementvereinbarungen stehen. So können beispielsweise einige Einschränkungen in der Dienstqualität (z.B. eingeschränkte Verfügbarkeit) durch Bereitstellung von Verteilungstransparenzen (z.B. Replikation) ausgeglichen werden. Die Randbedingungen der Umgebung beinhalten sowohl die Anforderungen an eine Objektumgebung für das korrekte Verhalten des Objekts, als auch die Einschränkungen für das Objektverhalten in einer korrekten Umgebung.

5. Verpflichtung:
Unter einer Verpflichtung (*Obligation*) versteht man eine Vorschrift, die besagt, daß ein bestimmtes Verhalten erforderlich ist.

6. Berechtigung:
Unter einer Berechtigung (*Permission*) versteht man eine Vorschrift, die besagt, daß sich ein bestimmtes Verhalten ereignen darf. Eine Berechtigung ist gleichbedeutend mit dem Nichtvorhandensein von Verpflichtungen dafür, daß sich das Verhalten nicht ereignen darf.

7. Verbot:
Ein Verbot (*Prohibition*) ist eine Vorschrift, die besagt, daß sich ein bestimmtes Verhalten nicht ereignen darf. Ein Verbot ist gleichbedeutend mit dem Vorhandensein von Verpflichtungen, die besagen, daß sich das Verhalten nicht ereignet.

8. Strategie[2] (*Policy*):
Eine Menge von Regeln, die sich auf einen bestimmten Zweck beziehen. Eine Regel kann als eine Verpflichtung, eine Berechtigung oder ein Verbot ausgedrückt werden. Nicht jede Strategie definiert ein Erfordernis. Einige Strategien repräsentieren eine Vollmacht oder Ermächtigung.

9. Wirkungsdauer:
Unter der Wirkungsdauer (*Persistence*) versteht man die Eigenschaft, daß die Existenz eines Objekts über Änderungen eines verträgsmäßigen Kontextes oder über Epochen hinweg fortbesteht.

---

[2] In den meisten Fällen ist mit *Policy* die Strategie gemeint. Je nach Kontext wird manchmal *Policy* auch für die Politik im Sinne einer Zielbeschreibung verwendet, oder *Policy* im Sinne einer allgemeinen Vorschrift benutzt.

10. Isochronität:
Unter Isochronität (*Isochrony*) versteht man eine Sequenz von Aktionen, bei der jedes benachbarte Paar von Aktionen eindeutige, gleichgroße, benachbarte Zeitintervalle aufweist.

B.3 Namenskonzepte

1. Name:
Ein Name ist ein Term, der sich in einem bestimmten Namenskontext auf einen Betrachtungsgegenstand bezieht.

2. Bezeichner:
Ein Bezeichner (*Identifier*) ist ein eindeutiger Name, der in einem bestimmten Kontext verwendet wird.

3. Namensraum:
Ein Namensraum (*Name Space*) ist eine Menge von Termen, die als Namen verwendet werden können.

4. Namenskontext:
Ein Namenskontext ist eine Relation zwischen einer Menge von Namen und einer Menge von Entitäten. Die Menge von Namen gehört zu einem einzelnen Namensraum.

5. Benennungsaktion:
Eine Benennungsaktion (*Naming Action*) ist eine Aktion, die einen Term aus dem Namensraum mit einer bestimmten Entität assoziiert. Alle Benennungsaktionen sind relativ zu einem Namenskontext.

6. Namensdomäne:
Eine Namensdomäne (*Naming Domain*) umfaßt eine Teilmenge eines Namenskontextes, für den alle Benennungsaktionen von dem Koordinationsobjekt der Domäne (dem *Name Authority Object*) ausgeführt werden. Eine Namensdomäne ist eine Instanz des <X>-Domänenkonzeptes (s.o.).

7. Namensgraph:
Unter einem Namensgraph (*Naming Graph*) versteht man einen gerichteten Graphen, an dem jeder Knoten einen Namenskontext kennzeichnet, und an dem jede Kante eine Assoziation zwischen einem Namen, der in dem Ausgangsnamenskontext vorkommt, und dem Zielnamenskontext kennzeichnet.

Die Existenz einer Kante zwischen zwei Namenskontexten bedeutet dabei, daß der Zielnamenskontext von dem Ausgangsnamenskontext aus erreicht werden kann.

8. Namensresolution:
Unter der Namensresolution (*Name Resolution*) versteht man den Prozeß, durch den bei gegebenem initialen Namen und einem initialen Namenskontext eine Assoziation zwischen diesem Namen und dem bezeichneten Betrachtungsgegenstand gefunden werden kann.

Der Prozeß der Namensresolution stellt nicht notwendigerweise hinreichende, zu Interaktionen mit der bezeichneten Entität notwendige Informationen zur Verfügung.

B.4 Verhaltenskonzepte

I. Aktivitätsstruktur

1. Aktionskette:
Eine Aktionskette (*Chain of Actions*) ist eine Sequenz von Aktionen, bei der für jedes benachbarte Paar von Aktionen die erste Aktion Vorbedingung für die zweite ist.

2. Ausführungsverlauf *(Thread)*:
Ein Ausführungsverlauf ist eine Aktionskette, in der mindestens ein Objekt an jeder Aktion der Kette beteiligt ist. Dabei können mehrere *Threads* gleichzeitig mit einem Objekt assoziiert sein.

3. Vereinigungsaktion:
Eine Vereinigungsaktion (*Joining Action*) ist eine Aktion, an der sich zwei oder mehrere Ketten beteiligen und die eine einzelne Kette zur Folge hat.

4. Aufteilungsaktion:
Eine Aufteilungsaktion (*Dividing Action*) ist eine Aktion, die mindestens zwei Ketten beinhaltet. In Abhängigkeit davon, ob es für die entstandenen Ketten erforderlich ist, sich wieder zu vereinigen, werden zwei Arten von Aufteilungsaktionen unterschieden (siehe Def. 5 und 6).

5. F-Aufteilungsaktion (*Forking Action*):
Eine Aufteilungsaktion, bei der sich die entstandenen Ketten wieder vereinigen müssen, d.h. die Ketten können sich nicht mit anderen Ketten vereinigen und nicht unabhängig voneinander terminieren.

6. S-Aufteilungsaktion (*Spawn Action*):
Eine Aufteilungsaktion, bei der sich die entstandenen Ketten nicht wieder vereinigen. Die Ketten können interagieren und unabhängig voneinander terminieren.

7. Ursprungsaktion:
Eine Ursprungsaktion (*Head Action*) ist eine Aktion in einer bestimmten Aktivität, die keinen Vorgänger hat.

8. Teilaktivität:
Eine Teilaktivität (*Subactivity*) wird durch einen Teilgraphen einer Aktivität beschrieben, der selbst eine Aktivität ist und die folgenden Bedingungen erfüllt: Für jedes Paar von Fork-Join-Aktionen in der Basisaktivität muß der Teilgraph bei Enthalten einer Aktion auch die andere beinhalten.

II. Vertragsmäßiges Verhalten

Die Konzepte dieses Abschnitts sind in Abbildung B.1 dargestellt. Die dabei verwendeten Begriffe verschiedener Verhalten, Perioden und Liaison werden im folgenden detailliert beschrieben.

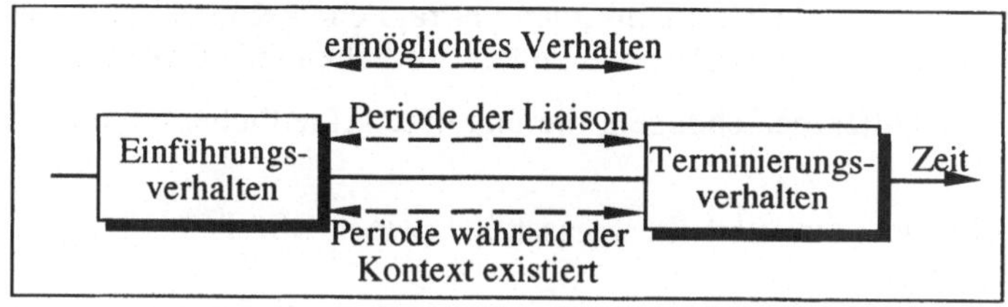

Abb. B.1: Liaison und verwandte Konzepte

1. **Einführungsverhalten:**
   Unter dem Gründungs- oder Einführungsverhalten (*Establishing Behaviour*) versteht man das Verhalten, durch das ein bestimmter Vertrag zwischen Objekten geschlossen wird. Ein Einführungsverhalten kann folgende Ausprägungen annehmen:

   a) explizit: als Resultat der Interaktionen von Objekten, für die der Vertrag Anwendung findet; oder
   b) implizit: in dem es von einer externen *Agency* (z.B. einem *Third-Party*-Objekt, das nicht Vertragspartner ist) oder bereits in einer früheren Epoche durchgeführt worden ist.

   Verhandlung (*Negotiation*) ist ein Beispiel für eine bestimmte Art von Einführungsverhalten, bei dem Informationen ausgetauscht werden, um in dem Prozeß über das erlaubte Verhalten Einvernehmen zu erzielen. Explizites Einführungsverhalten beinhaltet eine Instanziierung der mit dem Vertrag assoziierten Schablone. Dies kann im Anschluß an eine mögliche Verhandlung darüber erfolgen, welcher Vertrag geschlossen und welche Schablone mit welchen Parametern instanziiert werden soll.

2. **Ermöglichtes Verhalten:**
   Ermöglichtes Verhalten (*Enabled Behaviour*) beschreibt Verhalten, das eine Menge von Objekten charakterisiert, die das Ergebnis eines Einführungsverhaltens sind. Ermöglichtes Verhalten ist nicht notwendigerweise für alle Objekte das gleiche.

3. **Vertraglicher Kontext:**
   Ein vertraglicher Kontext (*Contractual Context*) beschreibt das Wissen darüber, daß ein bestimmter Vertrag in Kraft getreten ist und somit, daß ein bestimmtes Verhalten einer Menge von Objekten erforderlich ist.

   Ein Objekt kann sich gleichzeitig in mehreren vertraglichen Kontexten befinden; das Verhalten ist auf die Schnittmenge des durch jeden vertraglichen Kontext vorgeschriebenen Verhaltens beschränkt. In OSI ist das Konzept des *Presentation Context* ein Beispiel eines vertraglichen Kontextes, der zum Zeitpunkt des Verbindungsaufbaus oder danach etabliert werden kann.

4. Objektbeziehung:
Die Objektbeziehung (*Liaison*) beschreibt die Beziehung zwischen einer Menge von Objekten, die aus der Durchführung eines Einführungsverhaltens resultiert, bzw. den Zustand, einen gemeinsamen vertraglichen Kontext zu haben. Diese Beziehung wird durch das korrespondierende Verhalten charakterisiert.

Beispiele für Objektbeziehungen, die aus unterschiedlichen Verhalten resultieren, sind:

- ein Dialog oder eine verteilte Transaktion (wie in OSI-TP[3]),
- ein Binding,
- eine *(N)*-Verbindung oder Assoziation zwischen *(N)*-Entitäten, die es ermöglicht, sich an *(N)*-verbindungsloser Kommunikation zu beteiligen (wie in OSI),
- eine Beziehung zwischen Dateien/Prozessen, die auf diese Dateien zugreifen.

Bestimmte Verhalten können von der Bildung mehrerer Objektbeziehungen abhängig sein. Zum Beispiel kann eine verteilte Transaktion sowohl von der Objektbeziehung zwischen den Transaktionsnutzern als auch von den unterstützenden Assoziationen abhängig sein.

Die Objektbeziehung zwischen den Transaktionsnutzern kann fortbestehen, jedoch inaktiv sein, wenn die Assoziation unterbrochen ist. Zwischen dem vertraglichen Kontext sowie der vertraglichen Verpflichtungsakzeptierung der Spezifikation und des ermöglichten Verhaltens besteht eine Dualität.

5. Terminierungsverhalten:
Terminierungsverhalten (*Terminating Behaviour*) beschreibt Verhalten, das eine Objektbeziehung abbricht und das den korrespondierenden vertraglichen Kontext sowie den korrespondierenden Vertrag für unverbindlich erklärt. Wenn das Einführungsverhalten explizit war, muß auch ein Terminierungsverhalten explizit in dem Vertrag als solches ausgewiesen sein.

III. Kausalität

Die Kennzeichnung von Kausalität erlaubt die Kategorisierung der Rollen interagierender Objekte. Kausalität impliziert ein Erfordernis (*Constraint*) für jedes Verhalten der beteiligten Objekte während ihrer Interaktionen.

1. Initiierendes Objekt:
Ein initiierendes Objekt (*Initiating Object with respect to a communication*) ist ein Objekt, das eine Kommunikation veranlaßt. Die Kennzeichnung eines initiierenden Objekts führt zu einer Interpretation als Kommunikationsabsicht.

---

[3] Transaction Processing, Dienstelement der OSI-Anwendungsschicht

2. Antwortendes Objekt:
Ein antwortendes Objekt (*Responding Object with respect to a communication*) ist ein Objekt, das an der Kommunikation beteiligt, nicht jedoch initiierendes Objekt ist.

3. Produzierendes Objekt:
Ein produzierendes Objekt (*Producer Object with respect to communication*) ist ein Objekt, das die Quelle der übermittelten Information ist. Der Gebrauch dieses Terms impliziert keinerlei spezielle Kommunikationsmechanismen.

4. Konsumierendes Objekt:
Ein konsumierendes Objekt (*Consumer Object with respect to communication*) ist ein Objekt, das die Senke einer übermittelten Information ist. Auch der Gebrauch dieses Terms impliziert keinerlei spezielle Kommunikationsmechanismen.

5. Dienstnutzer:
Ein Dienstnutzer (*Client*) ist ein Objekt, das die Erbringung einer Funktion durch ein anderes Objekt anfordert.

6. Diensterbringer:
Ein Diensterbringer (*Server*) ist ein Objekt, das im Auftrag eines Clients eine Funktion erbringt. Es können zwischen einem Objekt und unterschiedlichen Kompositionen der Objekte, mit denen es kommuniziert, Client/Server-Beziehungen unterschiedlicher Art (oder Abstraktionsebenen) existieren. Informell gesprochen erbringt ein Server einen von einem Client angeforderten Dienst.

IV. Einführungsverhalten

1. Bindeverhalten:
Unter dem Bindeverhalten (*Binding Behaviour*) versteht man ein Einführungsverhalten zwischen mindestens zwei Schnittstellen - und folglich ihren Objekten. 'Binden' heißt in diesem Zusammenhang 'ein Bindeverhalten ausführen'.

2. Bindung:
Eine Bindung (*Binding*) ist ein vertraglicher Kontext, der aus einem bestimmten Einführungsverhalten resultiert. Einführungsverhalten, vertraglicher Kontext und ermöglichtes Verhalten betreffen mindestens zwei Objektschnittstellen. Ein Objekt, das ein Einführungsverhalten initiiert, kann sich an dem nachfolgend ermöglichten Verhalten beteiligen.

3. Bindevorbedingung:
Eine Bindevorbedingung (*Binding Precondition*) umfaßt eine Menge von Voraussetzungen, deren Erfüllung für die erfolgreiche Ausführung eines Bindeverhaltens erforderlich ist. Die Objekte, die das Bindeverhalten ausführen, müssen Bezeichner für alle an dem Bindeverhalten beteiligten Schnittstellen besitzen. Es kann zusätzliche Vorbedingungen geben.

4. Auflösungsverhalten:
Auflösungsverhalten (*Unbinding Behaviour*) beschreibt ein Verhalten, das eine Bindung auflöst, d.h. sie beendet.

5. Vermittlung (*Trading*):
Unter der Vermittlung oder dem Trading versteht man die Interaktion zwischen Objekten, bei der Informationen über neue oder potentielle Verträge über Dritt-Objekte ausgetauscht werden. Diese Vermittlung betrifft:

a) Exportieren: das Bereitstellen eines Bezeichners für eine Schnittstelle, dabei wird beansprucht, ein Anforderungsstatement zu erfüllen, und

b) Importieren: das Bereitstellen eines Bezeichners für eine Schnittstelle, dabei wird eine Übereinstimmung zu einem bestimmten Anforderungsstatement verlangt und das Zustandekommen eines künftigen Verbindungsverhaltens erlaubt.

V. Verläßlichkeit

Die folgenden Konzepte erlauben eine abgestufte Beschreibung von Verläßlichkeit.

1. Ausfall:
Ausfall (*Failure*) betrifft die Verletzung eines Vertrags. Das in einem Vertrag spezifizierte Verhalten ist definitionsgemäß das 'korrekte Verhalten'. Ein Ausfall ist somit eine Abweichung von der Übereinstimmung (*Compliance*) mit dem korrekten Verhalten. Die Art und Weise, wie ein Objekt ausfallen kann, wird Art des Ausfalls (*Failure Mode*) genannt. Es können mehrere Typen von *Failure Modes* unterschieden werden: Beliebige Ausfälle, Versäumnis-Ausfälle (wenn sich erwartete Interaktionen nicht ereignen), *Crash Failure* (persistente Versäumnisausfälle) und *Timing Failure* (inkorrekt, da Verhalten zum falschen Zeitpunkt).

2. Fehler:
Ein Fehler (*Error*) beschreibt einen Teil eines Objektzustandes, in dem das Objekt dazu neigt, zu Ausfällen zu führen. Ob ein Fehler tatsächlich zu einem Ausfall führt, ist abhängig von dem Objektaufbau, seiner internen Redundanz und dem Objektverhalten. Korrigierende Aktionen können verhindern, daß ein Fehler einen Ausfall bewirkt.

3. Defekt:
Eine Situation, die ein Auftreten von Fehlern in einem Objekt bewirken kann. Defekte (*Faults*), die einen Fehler bewirken, können von der Zeit der Spezifikation eines Objekts, bis zu der Zeit seiner Zerstörung auftreten. Defekte, die zu einem frühen Zeitpunkt entstanden sind (z.B. Designdefekte), können zu Defekten führen, die erst zu einem späteren Zeitpunkt (z.B. zur Ausführungszeit) auftreten. Ein Defekt ist entweder aktiv oder verborgen.

Ein Defekt kann sein: Unbeabsichtigt (zufällig erzeugt) oder beabsichtigt (absichtlich erzeugt), physikalisch (durch ein physikalisches Phänomen) oder menschlich (durch menschliches Verhalten) verursacht, intern (Teil eines Objektzustandes, der zu einem Fehler führen kann) oder extern (durch Einwirkung oder Interaktionen mit der Umgebung), permanent oder temporär. Die Definitionen von *Fault*, *Error* und *Failure* implizieren rekursiv folgende kausale Abhängigkeiten:

- ein *Fault* kann zu einem *Error* führen (wenn er aktiv wird),
- ein *Error* kann zu einem *System´s Failure* führen (er wird zu einem Ausfall führen, falls das System nicht damit umgehen kann),

- ein *Failure* ereignet sich, wenn sich ein *Error* auf die Korrektheit des Systems, das den Dienst erbringt, auswirkt.

4. Stabilität:
Stabilität (*Stability*) ist die Eigenschaft, die ein Objekt im Hinblick auf einen bestimmten *Failure Mode* hat.

B.5 Managementkonzepte

Management in ODP beschäftigt sich mit dem gesamten Systemmanagement, einschließlich dem Anwendungs- und Kommunikationsmanagement.

1. Anwendungsmanagement:
Anwendungsmanagement (*Application Management*) umfaßt das Management von Anwendungen in einem ODP-System. Einige Aspekte des Anwendungsmanagements sind allgemeine Aspekte, die alle Anwendungen betreffen; sie werden anwendungsunabhängiges Management genannt. Die Aspekte des Anwendungsmanagements, die spezifisch für eine bestimmte Anwendung sind, werden anwendungsspezifisches Management genannt.

2. Kommunikationsmanagement:
Kommunikationsmanagement (*Communication Management*) umfaßt das Management von Objekten, die in einem ODP-System die Kommunikation unterstützen.

3. Managementinformationen:
Managementinformationen (*Management Information*) bezeichnen das Wissen, das Objekte betrifft, die für das Management relevant sind.

4. Rolle des Administrierten (*Managed Role*):
Die Sicht der Managementschnittstelle eines Objekts in einem ODP-System, das von einem Administrator verwaltet wird.

Bei den Objekten, die OSI-Kommunikationsdienste bereitstellen, bezieht sich OSI-Management auf die Managementschnittstellen als ein *Managed Object*.

5. Administratorrolle (*Managing Role*):
Die Sicht auf ein Objekt, das Managementaktionen ausführt.

6. Benachrichtigung:
Unter einer Benachrichtigung (*Notification*) versteht man eine Interaktion, die von einem Objekt, das in der Administratorrolle betrieben wird, initiiert wurde.

ANHANG C:

ARCHITEKTURKONZEPTE

In diesem Abschnitt werden Architekturkonzepte definiert, die innerhalb der in Kapitel 5 vorgestellten ODP-Architektur von Bedeutung sind. Um der Unterteilung nach Sichtweisen zu entsprechen, werden verschiedene Unterabschnitte eingeführt.

C.1 Konzepte der Unternehmenssprache

Innerhalb der Unternehmenssprache sind zwei Begriffe von Bedeutung.

1. Gemeinschaft:
Ein System und dessen Umgebung repräsentieren in einer Unternehmensspezifikation eine Gemeinschaft (*Community*). Diese wird definiert durch:

- die Unternehmensobjekte, welche eine Gemeinschaft bilden, und deren Rollen,
- Strategien für Interaktionen der Unternehmensobjekte,
- Strategien für die Erzeugung, Nutzung und Beseitigung von Ressourcen,
- Strategien für die Konfiguration von Unternehmensobjekten und
- Strategien hinsichtlich Umgebungsverträgen für das System.

Eine Rolle wird durch Verpflichtungen, Berechtigungen und Verbote (siehe B.2, 5.- 7.) sowie das Verhalten des Unternehmensobjekts definiert. Ein solches Objekt kann sowohl innerhalb der Gemeinschaft mehrere Rollen gleichzeitig, als auch gleichzeitig mehrere Rollen in verschiedenen Gemeinschaften ausüben. Beispiele für Rollen sind Verwalter, Besitzer, Manager, Konsument usw. Eine Gemeinschaft impliziert ein Autonomiekonzept und führt zu übergreifender Zusammenarbeit (Föderation, Interworking).

2. Föderation:
Eine Föderation ist eine Gemeinschaft von Domänen[4], d.h. von frei kooperierenden Teilgemeinschaften. Innerhalb einer Föderation darf eine Teilgemeinschaft nicht ge-

---

4. Eine Domäne ist eine Menge von Objekten, die jeweils durch ein charakterisierendes Verhältnis zu einem kontrollierenden Objekt in Relation steht. Jede Domäne ist mit einem kontrollierenden Objekt assoziiert. Im allgemeinen ist das kontrollierende Objekt nicht Mitglied der assoziierten Domäne.

zwungen werden, eine Aktivität durchzuführen. Es gibt keinen spezifischen Verwalter für eine Föderation, da die Verwaltung eine kooperative Angelegenheit zwischen den einzelnen Mitgliedern ist. Jede Gemeinschaft bestimmt, welche Informationen von anderen Gemeinschaften akzeptiert und mit eigenen kombiniert werden.

C.2 Konzepte der Informationssprache

Innerhalb dieser Sprache sind drei Schemata von Bedeutung.

1. Statisches Schema:
Ein statisches Schema definiert den Zustand und die Struktur eines oder mehrerer Informationsobjekte zu einem bestimmten Zeitpunkt.

2. Invariantes Schema:
Ein invariantes Schema ist eine Menge von Prädikaten bzgl. Informationsobjekten, die immer erfüllt sein müssen. Diese Prädikate schränken die erlaubten Zustände und Zustandsübergänge ein. Ein invariantes Schema definiert demnach die semantisch konsistenten Strukturen innerhalb eines Informationsobjekts, die unabhängig von irgendeinem Verhalten sind, das ein Objekt zu einem Zeitpunkt hat. Invariante Schemata beinhalten Integritätsregeln aber keine spezifischen Zustandsspezifikationen. Deshalb haben sie die Eigenschaft, das Informationsmodell zu einem beliebigen Zeitpunkt zu repräsentieren.

3. Dynamisches Schema:
Ein dynamisches Schema ist eine Spezifikation der erlaubten Zustandsübergänge, an denen Informationsobjekte teilnehmen können und zwar unter Einschränkungen, die sich aus einem invarianten Schema ergeben. Das Verhalten innerhalb einer Informationsspezifikation wird durch Zustandsübergänge der Objekte modelliert, wobei ein Zustand durch die Zugehörigkeit zu einer oder mehreren Klassen beschrieben wird.

Drei kurze Beispiele sollen zur Erläuterung der dynamischen, statischen und invarianten Schemata angeführt werden.

- Dynamisches Schema:
  Verhalten: do forever x:=(x+1)mod10; y:=(y+1)mod10

- Invariantes Schema:
  Mögliche Zustände: x:<0:9>; y:<0:4>

- Statisches Schema:
  Aktueller Zustand: Zur Mittagszeit: x=1; y=2

C.3 Konzepte der Verarbeitungssprache

Die Verarbeitungssprache verfügt über eine Reihe von Begriffen und Konzepten, die im folgenden einzeln vorgestellt werden.

1. Schnittstelle:

Die Verarbeitungssprache führt das Konzept der operationalen Schnittstelle ein. Sie beschreibt die vom Objekt angebotenen und die von der Umgebung geforderten Dienste. Ein Objekt kann mehrere Schnittstellen haben, und jede Schnittstelle stellt eine bestimmte Abstraktion des Gesamtverhaltens dieses Objekts dar. Eine operationale Verarbeitungsschnittstelle besteht aus:

- einer Menge von Verarbeitungssignaturen, welche Operationsnamen, Typen der Parameter und Ergebnisse sowie die Reihenfolge der Parameter beschreiben; Zusammengehörige Operationen werden dabei in Mengen gruppiert,
- den Attributen für Dienstqualitäten und Transparenz,
- dem Verhalten eines Objekts, das Aktionen und deren Reihenfolge beschreibt.

2. Subtyping:

Damit Schnittstellen zueinander passen, müssen ihre Typen in geeigneter Relation zueinander stehen. Die Verarbeitungssprache umfaßt rekursiv definierte Typen von Schnittstellen. Die bisher im Teil drei definierte Typnotation ist eine Teilmenge eines möglichen vollständigen Typsystems für das Verarbeitungsmodell, da nur Merkmale erster Ordnung betrachtet werden. Merkmale höherer Ordnung sollten zum Typsystem hinzugefügt werden, wenn beispielsweise polimorphe Typen als notwendig erachtet werden.

3. Binden:

Die Verarbeitungssprache unterstützt verschiedene Verhalten durch implizites und explizites Binden zwischen Schnittstellen. Dabei können sowohl 1:1- als auch 1:n-Bindungen auftreten, wobei letztere für die Modellierung von Multicastdiensten genutzt werden. Die zu bindenden Schnittstellen werden dabei durch ihre Schnittstellenbezeichner identifiziert.

Implizites Binden ist innerhalb der Verarbeitungsspezifikation nicht sichtbar. Ein Objekt erhält den Bezeichner einer anderen Schnittstelle. Dann findet ein Prozeß des Bindens statt. Der genaue Zeitpunkt hängt von Engineeringbetrachtungen ab.

Explizites Binden wird mittels genau einer Aktion durchgeführt. Diese Aktion erzeugt ein Objekt, das den Bindemechanismus kapselt und die Änderung einer Bindung ermöglicht. Falls die Aktion erfolgreich ist, gibt sie einen Schnittstellenbezeichner für eine Kontrollschnittstelle zurück.

Kontrollschnittstellen werden auf verschiedene Arten als Verfeinerungen von einfachen Kontrollschnittstellen für das Binden genormt. Diese können weiter verfeinert werden, um anwendungsspezifische Aspekte des Bindens abzudecken. Beispiele für Verfeinerungen einer Bindekontrollschnittstelle sind:

- Ergänzung der Schnittstelle um eine Operation, die Ausfälle anzeigt. Diese Operation besitzt als Argument einen Schnittstellenbezeichner, der angibt, wo das Bindeobjekt eine Anzeigeoperation aufrufen soll, falls Engineeringfehler den Vorgang des Bindens unterbrechen.
- Dynamisches Binden von Mehrpunktkonfigurationen wie z.B. Multicast. Dabei werden Informationen an eine sich zeitlich ändernde Menge von Konsumenten

verteilt. Konsumenten können in diese Menge zusätzlich eingebunden oder aus ihr entfernt werden.

- Vorkehrungen für Gruppenaufrufe, die Multicastaufrufe in der Verarbeitungssprache möglich machen.
- Vorkehrungen für die dynamische Kontrolle von Dienstqualitäten im Rahmen des Bindens. Dabei werden Operationen für die Manipulation spezifischer Dienstqualitätsparameter definiert. Diese Form der Kontrolle ist besonders nützlich für Anwendungen im Multimediabereich, bei denen der Vorgang des Bindens von Streams oder bereits gebundene Streams manipuliert wird.
- Ergänzung um eine Operation, die interessante Ereignisse anzeigt. Beispielsweise kann ein Ereignis zu Beginn und Ende einer Pause innerhalb eines Audiostroms signalisiert werden.

4. Streams:

In vielen Verarbeitungsspezifikationen müssen Informationsflüsse zwischen Objekten ausgedrückt werden, die eine bestimmte Zeit dauern. Beispiele sind Audio- und Videoströme bei Multimedia-Anwendungen oder der kontinuierliche Fluß von periodischen Sensorabfragen in Anwendungen zur Prozeßkontrolle. Die Beschreibung in der Verarbeitungssichtweise braucht sich nicht mit detaillierten Mechanismen auseinanderzusetzen. Es ist ausreichend, daß der Informationsfluß aufgebaut wird und während einer bestimmten Zeitperiode stattfindet.

Streams sind in die Verarbeitungssprache als ein Binding zwischen Streamschnittstellen integriert. Das Binding wird als ein Streamobjekt repräsentiert, das die Informationsflüsse zwischen den Streamschnittstellen einschließlich der Regeln für die Konfiguration umfaßt und die Kontrolle der Streams kapselt.

Streamschnittstellen besitzen einen Typ. Eine Streamschnittstelle besteht aus einer Menge von Einzelkomponenten, den Streams oder Flüssen, wobei jeder einzelne Fluß einen Basistyp besitzt. Beispiele für Basistypen sind einzelne Audio- oder Videoströme. Jeder einzelne Fluß hat eine eindeutige Richtung in das oder aus dem Bindeobjekt. Die einzelnen Flüsse sind durch ihre Typbeschreibung in einer Streamsignatur organisiert - ähnlich wie Argumente in der Signatur einer operationalen Schnittstelle. Eine Streamschnittstelle kann aus einer Anzahl von zueinander in Beziehung stehenden Flüssen in die gleiche oder in verschiedene Richtungen bestehen. Flüsse können eine mehrstufige Hierarchie bilden, falls sie in mehreren Schritten aufgebaut werden. Weil die Flüsse innerhalb einer Streamschnittstelle eine Richtung haben, sind im allgemeinen alle Flüsse paarweise in entgegengesetzter Richtung vorhanden. Beispiele von Streamschnittstellentypen sind:

- ein einzelner Audiostrom von einer Quelle oder in eine Senke,
- ein Sprachtyp in Hin- und Rückrichtung (*Full Duplex*), der aus einem Eingangs- und einem Ausgangsfluß besteht und z.B. die Nutzersicht der Audioaspekte eines Telefondienstes darstellt,
- ein zusammengesetztes Fernsehsignal mit Video- und Audiokomponenten,
- ein anwendungsorientierter Typ, in dem mehrere Audio- und Videoströme für Videokonferenzen kombiniert werden.

Das Typsystem von Streamschnittstellen umfaßt eine Menge von Regeln für die Bildung von Untertypen. Diese unterscheiden sich von den Regeln für operationale Schnittstellen, da sie die Kommunikation zwischen Objekten regeln, deren Streamschnittstellen verschiedene Fähigkeiten anbieten.

Beispielsweise könnte eine Audioschnittstelle als ein Untertyp einer Audio/Video-Schnittstelle betrachtet werden, so daß ein entfernter Telefonnutzer mit einem Nutzer eines Videotelefons kommunizieren könnte.

Die am besten geeignete Form des Subtypings hängt von der Anwendung ab, so daß die Auswahl einer geeigneten Subtypingvariante Bestandteil des Entwurfsprozesses ist. Allgemein können die Regeln für das Subtyping von Streams in zwei Schritte unterteilt werden:

- Identifizierung von passenden primitiven Flüssen innerhalb der zu vergleichenden Typen und die Entscheidung, ob für die gefundenen Flüsse die Untertypbeziehung hinreichend erfüllt ist,
- Vergleich der Typen jedes primitiven Flusses unter Berücksichtigung der Dienstqualitätsaspekte, um zu entscheiden, ob eine Untertypbeziehung besteht.

5. Streambindung:

Das Binden von Streams kann von anwendungsspezifischen Kompositionsregeln abstrahieren. Im einfachsten Fall repräsentiert die Streambindung einen einzelnen Fluß von der Schnittstelle eines Produzenten zu einem Konsumenten, beispielsweise von einer Audiodatei zu einem Lautsprecher.

Die Kompositionsregeln können jedoch auch komplexer sein:

- Ein Weg in Hin- und Rückrichtung (*Full Duplex*) kann als einzelne Bindung erzeugt und kontrolliert werden. Die resultierenden Flüsse verbinden die Aspekte der jeweiligen Schnittstellen von Produzenten und Konsumenten aller beteiligten Objekte.
- Eine Anzahl von Schnittstellen in Hin- und Rückrichtung kann durch ein Bindeobjekt verbunden werden, das z.B. die Regeln für den Fluß von Informationen von einem ausgewählten Produzenten zu allen Konsumenten eines Konferenzsystems kapselt. Variierende Abstufungen der Anwendungskontrolle - eine explizite Vergabe von Berechtigungen (*Floor Control*) - können mit Hilfe einer Kontrollschnittstelle durchgeführt werden.
- Flüsse von einer Anzahl von Produzenten können kombiniert werden, um einen zusammengesetzten Fluß zu einem einzelnen Konsumenten zu modellieren. Zum Beispiel können ein Video- und Audiostrom aus unterschiedlichen Quellen zu einem einzigen Fernsehsignalfluß (Bild mit zugehörigem Kommentar) kombiniert werden. Die Kontrollschnittstelle kann hierbei die Manipulation der Engineeringflüsse als Teil der Lippensynchronisation ermöglichen.

6. Signal:

Ein Signal ist eine Interaktion, die aus einer einzigen atomaren Aktion besteht und als Ergebnis eine Einwegekommunikation von einem initiierenden zu einem antwortenden Objekt besitzt.

7. Operation:

Eine Operation ist eine Interaktion zwischen einem Client- und einem Serverobjekt. Sie ist entweder eine Interrogation oder ein Announcement, siehe 8. und 9.

8. Announcement:

Ein Announcement ist eine Interaktion, die nur aus einem Aufruf besteht. Sie wird durch ein Clientobjekt initiiert und resultiert in der Bereitstellung von Informationen, welche die Durchführung einer Funktion durch das Serverobjekt erfordern.

9. Interrogation:

Eine Interrogation ist eine Interaktion zwischen einem Client- und einem Serverobjekt, die aus einem Aufruf besteht und von einer Terminierung gefolgt wird. Der Aufruf wird durch ein Clientobjekt initiiert und resultiert in der Bereitstellung von Informationen, welche die Durchführung einer Funktion durch das Serverobjekt fordern. Die Terminierung wird durch das Serverobjekt initiiert und resultiert in der Bereitstellung von Informationen des Serverobjekts als Antwort auf den Aufruf.

10. Fluß:

Ein Fluß ist eine Abstraktion einer Menge von Interaktionen von einem produzierenden Verarbeitungsobjekt (*Producer*) zu einem konsumierenden Verarbeitungsobjekt (*Consumer*). Ein Fluß kann bspw. benutzt werden, um von der genauen Reihenfolge von Signalen oder einem analogen Informationsfluß zu abstrahieren.

11. Signal-, Stream- und operationale Schnittstelle:

Eine Signalschnittstelle ist eine Schnittstelle, an der alle Interaktionen aus Signalen bestehen. Eine Streamschnittstelle ist eine Schnittstelle, an der alle Interaktionen aus Flüssen bestehen. Eine operationale Schnittstelle ist eine Schnittstelle, in der alle Interaktionen Operationen sind.

12. Objektschablone in der Verarbeitungssichtweise:

Eine Verarbeitungsobjektschablone ist eine Objektschablone (ein Template), die eine Menge von Schnittstellenschablonen umfaßt. Das Objekt kann diese Schablonen instanziieren. Die Objektschablonen beinhalten eine Verhaltensspezifikation und eine Spezifikation eines Umgebungsvertrags.

13. Verarbeitungsschnittstellenschablone:

Eine Verarbeitungsschnittstellenschablone ist entweder eine Signalschnittstellenschablone, eine operationale Schnittstellenschablone oder eine Streamschnittstellenschablone.

14. Signatur einer Signalschnittstelle:

Die Signatur einer Signalschnittstelle besteht aus einer endlichen Menge von Aktionsschablonen, die jeweils aus

- dem Namen für das Signal,
- der Anzahl, den Namen und Parametertypen für das Signal und
- einem Hinweis für die Kausalität (entweder initiierend oder antwortend)

bestehen. Signalkausalität ist relativ zu dem Objekt, das die Schablone instanziiert.

15. Operationale Schnittstellensignatur:

Eine operationale Schnittstellensignatur ist eine Schnittstellensignatur für eine operationale Schnittstelle, welche die Signaturen aller Operationen innerhalb der Schnittstelle beinhaltet. Eine operationale Schnittstellensignatur kann eine Menge von Signaturen für Interrogationen und Announcements umfassen. Dabei wird jeweils eine Signatur für jeden Operationstyp innerhalb der Schnittstelle genutzt.

Diese Schnittstellensignatur umfaßt ferner den Hinweis für die Kausalität (entweder Client oder Server) der gesamten Schnittstelle relativ zu dem Objekt, das die Schablone instanziiert.

Jede **Signatur eines Announcements** umfaßt eine Aktionsschablone, die den Namen des Aufrufs und die Anzahl, die Namen und Typen der Parameter enthält.

Jede **Signatur einer Interrogation** umfaßt eine Aktionsschablone mit folgenden Bestandteilen:

* Name des Aufrufs,
* Anzahl, Namen und Typen der Parameter sowie
* eine endliche, nicht leere Menge von Aktionsschablonen, und zwar je eine für jeden möglichen Terminierungstyp des Aufrufs. Dabei enthält jede Schablone den Namen der Terminierung und die Anzahl, Namen und Typen ihrer Parameter.

16. Signatur einer Streamschnittstelle:

Die Signatur einer Streamschnittstelle ist eine Schnittstellensignatur für eine Streamschnittstelle. Die Streamschnittstelle umfaßt eine endliche Menge von Aktionsschablonen, jeweils eine für jeden Flußtyp innerhalb der Streamschnittstelle. Jede Aktionsschablone für einen Fluß enthält den Namen, den Informationstyp und einen Hinweis auf die Kausalität für den Fluß - z.B. Produzent oder Konsument - relativ zum Objekt, das die Schablone instanziiert.

17. Bindeobjekt:

Ein Bindeobjekt ist ein Verarbeitungsobjekt, das die Bindung zwischen einer Menge von anderen Verarbeitungsobjekten unterstützt.

C.4 Konzepte der Engineeringsprache

Innerhalb der Engineeringsprache gibt es verschiedene Konzepte und Begriffe, die in der ODP-Architektur von Bedeutung sind und im folgenden vorgestellt werden.

1. Engineeringobjekt:

Ein Engineeringobjekt ist ein Objekt, das die Unterstützung einer verteilten Infrastruktur benötigt. Es repräsentiert ein Verarbeitungsobjekt einschließlich seines Umgebungsvertrags.

2. Cluster:

Ein Cluster ist eine Konfiguration von Engineeringobjekten, Einheiten für die Aktivierung und Deaktivierung, Migration, Fehlerbehandlung und Checkpointing.

3. Clustermanager:

Ein Clustermanager ist ein Objekt, das die Engineeringobjekte in einem Cluster verwaltet.

4. Kapsel:

Eine Kapsel (*Capsule*) ist die Konfiguration von Engineeringobjekten. Sie bildet eine einzelne Einheit für Kapselung, Verarbeitung und Speicherung.

5. Kapselmanager:

Ein Kapselmanager ist ein Engineeringobjekt, das andere Engineeringobjekt in einer Kapsel verwaltet.

6. Nukleus:

Ein Nukleus ist ein Objekt, das die Verarbeitungs-, Speicher- und Kommunikationsfunktion für die Nutzung seitens anderer Engineeringobjekte koordiniert. Dies geschieht unter Verwendung der Betriebsmittel des Knotens, zu dem es gehört.

7. Knoten:

Ein Knoten ist eine Konfiguration von Objekten, die eine einzelne Einheit bezüglich eines Ortes bildet. Die Konfiguration umfaßt eine Menge von Verarbeitungs-, Speicher- und Kommunikationsfunktionen.

Ein Beispiel für einen Knoten ist ein Computer mit seiner zugehörigen Software (Betriebssystem und Anwendungen). Ein Knoten kann eine innere Struktur besitzen, die jedoch keine Bedeutung für die Engineeringspezifikation hat. So kann z.B. ein Knoten auch ein Parallelcomputer mit einem Betriebssystem sein.

8. Kanal und Kanalschablone:

Ein Kanal besteht aus einer Konfiguration von Stub-, Binde,- Protokoll- und Interzeptorobjekten, die eine Bindung zwischen Schnittstellen interagierender Engineeringbasisobjekte zur Verfügung stellen.

Bindungen, die Kanäe benötigen, werden in der Engineeringsprache als verteilte Bindung (*Distributed Binding*) bezeichnet. Bindungen, die keine Kanäle benötigen, werden als lokale Bindung (*Local Binding*) bezeichnet.

9. Stub:

Ein Stub ist ein Engineeringobjekt innerhalb eines Kanals, das die Interaktionen des Kanals interpretiert und notwendige Transformationen und Beobachtungen durchführt. Es ist somit ein Objekt, das sich gegenüber einem Engineeringobjekt so verhält, als wäre es die Repräsentation eines anderen Engineeringobjekts, das sich in einem anderen Cluster befindet.

Ein Stubobjekt trägt in diesem Sinne zur Realisierung von Verteilungstransparenz bei.

Ein Stubobjekt liefert Adaptierungsfunktionen, um Interaktionen zwischen Engineeringobjekten zu unterstützen, wie beispielsweise Anordnen (Marshalling/Demarshalling) von Operationsparametern, um zugriffstransparente Interaktionen zwischen operationalen Schnittstellen in verschiedenen Knoten zu ermöglichen.

10. Interzeptor:

Ein Interzeptor ist ein Engineeringobjekt innerhalb eines Kanals, das an der Grenze zwischen Domains liegt. Ein Interzeptor führt

- Überprüfungen durch, um Strategien auf erlaubten Aktionen zwischen Engineeringobjekten in unterschiedlichen Domänen zu erzwingen oder beobachten (Monitoring) und führt
- Überprüfungen durch, um unterschiedliche Dateninterpretationen von Engineeringbasisobjekten in unterschiedlichen Domänen zu maskieren.

Ein Interzeptor innerhalb eines Kanals liegt auf der Grenze zwischen Domains und führt Überprüfungen von und Transformationen auf Interaktionen durch, die Domänengrenzen überschreiten. Ein Interzeptor braucht in Abhängigkeit von der Grenze verschiedene Arten von Informationen.

Einige Interzeptoren benötigen den Zugriff auf die Typen der Schnittstellensignaturen der Engineeringobjekte, die an den Kanal gebunden sind, in dem auch der Interzeptor vorhanden ist. Ein Interzeptor hat mindestens zwei Kommunikationsschnittstellen und möglicherweise eine Kontrollschnittstelle.

11. Protokollobjekt:

Ein Protokollobjekt ist ein Engineeringobjekt innerhalb eines Kanals, das mit anderen Protokollobjekten im gleichen Kanal kommuniziert, um Interaktionen zwischen Engineeringobjekten zu erreichen (möglicherweise in verschiedenen Clustern, Kapseln oder Knoten).

12. Kommunikationsdomäne:

Eine Kommunikationsdomäne ist eine Menge von Protokollobjekten, die zusammenarbeiten, d.h. ein Interworking ausführen.

13. Kommunikationsschnittstelle:

Eine Kommunikationsschnittstelle ist eine Schnittstelle eines Protokollobjekts, das entweder an eine Schnittstelle eines Interzeptorobjekts oder eines anderen Protokollobjekts an einem Interworking-Referenzpunkt gebunden ist.

14. Endpunktbezeichner beim Binden:

Ein Endpunktbezeichner ist ein Bezeichner im Namenskontext einer Kapsel, der von einem Engineeringbasisobjekt benutzt wird, um eine Bindung für Interaktionen auszuwählen. Ein Beispiel für einen Endpunktbezeichner beim Binden ist die Speicheradresse einer Datenstruktur, die eine Engineeringschnittstelle repräsentiert.

15. Engineeringschnittstellenreferenz:

Eine Engineeringschnittstellenreferenz ist ein Bezeichner für eine zu bindende Engineeringobjektschnittstelle. Der Bezeichner wird im Kontext einer Managementdomäne für eine Engineeringschnittstellenreferenz zum Binden verwendet.

16. Clusterschablone:

Eine Clusterschablone (*Cluster Template*) ist eine Objektschablone für eine Konfiguration von Objekten und alle Aktivitäten, die erforderlich sind, Objekte zu instanziieren und initiale Bindungen aufzubauen.

17. Kontrollpunkt:

Ein Kontrollpunkt (*Checkpoint*) ist eine Objektschablone, die vom Staus und der Struktur eines Engineeringobjekts abgeleitet wird. Sie wird zur Instanziierung eines anderen Engineeringobjekts benutzt, das einen konsistenten Zustand mit dem Zustand des Originalobjekts zum Zeitpunkt des Checkpointings besitzt.

18. Kontrollpunkterzeugung (*Checkpointing*):

Checkpointing bezeichnet die Erzeugung eines Kontrollpunktes. Kontrollpunkte können nur erzeugt werden, wenn das betroffene Engineeringobjekt eine Vorbedingung erfüllt, die in der Strategie eines Checkpointings festgelegt ist.

19. Clusterkontrollpunkt:

Ein Clusterkontrollpunkt ist eine Clusterschablone, die Kontrollpunkte von Engineeringobjekten in einem Cluster enthält.

20. Deaktivierung:

Deaktivierung besteht aus dem Erzeugen eines Kontrollpunkts mit anschließendem Löschen eines Clusters.

21. Klonen:

Klonen bezeichnet die Erzeugung der Kopie eines Clusters, indem ein Clusterkontrollpunkt instanziiert wird.

22. Wiederherstellung:

Wiederherstellung (*Recovery*) umfaßt das Klonen eines Clusters, nachdem dieses ausgefallen ist oder gelöscht wurde.

23. Reaktivierung:

Reaktivierung beschreibt das Klonen eines Clusters nach seiner Deaktivierung.

24. Migration:

Migration ist die Übertragung eines Clusters zu einer anderen Kapsel.

25. Stubobjekte:

Engineeringobjekte, die über Kanäle interagieren, sind an Stubobjekte gebunden. Stubobjekte konvertieren Daten, die bei Interaktionen ausgetauscht werden. Stubobjekte können mit Objekten außerhalb eines Kanals interagieren.

Ein Stub innerhalb eines Kanals besitzt eine Schnittstelle zur Nutzung durch das Engineeringobjekt, eine Kontrollschnittstelle für das Management von Dienstqualitäten und eine Schnittstelle für die Interaktion mit einem Binder. Er kann außerdem eine Kontrollschnittstelle besitzen.

Wenn verbundene Stubs jeweils eine andere Übertragungssyntax verwenden, muß ein Interzeptor Daten von einer Syntax in die andere transformieren können. Ein Stub kann in folgenden Formen auftreten:

- spezifisch für eine Schnittstelleninstanz eines Engineeringobjekts, an das er gebunden ist,

- spezifisch für einen Schnittstellentyp eines Engineeringobjekts, an das er gebunden ist, daraus folgt, daß der Stub von mehreren Kanälen desselben Typs benutzt werden kann,
- generisch, d.h. nicht spezifisch für einen einzigen Schnittstellentyp; daraus folgt, daß der Stub von mehreren Kanälen verschiedenen Typs benutzt werden kann.

Im ersten Fall agiert der Stub als lokaler Proxy; für andere an den Kanal gebundene Engineeringobjekte. Im zweiten Fall müssen Interaktionen zusätzlich einen Bezeichner für den Kanal besitzen, der benutzt werden soll. Im letzten Fall müssen Interaktionen außerdem einen Bezeichner und einen Typ für den Kanal besitzen, der benutzt werden soll. Damit kann der Sub sicherstellen, daß die Interaktionsdaten mit dem Kanaltyp kompatibel sind.

26. Bindeobjekt oder Binder:

Ein Binder ist ein Engineeringobjekt innerhalb eines Kanals, das ein verteiltes Binden zwischen interagierenden Engineeringobjekten verwaltet.

Stubobjekte sind an Bindeobjekte gebunden. Bindeobjekte interagieren miteinander, um die Integrität des Bindens zwischen interagierenden Objekten aufrechtzuerhalten. Die Bindeobjekte verwalten die Ende-zu-Ende-Integrität und Dienstqualität eines Kanals. Falls gefordert, bieten Bindeobjekte Relokationstransparenz an, indem sie Kommunikationsausfälle beobachten und die Reparatur von zerstörten Bindungen durchführen. Bindeobjekte innerhalb eines Kanals können untereinander unter Nutzung anderer Objekte im Kanal interagieren oder aber durch Interaktion mit unterstützenden Objekten, wie beispielsweise einem Relokator (*Relocator*).

Unter einem Relokator versteht man ein Objekt, das den Ort von anderen Objekten oder Schnittstellen verlegt. Zusätzlich zu Schnittstellen für die Interaktion mit Stubs und einer Schnittstelle zur Interaktion mit einem Protokollobjekt können Bindeobjekte Kontrollschnittstellen haben, die eine Änderung der Konfiguration in einem Kanal und die Zerstörung eines Teils oder des gesamten Kanals erlauben.

27. Protokollobjekte:

Protokollobjekte bieten Kommunikationsfunktionen. Ein Protokollobjekt hat eine Schnittstelle zur Interaktion mit einem Bindeobjekt und wenigstens eine Kommunikationsschnittstelle zur Interaktion mit anderen Protokollobjekten. Protokollobjekte können mit Objekten außerhalb eines Kanals - beispielsweise Verzeichnisfunktionen - interagieren, um die benötigten Informationen zu erhalten. Protokollobjekte können eine Kontrollschnittstelle besitzen.

Wenn Protokollobjekte innerhalb eines Kanals den gleichen Typ haben, aber in verschiedenen Kommunikationsdomänen liegen, benötigen sie möglicherweise einen Interzeptor, um Bezeichner für Kommunikationsschnittstellen entsprechend transformieren zu können. Sind Protokollobjekte innerhalb eines Kanals von verschiedenem Typ, benötigen sie einen Interzeptor, der Protokollkonvertierungen durchführt.

Zu jedem Zeitpunkt wird ein Protokollobjekt durch seine Lage (*Location in Space*) identifiziert, aber verschiedene Protokollobjekte können die gleiche Lage zu verschiedenen Zeitpunkten belegen, beispielsweise kann eine Netzwerkadresse wiederverwendet werden. Wenn Protokollobjekte innerhalb eines Kanals den gleichen

Typ haben, aber in unterschiedlichen Kommunikationsdomänen liegen, sind Namenskonflikte möglich. Kommunikationsschnittstellen können mehrdeutig sein. Auch in diesem Fall wird ein Interzeptor benötigt, der Namenstransformationen während des Aufbaus und der Wartung des Kanals durchführt.

ANHANG D:

TRADINGOPERATIONEN

In diesem Kapitel sollen Operationen vorgestellt werden, die seitens eines Traders angeboten werden können. Begonnen wird mit der Einführung von Grundbegriffen, die alphabetisch nach ihrem englischen Anfangsbuchstaben sortiert sind.

D.1 Grundbegriffe

Zunächst wird eine Auflistung von verschiedenen Begriffen und deren Bedeutung angegeben. Diese Begriffe finden dann im Abschnitt D.2 Verwendung.

1. **Kundenbezeichner:**

   Der Kundenbezeichner (*Client Identifier*) bezeichnet das Objekt, welches Traderoperationen aufruft.

2. **Restriktionskriterientyp:**

   Der Restriktionskriterientyp (*Constraint Criteria Type*) ist die Kombination von *Constraint Type* und *Criteria Type*.

3. **Restriktionstyp:**

   Der Restriktionstyp (*Constraint Type*) ist ein Ausdruck über Eigenschaften. Er kann sowohl logische als auch relationale Operatoren beinhalten.

4. **Kriterientyp:**

   Der Kriterientyp (*Criteria Type*) ist ein einfacher Ausdruck, der eine Superlativfunktion wie z.B. Minimum oder Maximum, oder auch First oder Random enthält. Diese Funktionen werden auf eine Dienst- oder eine Dienstangebotseigenschaft angewendet.

5. **Fehlercode:**

   Der Fehlercode (*Error Code*) gibt den Fehler an, der bei einer Operation auftritt.

6. **Fehlercodetyp:**

   Der Fehlercodetyp (*Error Code Type*) bezeichnet den Fehlertyp, der bei der Ausführung einer Operation auftritt, i.d.R. in Form einer natürlichen Zahl.

7. Bezeichnungstyp:

Der Bezeichnungstyp (*Identifier Type*) bezeichnet ein Objekt. Er wird nicht detaillierter definiert.

8. Bezeichnungslistentyp:

Der Bezeichnungslistentyp (*Identifier List Type*) bezeichnet eine Folge von Objekten. Dabei wird keine Ordnung oder Reihenfolge der einzelnen Objekte impliziert.

9. Schnittstellenbezeichner:

Der Schnittstellenbezeichner (*Interface Identifier*) ist ein Bezeichner einer Schnittstelle, an der ein Dienst angeboten wird.

10. Schnittstellenbezeichnungslistentyp:

Der Schnittstellenbezeichnungslistentyp (*Interface Identifier List Type*) ist eine Folge von Schnittstellenbezeichnungstypen. Auch bei diesem Typ ist keine Ordnung impliziert.

11. Schnittstellenbezeichnungstyp:

Der Schnittstellenbezeichnungstyp (*Interface Identifier Type*) bezeichnet die Rechnerschnittstelle, an welcher der exportierte Dienst angeboten wird.

12. Verbindungsbezeichner:

Der Verbindungsbezeichner (*Link Identifier*) gibt den Bezeichner einer Schnittstelle für eine Verbindung an.

13. Verbindungseigenschaftswert:

Der Verbindungseigenschaftswert (*Link Property Value*) bezeichnet die Verbindungseigenschaften, die einer Verbindung zugeordnet sind.

14. Matchingrestriktionen:

Matchingrestriktionen (*Matching Constraints*) sind Kriterien, wonach Dienstangebote ausgewertet werden.

15. Matchingkriterien:

Matchingkriterien (*Matching Criteria*) werden durch einen einfachen Ausdruck beschrieben, der eine Superlativfunktion wie zum Beispiel Minimum oder Maximum, oder auch First oder Random enthält.

16. Namenstyp:

Der Namenstyp (*Name Type*) ist ein grundlegender Ausdruck zur Bezeichnung eines Namens. Er wird nicht detaillierter spezifiziert.

17. Namenslistentyp:

Der Namenslistentyp (*Name List Type*) ist eine Folge von Namenstypen. Dabei wird keine Ordnung impliziert.

18. Objektnamenstyp:

Der Objektnamenstyp (*Object Name Type*) bezeichnet ein Objekt, impliziert dabei aber eher einen Namen als einen vom System erzeugten Bezeichner.

19. Kontrollschnittstelle für eine Policy:

Die Kontrollschnittstelle für eine Policy (*Policy Controller Interface*) ist der Schnittstellenbezeichner der Schnittstelle, an welcher eine Kontrolle von Vorschriften und Regeln für einen Dienst verfügbar ist.

20. Bezeichner der Kontrollschnittstelle für eine Policy:

Der Bezeichner der Kontrollschnittstelle für eine Policy (*Policy Controller Interface Identifier*) ist der Schnittstellenbezeichner der Schnittstelle, an welcher eine Kontrolle von Exportvorschriften für einen Dienst verfügbar ist.

21. Eigenschaftstyp:

Der Eigenschaftstyp (*Property Type*) bezeichnet eine Eigenschaft. Er besitzt vier Untertypen:

1. den Verbindungseigenschaftstyp (*Link Property Type*),
2. den Diensteigenschaftstyp (*Service Property Type*),
3. den Tradereigenschaftstyp (*Trader Property Type*) und
4. den Dienstangebotseigenschaftstyp (*Service Offer Property Type*).

22. Eigenschaftswertelistentyp:

Der Eigenschaftswertelistentyp (*Property Value List Type*) bezeichnet eine Folge von Eigenschaftswerten, die als geordnetes Paar eines Namens und eines Wertes dargestellt werden. Der Name wird durch die Verwendung von Namenstypen konstruiert, der Wert charakterisiert eine Verbindungs-, Dienst-, Dienstangebots- oder Tradereigenschaft.

23. Suchrestriktion:

Eine Suchrestriktion (*Search Constraint*) ist eine Restriktion von Trader- und Verbindungseigenschaften. Nach Anwendung des *Constraints* wird die Tradermenge eingeschränkt.

24. Auswahlkriterium:

Ein Auswahlkriterium (*Search Constraint*) ist eine Restriktion von Tradereigenschaften. Es wird bei der Dienstsuche berücksichtigt.

25. Dienstbeschreibung:

Die Dienstbeschreibung (*Service Description*) ist eine Beschreibung des Diensttyps, dessen Dienste von der Suche oder Auswahl angesprochen werden.

26. Dienstbeschreibungstyp:

Der Dienstbeschreibungstyp (*Service Description Type*) beinhaltet eine Sammlung von Daten, welche die Signatur, das Verhalten, die Umgebungsrestriktionen, den Rollentyp und die Diensteigenschaftstypen umfassen. Dieser Typ kann in drei Formen dargestellt werden, vgl. Abschnitt 7.3.

27. Dienstschnittstellenbezeichner:

Der Dienstschnittstellenbezeichner (*Service Interface Identifier*) ist ein Schnittstellenbezeichner einer Schnittstelle, an der ein exportierter Dienst verfügbar ist.

28. Dienstangebotsbezeichner:

Der Dienstangebotsbezeichner (*Service Offer Identifier*) bezeichnet ein exportiertes Dienstangebot.

29. Name einer Dienstangebotseigenschaft:

Der Name einer Dienstangebotseigenschaft (*Service Offer Property Name*) bezeichnet eine Dienstangebotseigenschaft, deren Werte für ein ausgewähltes Dienstangebot bestimmt werden.

30. Werte einer Dienstangebotseigenschaft:

Unter den Werten einer Dienstangebotseigenschaft (*Service Offer Property Values*) versteht man die Werte der angebotsspezifischen Eigenschaften eines unterbreiteten Dienstangebots.

31. Diensteigenschaftsname:

Der Diensteigenschaftsname (*Service Property Name*) bezeichnet den Namen einer Diensteigenschaft, deren Werte bei einem Dienstangebot zurückgegeben werden.

32. Diensteigenschaftswerte:

Unter den Diensteigenschaftswerten (*Service Property Values*) versteht man die Werte der Eigenschaften eines unterbreiteten Dienstangebots.

33. Diensttyp:

Der Diensttyp (*Service Type*) ist im Sinne der in Abschnitt 7.3 eingeführten Art und Weise zu verstehen.

34. Schnittstellenbezeichnung des Zieltraders:

Der Schnittstellenbezeichnung des Zieltraders (*Target Trader Interface Identifier*) gibt den Schnittstellenbezeichner der Schnittstelle an, an welcher der Tradingdienst des Zieltraders verfügbar ist.

35. Name des Zieltraders:

Der Name des Zieltraders (*Target Trader Name*) bezeichnet den relativen Namen, der einem Zieltrader durch das Hinzufügen einer Verbindung zugeordnet wird.

36. Schnittstellenbezeichner des Traders:

Der Schnittstellenbezeichner des Traders (*Trader Interface Identifier*) gibt die Schnittstellenbezeichnung der Schnittstelle an, an der ein Zieltrader verfügbar ist.

37. Tradername:

Der Tradername (*Trader Name*) gibt den Namen des Traders an, auf dem eine Operation ausgeführt werden soll. Initial ist dabei der Trader, an den der Operationsaufruf gerichtet wurde.

38. Tradernamenstyp:

Der Tradernamenstyp (*Trader Name Type*) bezeichnet ein Traderobjekt. Der Name an sich besteht aus zusammengesetzten Namen vom Namenstyp.

39. Traderbezogener Name:

Der traderbezogene Name (*Trader Relative Name*) gibt einen relativen Namen an, mittels dessen ein Zieltrader durch eine angeforderte Verbindung identifiziert wird.

In den folgenden Abschnitten werden - aufbauend auf den oben eingeführten Begriffen - die vom Trader ausgeführten Operationen gemäß [ODP Tr] vorgestellt. Die erwähnten Begriffe sind dabei Parameter, die für die Ein- und Ausgabe der jeweiligen Operation von Bedeutung sind.

D.2 Operationen für den Importer

Begonnen wird mit den Operationen für den Import von Diensten. Folgt allgemein auf einen Parameter ein in Klammern angegebenes 'M', so steht dies für *Mandatory*, d.h. die Angabe dieses Eingabeparameters ist für eine Ausführung der Operation unbedingt erforderlich. Ein 'O' entspricht der Bedeutung *Optional*, das heißt, daß die Angabe des entsprechenden Paramenters erfolgen kann, jedoch nicht zwingend notwendig ist.

'S' steht für *Success* und bedeutet, daß die entsprechenden Parameter bei erfolgreicher Ausführung der Operation zurückgegeben werden. Es ist auch die Möglichkeit einer nichterfolgreichen Ausführung der Funktion gegeben, in diesen Fällen ist der zugehörige Zweig mit einem 'F' für *Failure* gekennzeichnet.

I. List Offer Details Operation

Zunächst soll in diesem Abschnitt die *List Offer Details Operation* (Operation zum Auflisten von Dienstangebotsdetails) vorgestellt werden. Sie gibt alle Details eines speziellen Dienstangebots wider. In Abbildung D.1 sind die Parameter einer *List Offer Details Operation* aufgeführt sowie die Ergebnisparameter.

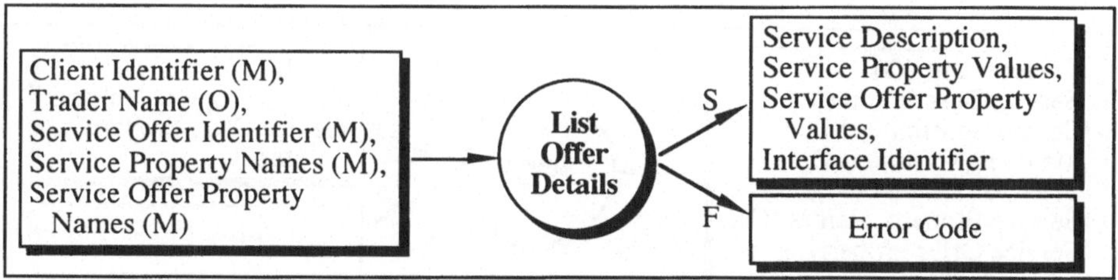

Abb. D.1: Parameter und Ergebnis einer *List Offer Details Operation*

II. Search Operation

Die *Search Operation* (Suchoperation) sucht die Menge aller der Dienstangebote aus, welche den *Matching Constraints* des Importers genügen. Der Suchraum wird dabei

durch die *Import Policy* begrenzt. In Abbildung D.2 sind die Parameter und erfolgreichen oder nicht erfolgreichen Ergebniswerte einer *Search Operation* angegeben.

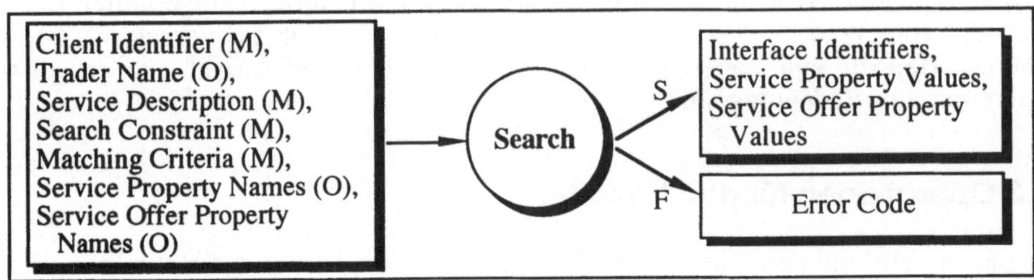

Abb. D.2: Parameter und Ergebnis der *Search Operation*

III. Select Operation

Eine weitere Funktion, die seitens des Importers aufgerufen werden kann, ist die *Select
Operation* (Auswahloperation). Diese Funktion wählt das geeignetste Dienstangebot
aus, welches einige vorgegebene Kriterien erfüllt. Insbesondere muß dieses Dienstangebot dem *Matching Criteria* des Importers genügen und auch dem in der Operation
spezifizierten *Selection Criteria*. Bei erfolgreicher Ausführung dieser Funktion wird
ein exportiertes Dienstangebot zurückgegeben, welches das *Matching Criteria* am besten - bezogen auf des *Selection Criteria* - erfüllt.

Abbildung D.3 gibt einen Überblick über die Argumente und Ergebnisparameter der
Select Operation.

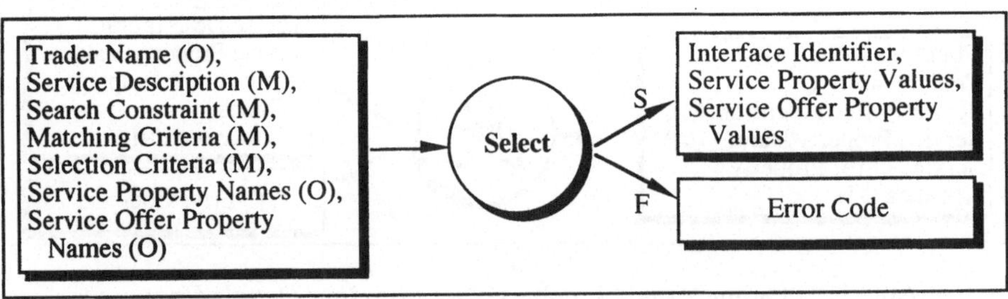

Abb. D.3: Parameter und Ergebnis der *Select Operation*

D.3 Operationen für den Exporter

In Analogie zu den Operationen, die seitens eines Importers aufgerufen werden können, ist es auch dem Exporter möglich, gewisse Operationen, die zum Anbieten seiner Dienste und Modifizieren seiner bereits getätigten Dienstangebote geeignet sind, an den Trader zu richten. Im folgenden sollen drei solche Operationen vorgestellt werden, die vom Exporter an den Trader gerichtet werden können.

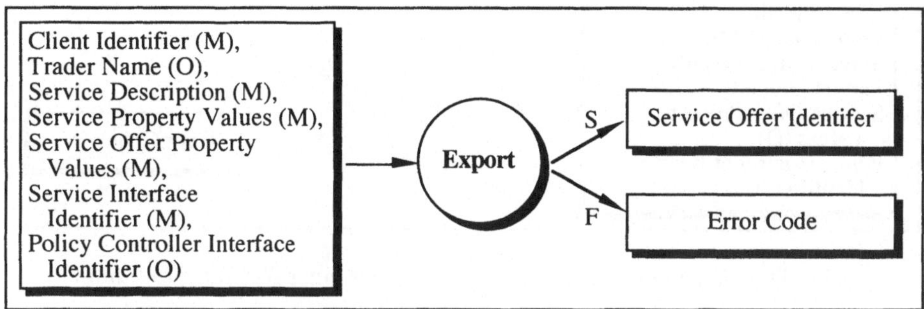

Abb. D.4: Argumente und Ergebniswerte der *Export Operation*

I. Export Operation

Die *Export Operation* (Exportoperation) wird genutzt, um einen Dienst anzubieten. Falls die Ausführung dieser Operation nicht erfolgreich ist, so wird sie durch eine entsprechende Fehleranzeige beendet. In Abbildung D.4 sind die Parameter für die Argumente und Ergebniswerte der *Export Operation* angegeben.

II. Withdraw Operation

Eine weitere Operation, die seitens eines Exporters aufgerufen werden kann, ist die sogenannte *Withdraw Operation* (Rückrufoperation). *Withdraw* bedeutet dabei soviel wie Zurückziehen, d.h. die *Withdraw Operation* entfernt ein bereits erfolgreich unterbreitetes Dienstangebot wieder aus dem Trader. Abbildung D.5 gibt Argumente und Ergebnisparameter der *Withdraw Operation* an.

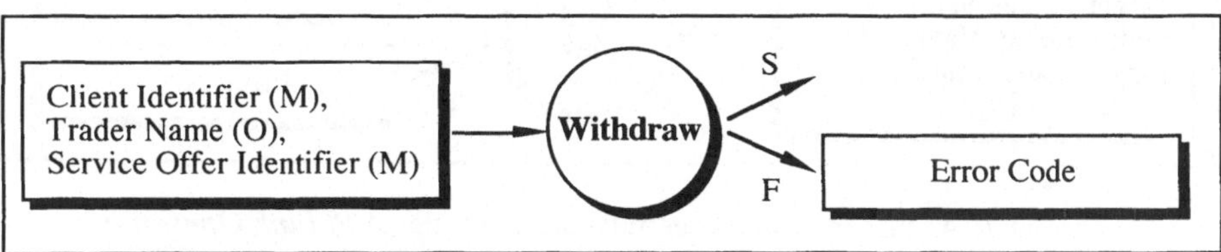

Abb. D.5: Argumente und Ergebniswerte der *Withdraw Operation*

III. Replace Operation

Die *Replace Operation* (Ersetzungsoperation) ändert Werte, die einem Dienstangebot zugeordnet sind. Die *Replace Operation* ist äquivalent zu einer Folge bestehend aus *Withdraw* und *Export Operation*, behält dabei aber den Wert des *Service Offer Identifiers* bei. Abbildung D.6 definiert die Parameter einer *Replace Operation*.

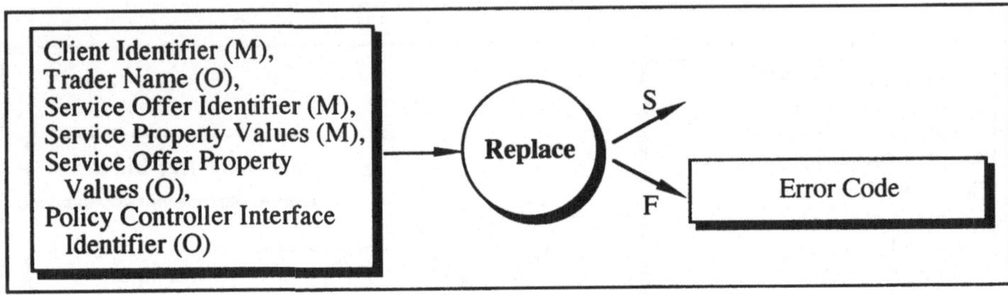

Abb. D.6: Argumente und Ergebnisparameter einer *Replace Operation*

D.4 Operationen für das Tradingmanagement

Zur Verwaltung der Verbindungen, die beim Trading benötigt werden, ist die Definition von insgesamt vier Operationen erforderlich. Diese Operationen sind im Standard des ODP-Traders [ODP Tr] enthalten, machen jedoch keine Aussage darüber, inwiefern eine Einbeziehung von Föderationsverträgen Voraussetzung für das Ausführen ist.

I. Add Link Operation

Als erste der Funktionen zum Tradingmanagement soll die *Add Link Operation* (Operation zum Hinzufügen einer Verbindung) betrachtet werden. Diese Operation fügt den bestehenden Verbindungen ausgehend von einem Trader, der diese Operation aufruft, eine Verbindung zu einem spezifizierten Zieltrader hinzu.

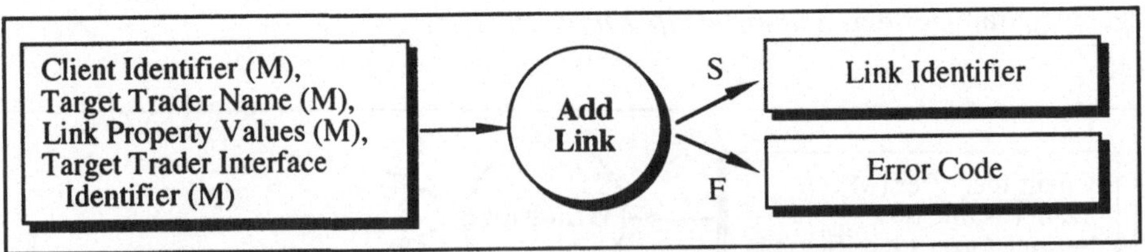

Abb. D.7: Argumente und Ergebnisparameter der *Add Link Operation*

Abbildung D.7 gibt die Argumente und Ergebnisparameter der *Add Link Operation* an. In Abhängigkeit einer in einem Sicherheitsdienst entsprechend dem vorliegenden *Client Identifier* vorgenommenen Entscheidung kann die Verbindung auch wieder aus dem Verbindungsbereich des Traders entfernt werden. In diesem Fall würde eine Benachrichtigung an den Operationsaufrufenden erfolgen.

II. Remove Link Operation

Das Gegenstück zur *Add Link Operation* stellt die *Remove Link Operation* (Operation zum Entfernen einer Verbindung) dar. Diese Operation löscht eine spezifizierte Verbindung. Dargestellt ist diese Operation in Abbildung D.8.

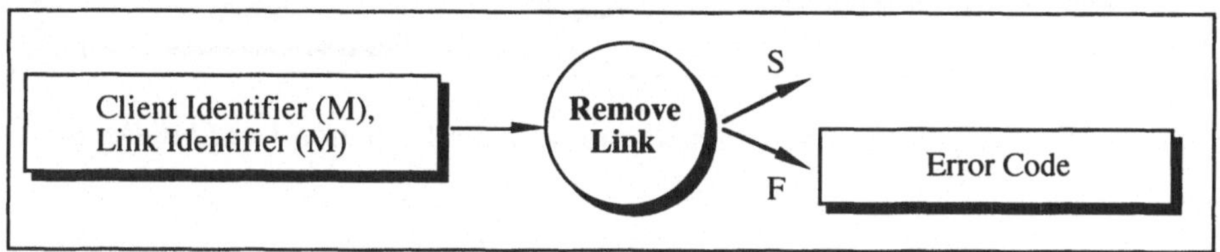

Abb. D.8: Argumente und Ergebnisparameter der Operation *Remove Link*

Auch hier kann die Ausführung der Operation wieder durch einen Sicherheitsdienst beeinflußt werden. Ferner ist es möglich, daß nach erfolgreicher Ausführung dieser Operation eine Ausführungsanzeige an die aufrufende Einheit zurückgegeben wird.

III. Modify Link Operation

Die *Modify Link Operation* (Operation zum Modifizieren einer Verbindung) kann als eine Verknüpfung der *Remove Link Operation* mit der *Add Link Operation* angesehen werden. Dabei bleiben jedoch *Client Identifier* und *Link Identifier* konstante Größen. Abbildung D.9 stellt die Argumente und Ergebnisparameter der Operation dar. Auch bei dieser Operation kann das Verhalten wieder durch gewisse Sicherheitsbedingungen beeinflußt werden.

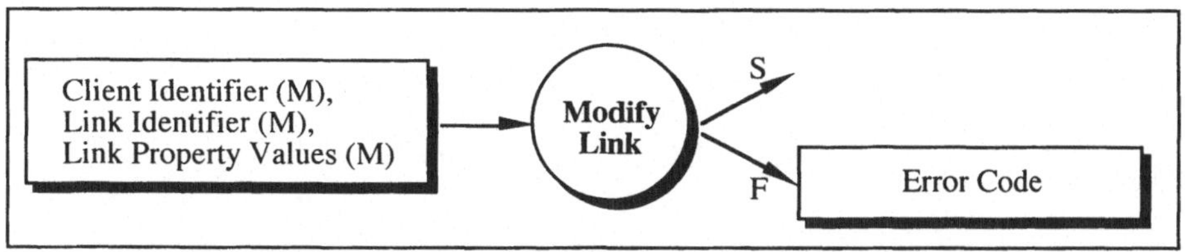

Abb. D.9: Argumente und Ergebnisparameter der Operation *Modify Link*

IV. List Link Details Operation

Als letzte der vier Operationen zum Tradingmanagement soll an dieser Stelle auf die *List Link Details Operation* (Operation zum Auflisten von Verbindungsdetails) eingegangen werden.

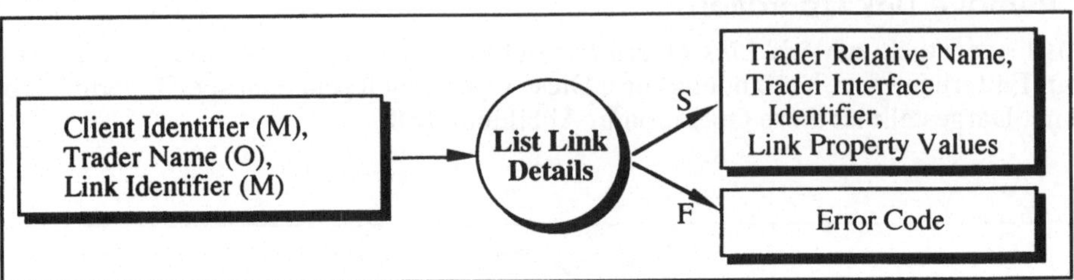

Abb. D.10: Argumente und Ergebnisparameter der Operation *List Link Details*

Diese Operation gibt die Werte von Verbindungseigenschaften an sowie den Namen eines Zieltraders der zugehörigen Verbindung. Die Parameter dieser Operation sind in Abbildung D.10 dargestellt.

ABKÜRZUNGSVERZEICHNIS

ACID	Atomicity, Consistency, Isolation, Durability
AE	Application Entity
AEI	Application Entity Invocation
AIM	Advanced Informatics in Medicine
ALS	Application Layer Service
ANDF	Architecture Neutral Distribution Format
ANSA	Advanced Network Systems Architecture
AO	Abstraktionsobjekt
AP	Application Process
API	Application Program Interface
APM	Architecture Project Management Ltd.
ASN.1	Abstract Syntax Notation One
ASO	OSI-Application Service Object
B	Binder
BO	Bindeobjekt bzw. Binderobjekt
CBO	Computational Basis Object
CCITT	The International Telegraph and Telephone Consultative Committee
CF	Control Function
CIM	Computer Integrated Manufacturing
CM	Cluster Manager
CMIP	Common Management Information Protocol
CMIS	Common Management Information Service
CO	Computational Object
CORBA	Common Object Request Broker Architecture
COSM	Common Open Service Market
CPM	Capsule Manager
C/S	Client/Server
CSI	Communication Service Interface
D	Diensttyp
DAF	Distributed Application Framework
DAG	Directed Acyclic Graph
DCE	Distributed Computing Environment

DD	Dynamische Diensteigenschaft
DEA	Diensteigenschaftsausdruck
DIS	Draft International Standard
DME	Distributed Management Environment
DOE	Distributed Object Environment
DOMF	Distributed Object Management Facility
DOMS	Distributed Object Management Service
DPE	Distributed Processing Environment
DSA	Directory Service Agent
DUA	Directory User Agent
E	Exporter
EO	Engineering Object
F	Failure
F-Action	Forking Action
FDT	Formal Description Technique
G722	7 KHz Audio Coding with 64 kBit/sec
HCI	Human Computer Interaction
I	Interface oder Importer
IDL	Interface Definition Language
IDN	Interface Definition Notation
IEC	International Electrotechnical Commission
IEEE	Institute of Electrical and Electronics Engineers
IN	Intelligent Network
IP	Interaktionspunkt
IPC	Interprocess Communication
IPM	Inter Personal Message
IS	Internationaler Standard
ISI	Information Service Interface
ISO	International Standardization Organisation
ITU/TS	International Telecommunication Union - Telecommunication Standardization Sector
IUT	Implementation under Test
IXIT	Implementation Extra for Testing
LOTOS	Language of Temporal Ordering Specifications
M	Mandatory
MIB	Management Information Base
MM	Multimedia
MO	Managed Object

MPEG	Motion Picture Expert Group
MPS	Message Passing Service
MTA	Message Transfer Agent
O	Optional
ODMA	Open Distributed Management Architecture
ODP	Open Distributed Processing
ODP-RM	Open Distributed Processing Reference Model
OMA	Object Management Architecture
OMG	Object Management Group
ORB	Object Request Broker
OSE	Open Systems Environment
OSF	Open Software Foundation
OSI	Open Systems Interconnection
OSI-TP	Open Systems Interconnection Transaction Processing
P	Protokoll bzw. Protokollobjekt
PC	Personal Computer
PCO	Point of Control and Observation
PICS	Protocol Implementation Conformance Statement
PIXIT	Protocol Implementation Extra Information for Testing
PO	Protokollobjekt
POSIX	Portable Operating System for Computer Environments
QoS	Quality of Service
Ro	Realisationsobjekt
RPC	Remote Procedure Call
RTI	Road Traffic Informatics
S	Schnittstellenbezeichner oder Stub bzw. Success (bei Funktionen)
S-Action	Spawn Action
SD	Statische Diensteigenschaft
SDL	Service Description Language
SO	Stubobjekt
SRDL	Service Request Description Language
SUT	System under Test
TCP	Transmission Control Protocol
TG	Tradinggemeinschaft
TINA	Telecommunications Information Networking Architecture
TINA-C	Telecommunications Information Networking Architecture Consortium
Tk	Tradingkontext
TMN	Telecommunication Management Network

TOD	Trading Offer Domain
TP	Transaction Processing
TUA	Trader User Agent
UA	User Agent
UDP	User Datagram Protocol
ULA	Upper Layer Architecture

LITERATUR

[AlPl 94]   Alpers, B.; Plansky, H.: *Domain and policy-based management: concepts and implementation architecture.* In: Proceedings of the Fifth IFIP/IEEE International Workshop on Distributed Systems: Operations & Management (DSOM '94), Toulouse/Frankreich, 1994.

[ANSA 1]   Architecture Projects Management Ltd.: *The ANSA Reference Manual.* Poseidon House, Castle Park, Cambridge, CB3 0RD, United Kingdom, 1989

[ANSA 2]   Architecture Projects Management Ltd.: *ANSA; An Engineer's Introduction to the Architecture.* Poseidon House, Castle Park, Cambridge, CB3 0RD, United Kingdom, 1989

[ANSA 3]   Architecture Projects Management Ltd.: *An Overview of ANSAware 4.1.* Document RM.099.02 February 1993

[Bea 95]   Berarman, M.: *Trading in Open Distributed Environments.* In: In: Participant's Proceedings of IFIP International Conference on Open Distributed Processing ICODP'95, Brisbane/Australien 1995

[BeRa 91]   Bearman, M.; Raymond, K.: *Federating Traders: An ODP Adventure.* In: IFIP Workshop on Open Distributed Processing, Berlin 1991, North Holland, S. 125-141

[BeRa 94]   Bearman, M.; Raymond, K.: *Contexts, Views and Rules: An Integrated Approach to Trader Contexts.* In: Open Distributed Processing, II (1994), Elsevier Science Publishers B.V., North Holland, 1994, S.181-191

[BGG 94]   Berrah, K.; Gay, D.; Genilloud, G.: *Accessing ANSA objects from OSI Network management.* In: Proceedings of the Fifth IFIP/IEEE International Workshop on Distributed Systems: Operations & Management (DSOM '94), Toulouse/Frankreich, 1994.

[BHM+94]   Böhmak, W.; Hutschenreuther, T.; Mittasch, Ch.; Schill, A.: *Quality-of-Service-Verwaltung für Anwendungen in Hochleistungs- und Mobilnetzen.* In: Popien/Meyer (Hrsg.): Neue Konzepte für die Offene Verteilte Verarbeitung, ABI, ISBN 3-86073-143-2, Aachen 1994, S.105-115

[BIB+95]   Brookes; W.; Indulska, J.; Bond, A.; Yang, Z.: *Interoperability of Distributed Platforms: a Compatibility Perspective.* In: Participant's Proceedings of IFIP International Conference on Open Distributed Processing ICODP'95, Brisbane/Australien 1995, S. 53-64

[BKR 93]   Beitz, A.; King, P.; Raymond, K.: *Comparing two Distributed Environments: DCE and ANSAware.* In: Tagungsband International DCE Workshop, Springer 1993, S. 21-38

[Bo 89]   Bolch, G.: *Leistungsbewertung von Rechensystemen mittels analytischer Warteschlangenmodelle.* B.G. Teubner Verlag, Stuttgart, 1989

[BSM+ 93]   Bever, M.; Schill, A.; Mühlhäuser, M. et al: *Distributed Systems, OSF DCE, and Beyond.* In: Tagungsband International DCE Workshop, Springer 1993, S. 1-20

[Bu 95]   Burger, C.: *Cooperation Policies for Traders.* In: Participant's Proceedings of IFIP International Conference on Open Distributed Processing ICODP'95, Brisbane/Australien 1995, S. 191-202

[DCE]   Open Software Foundation Cambridge Centre: *OSF-DCE: Distributed Computing Environment (DCE).* Rationale, 1990

[Di 93]   Dilley, J.: *Object-Oriented Distributed Computing With C++ and OSF DCE.* In: Tagungsband International DCE Workshop, LNCS 731, Springer 1993, S. 256-266

[Dil 95]   Dilley, J.: *Experiences with the OSF Distributed Computing Environment.* In: Participant's Proceedings of IFIP International Conference on Open Distributed Processing ICODP'95, Brisbane/Australien 1995, S. 447-458

[DME]   *Distributed Management Environment - Rational.* Open Software Foundation September 1991

[DoDu 94]   Dong, J.S.; Duke, R.: *An Object-Oriented Approach to the Formal Specification of ODP Trader.* In: Open Distributed Processing, II (1994), Elsevier Science Publishers B.V., North Holland, 1994, S.341-352

[Dr 92]   Dreo, G. et al: *Using the OSI management information model for ODP.* In: Open Distributed Processing, Elsevier Science Publishers B.V., North Holland, 1992, S. 203-214

[ERS 95]   Elnozahy, E.N.; Ratan, V.; Segal, M.E.: *Experiences using DCE and CORBA to Build Tools for Creating Highly-Available Distributed Systems.* In: Participant's Proceedings of IFIP International Conference on Open Distributed Processing ICODP'95, Brisbane/Australien 1995, S. 471-482

[ESW+ 92]   Eversheim, W.; Spaniol, O.; Weck, M. et al: *The SUKITS Project: An Approach to an Aposteriori Integration of CIM Components.* In: Tagungsband der GI-Jahrestagung KIVS, Springer 1992

[FaLo 94]   Farooqui, K.; Logrippo, L.: *Viewpoint Transformation.* In: Open Distributed Processing, II (1994), Elsevier Science Publishers B.V., North Holland, 1994, S.373-377

[FJH 95]   Franken, L.J.N.; Janssen, P.; Haverkort, B.R.H.M.; Liempd, G.v.: *Quality of Service Management in Distributed Systems using Dynamic Routation.* In: Participant's Proceedings of IFIP International Conference on Open Distributed Processing ICODP'95, Brisbane/Australien 1995, S. 367-379

[FMS 95]   Friedrich, R.; Martinka, J.; Sienknecht, T.; Saunders, S.: *Integration of Performance Measurement and Modelling for Open Distributed Processing.* In:

Participant's Proceedings of IFIP International Conference on Open Distributed Processing ICODP'95, Brisbane/Australien 1995, S. 341-352

[FPW 94] Fuente, L.A. de la; Pavon, J.; Wakano, M.: *The TINA-C management architecture*. In: Proceedings of the Fifth IFIP/IEEE International Workshop on Distributed Systems: Operations & Management (DSOM '94), Toulouse/Frankreich, 1994.

[FTH 94] Fedaoui, L.; Tawbi, W.; Horlait, E.: *Distributed Multimedia Systems Quality of Service in ODP Framework of Abstraction: A First Study*. In: Tagungsband 2nd IFIP International Conference on Open Distributed Processing (ODP'93), North Holland 1994, S. 169-180

[Gei 92a] Geihs, K.: *Trader Interaction Models and Infrastructure Implications*. In: Proceedings of IFIP TC6 International Conference on Information Networks and Data Communication IV, Espoo SF, North Holland, 1992

[Gei 92b] Geihs, K.: *OMG Request Broker*. In: Praxis der Informationsverarbeitung und Kommunikation (PIK), Bd. 15 (1992), S. 244-245

[Gei 93] Geihs, K.: *Infrastrukturen für heterogene verteilte Systeme*. In: Informatik Spektrum, Bd. 16 (1993), S. 11-23

[Gei 95] Geihs, K.: *Client/Server-Systeme. Grundlagen und Architekturen*. Thomson's Aktuelle Tutorien, Bd. 6, Int.'l Thomson Publishing, Bonn, 1995

[Go 91] Goscinski, A.: *Distributed Operating Systems - The Logical Design*. Addison Wesley 1991

[GoNi 94] Goscinski, A.; Ni, Y.: *Object Trading in Open Systems*. In: Tagungsband 2nd IFIP International Conference on Open Distributed Processing, North Holland 1994, S. 145-156

[HaBr 95] Hafid, A.; Bochman, G.v.: *An Approach to Quality of Service Management for Distributed Multimedia Applications*. In: Participant's Proceedings of IFIP International Conference on Open Distributed Processing ICODP'95, Brisbane/ Australien 1995, S. 319-340

[HaKu 94] Hansen, H.; Kutsche, R.-D.: *Medical Applications of ODP*. In: Tagungsband 2nd IFIP International Conference on Open Distributed Processing (ODP'93), North Holland 1994, S. 67-99

[He 93] Hermanns, O.: *Eine Kommunikationsarchitektur für die Integration von CIM-Anwendungssystemen und Groupware*. In: Tagungsband GI-Jahrestagung 1992, Springer 1992

[HeAb 93] Hegering, H.; Abeck, S.: *Integriertes Netz- und Systemmanagement*. Addision Wesley 1993

[HeEb 93] Heite, R.; Eberle, H.: *Extending DCE RPC by Dynamic Objects and Dynamic Types*. In: Tagungsband International DCE Workshop, Springer 1993, S. 214-228

[HePo 93] Hermanns, O.; Popien, C.: *Modelling Heterogeneous CIM-Interfaces with ODP*. In: Journal of Information Science and Technology, Vol. 3, No. 1, Oct. 1993. ISSN 0971-1988 © 1993, ICCPI. Published by McGraw-Hill, S. 35-48

[HoWa 95]   Horstmann, T.; Wasserschaff, M.: *Experiences with Groupware Development under CORBA*. In: Participant's Proceedings of IFIP International Conference on Open Distributed Processing ICODP'95, Brisbane/Australien 1995, S.281-292

[IBR 94]   Indulska, J.; Bearman, M.; Raymond, K.: *A Type Management System for an ODP Trader*. In: Tagungsband 2nd IFIP International Conference on Open Distributed Processing, North Holland 1994, S. 169-180

[IDV 94]   Iggulden, D.; Dobson, J.; Veryard, R.: *Enterprise Computing: ODP as an Instrument of Hegemony*. In: Open Distributed Processing, II (1994), Elsevier Science Publishers B.V., North Holland, 1994, S.371-373

[Ka 87]   Kapelnikov, A.: *Analytic Modeling Methododlogy for Evaluating Performance of Distributed, Multiple-Computer Systems*. UCLA, PhD Dissertation CSD-870061, November 1987

[Ke 93]   Keller, L.: *Vom Name-Server zum Trader - Ein Überblick über Trading in verteilten Systemen*. In : PIK 16(1993)3, S. 122 - 133

[Ke 94]   Keller, L.: *Trading of complex services in distributed systems*. In: Proceedings of the Fifth IFIP/IEEE International Workshop on Distributed Systems: Operations & Management (DSOM '94), Toulouse/Frankreich, 1994.

[KeGr 95]   Keller, L.; Grosse, A.G.: *Vermittlung zuverlässiger Dienste in trading-basierten Systemen*. In: Tagungsband zum Workshop 'Anwendungsunterstützung für heterogene Rechnernetze'. Freiberg, 30./31. März 1995, S. 41-50

[Ki 90]   King, P.: *Computer and Communication System Performance Modelling*. Prentice Hall 1990

[Kin 95]   Kinane, B.: *Distributed Public Network Management Systems using CORBA*. In: Participant's Proceedings of IFIP International Conference on Open Distributed Processing ICODP'95, Brisbane/Australien 1995, S. 103-114

[KoWi 94]   Kovacs, E.; Wirag, S.: *Trading and distributed application management: an integrated approach*. In: Proceedings of the Fifth IFIP/IEEE International Workshop on Distributed Systems: Operations & Management (DSOM '94), Toulouse/Frankreich, 1994.

[KrSp 90]   Krückeberg, F.; Spaniol, O.: *Informatik und Kommunikationstechnik..* VDI Verlag, 1990

[Kü 94]   Küpper, A.: *Eine Strategie zur Verbesserung der Dienstvermittlung unter ANSAware*. In: Popien/Meyer (Hrsg.): Neue Konzepte für die Offene Verteilte Verarbeitung, Aachener Beiträge zur Informatik, Bd. 7, ISBN 3-86073-143-2, Augustinus-Verlag, Aachen 1994

[Kü 95]   Küpper, A.: *Dynamische Attributierungsansätze bei der Dienstvermittlung unter ANSAware*. Diplomarbeit am Lehrstuhl für Informatik IV der RWTH Aachen, 1995

[KuKu 94]   Kutvonen, L.; Kutvonen, P.: *Broadening the User Environment with Implicit Trading*. In: Tagungsband 2nd IFIP International Conference on Open Distributed Processing (ODP'93), North Holland 1994, S. 157-168

[LeBe 95] Lee, O.-K.; Benford, S.: *An Explorative Model for Federated Trading in Distributed Computing Environments.* In: In: Participant's Proceedings of IFIP International Conference on Open Distributed Processing ICODP'95, Brisbane/Australien 1995, S. 179-190

[LiMa 95] Lima, L.A. de Paula Jr.; Madeira, E.R.M.: *A Model for a Federative Trader.* In: Participant's Proceedings of IFIP International Conference on Open Distributed Processing ICODP'95, Brisbane/Australien 1995, S. 155-166

[Lin 92] Linington, P.: *Introduction to the Open Distributed Processing Basic Reference Model.* In: Proceedings of the IFIP Workshop on Open Distributed Processing, North Holland, 1992, S. 3-14

[Lin 95] Linington, P.: *RM-ODP: The Architecture.* In: Participant's Proceedings of IFIP International Conference on Open Distributed Processing ICODP'95, Brisbane/Australien 1995

[LMVW 94] Lützebäck, D.; Mahr, B.; Venters, G.; Williams, H.: *An ODP-Oriented Framework for European Services in Telemedicine.* In: Tagungsband 2nd IFIP International Conference on Open Distributed Processing (ODP´93), North Holland 1994, S. 15-33

[LoTe 95] Louis, S.; Teaff, D.: *Class of Service in the High Performance Storage System.* In: Participant's Proceedings of IFIP International Conference on Open Distributed Processing ICODP'95, Brisbane/Australien 1995, S. 307-318

[MaBl 92] Macartney, A. J.; Blair, G.S.: *Flexible Trading in distributed multimedia systems.* In: Computer Networks and ISDN Systems 25 (1992), Elsevier Science Publishers B.V., North Holland, 1992, S. 145-157

[Me 95] Meyer, B.: *Integration heterogener Schnittstellen in verteilten Systemen.* In: Tagungsband zum Workshop 'Anwendungsunterstützung für heterogene Rechnernetze'. Freiberg, 30./31. März 1995, S. 25-32

[MeLa 94] Merz, M.; Lamersdorf, W.: *Cooperation Support for an Open Service Market.* In: Open Distributed Processing, II (1994), Elsevier Science Publishers B.V., North Holland, 1994, S.329-340

[MeP 94] Meyer, B.; Popien, C.: *Defining policies for performance management in open distributed systems.* In: Proceedings of the Fifth IFIP/IEEE International Workshop on Distributed Systems: Operations & Management (DSOM '94), Toulouse/Frankreich, 1994.

[MePo 93] Meyer, B.; Popien, C.: *Modellierungs- und Bewertungskonzepte für ODP-Architekturen.* In: Proceedings der 7. ITG/GI-Fachtagung "Messung, Modellierung und Bewertung (MMB´93)", Informatik aktuell, Springer-Verlag Berlin, Heidelberg, NewYork, 1993, S. 77-89

[MePo 94] Meyer, B.; Popien, C.: *Defining Policies for Performance Management in Open Distributed Systems.* Proceedings of 5th IFIP/IEEE International Workshop on Distributed Systems: Operations & Management (DSOM) 1994, Toulouse 1994

[MePo 95] Meyer, B.; Popien, C.: *Flexible Management of ANSAware Applications.* In: Participant's Proceedings of IFIP International Conference on Open Distributed Processing ICODP'95, Brisbane/Australien 1995, S. 255-266

[MHP 95]   Meyer, B.; Heineken, M.; Popien, C.: *Performance Analysis of Distributed Applications with ANSAmon.* In: Participant's Proceedings of IFIP International Conference on Open Distributed Processing ICODP'95, Brisbane/Australien 1995, S. 293-304

[Mo 93]   Mock, M.: *DCE++: Distributing C++-Objects using OSF DCE.* In: Tagungsband International DCE Workshop, LNCS 731, Springer 1993, S. 242-255

[Mo 94]   Mock, M.: *Interoperabilität heterogener Ressourcenverwalter in einem flexiblen Aktionskonzept.* In: Neue Konzepte für die Offene Verteilte Verarbeitung, ABI, ISBN 3-86073-143-2, Aachen 1994, S.105-115

[MLB 94]   Milosevicz, Z.; Lister, A.; Bearman, M.: *New Economic-Driven Aspects of the ODP Enterprise Specification and Related Quality of Service Issues.* In: Tagungsband 2nd IFIP International Conference on Open Distributed Processing (ODP'93) North Holland 1994, S. 317-328

[MML 95]   Müller-Jones, K.; Merz, M.; Lamersdorf, W.: *The TRADEr: integrated Trading into DCE.* In: Participant's Proceedings of IFIP International Conference on Open Distributed Processing ICODP'95, Brisbane/Australien 1995, S. 459-470

[MMS 94]   Marriott, D.A.; Mansouri-Samani, M.; Sloman, S.: *Specification of management policies.* In: Proceedings of the Fifth IFIP/IEEE International Workshop on Distributed Systems: Operations & Management (DSOM '94), Toulouse/ Frankreich, 1994.

[MoMc 94]   Moffet, J.D.; McDermid, J.A.: *Policies for safety-critical systems: the challenge of formalisation.* In: Proceedings of the Fifth IFIP/IEEE International Workshop on Distributed Systems: Operations & Management (DSOM '94), Toulouse/Frankreich, 1994.

[NiGo 94]   Goscinski, A.; Ni, Y.: *Trader Cooperation to Enable Object Sharing Among Users of Homogeneous Distributed Systems.* In: Computer Communications, Bd. 17 (1994), 218-229

[NWM 93]   Nicol, J.; Wilkes, T.; Manola, F.: *Object Orientation in Heterogeneous Distributed Computing Systems.* In: IEEE Computer Vol. 26 (1993) 6, S. 57-67

[ODP P1]   ISO/IEC DIS 10746-1 (ITU-T Rec. X.901): *Basic Reference Model of Open Distributed Processing - Part 1: Overview,* 1995

[ODP P2]   ISO/IEC IS 10746-2 (ITU-T Rec. X.902): *Basic Reference Model of Open Distributed Processing - Part 2: Foundations,* 1995

[ODP P3]   ISO/IEC IS 10746-3 (ITU-T Rec. X.903): *WG7 DIS Basic Reference Model of Open Distributed Processing - Part 3: Architecture,* 1995

[ODP P4]   ISO/IEC CD 10746-4 (ITU-T Rec. X.904): *Working Draft for the Basic Reference Model of Open Distributed Processing - Part 4: Architectural semantics,* 1995

[ODP Tr]   ISO/IEC JTC1/SC21 N8409 und ISO/IEC JTC1/SC 21 N 9122: *Working Document - ODP Trading Function,* Jan. 1994 bzw. *Information Technology - Open Distributed Processing Trader,* Jul. 1994

[OMG 1]   OMG: *Object Management Architecture Guide.* 1990

[OMG 2]   OMG: *Common Object Request Broker Architecture.* 1992

[OSI]   ISO/IEC 7498: *Information Processing Systems - Open System Interconnection - Basic Reference Model*, Int.'l Organization for Standardization. Geneva 1983

[OSI MF]   ISO/IEC 7498-4: *Information Processing Systems - Open Systems Interconnection - Basic Reference Model - Part 4: Management Framework*, 1989

[OSI MI]   ISO/IEC JTC1/SC21 DIS 10165-1: *Information Technology - Open Systems Interconnection - Structure of Management Information - Part 1: Management Information Model*, Nov. 1991

[OSI SM]   ISO/IEC JTC 1/SC 21 DIS 10164-2: *Information Technology - Open Systems Interconnection - Systems Management - Part 2: State Management Funct.*, Oct. '91

[Pa 91]   Park, H. J. et al: *Configuration management of object groups*. In: The Australian Computer Journal, Vol. 23, No. 4, Dezember 1991

[PiLi 94]   Pinto, P.; Linigton, P.: *A Language for the Specification of Interactive and Distributed Multimedia Applications*. In: Tagungsband 2nd IFIP International Conference on Open Distributed Processing (ODP'93), North Holland 1994, S. 247-264

[PMK 94]   Popien, C.; Meyer, B.; Kuepper, A.: *A Formal Approach to Service Import in ODP Trader Federations*. Aachener Informatik-Berichte 94-6, ISSN 0935-3232, Aachen 1994

[PMS 94]   Popien, C.; Meyer, B.; Sassenscheidt, F.: *Effiziente Modellierung von ODP-Traderfederationen mittels P^2AM*. Angenommen für: 13th IFIP World Computer Congress 1994, Hamburg, Aug. 28- Sep. 2, 1994

[Po 92]   Popien, C.: *System Design Trajectory based on Open Distributed Processing*. In: Proceedings of the 1992 International Zurich Seminar on Digital Communications, Zurich, March 1992, IEEE Catalog No.92TH0439-0, S. 315 - 332

[Po 95]   Popien, C.: *Dienstvermittlung in Verteilten Systemen - Dienstalgebra, Dienstmanagement und Dienstanfrageanalyse*. Teubner-TEXTE der Informatik, Bd. 12, B.G. Teubner Verlag, 1995

[PoHa 93]   Popien, C.; Hager, R.: *The ODP Trader Functionality Applied to the Integrated Road Transport Environment*. In: Proceedings of the IEEE Conference Globecom'93, Houston/ Texas, Nov./Dez. 1993, S. 1202-1206

[PoHe 94]   Popien, C.; Heineken, M.: *Trading Enhancement by Service Combination in ODP*. In: Proceedings of the IFIP International Conference on Open Distributed Processing. North Holland Amsterdam London New York 1994, S. 384 - 387

[PoKue 94]   Popien, C.; Kuepper, A.: *A Concept for an ODP Service Management*. In: IEEE/-IFIP 1994 Network Operations and Management Symposium, Hyatt Orlando, Kissimmee, Florida, Febr. 14-17, 1994

[PoM 94]   Popien, C.; Meyer, B.: *Service Management in distributed systems: an appoach based on a concept for specifying matching criteria and search constraints*. In: Proceedings of the Fifth IFIP/IEEE International Workshop on Distributed Systems: Operations & Management (DSOM '94), Toulouse/Frankreich, 1994.

[PoMe 93]   Popien, C.; Meyer, B.: *Federating ODP Traders: An X.500 Approach*. In: Proceedings of the IEEE International Conference on Communications ICC'93, May 1993, Geneva, Switzerland, pp. 313 - 318

[PoMe 94]   Popien, C.; Meyer, B.: *A Service Request Description Language*. In: Proceedings of Formal Description Techniques VII (FORTE '94), Berne, Switzerland, Chapman & Hall, London, Glasgow, Weinheim, New York, S. 37-52, 1995

[PSM 93]   Popien, C.; Spaniol, O.; Meer, J. d.: *Systementwurf mit Open Distributed Processing*. In: W. Effelsberg: Datenkommunikation - Aspekte und Entwicklungen. K. G. Saur Verlag München London New York Paris 1993, S. 76 - 95

[PTT 91]   Popescu-Zeletin, R.; Tschammer, V.; Tschicholz, M.: *'Y' Distributed Application Platform*. In: Computer Communication, Bd. 14 (1991), S. 366-374

[QoS 95b]   ISO/IEC JTC1/SC21/N9309: *Open Systems Interconnection, data management and Open Distributed Processing. Quality of Service - Basic Framework - CD Text*, Toronto, Jan. 1995

[QoS 95m]   ISO/IEC JTC1/SC21/N9310: *Open Systems Interconnection, data management and Open Distributed Processing. Quality of Service - Methods and Mechanisms - Working Draft #2*, Toronto, Jan. 1995

[Ray 95]   Raymond, K.: *Reference Model of Open Distributed Processing (RM-ODP): Introduction*. In: Participant's Proceedings of IFIP International Conference on Open Distributed Processing ICODP'95, Brisbane/Australien 1995

[ReMa 95]   Raeder, G.; Mazaher, S.: *Quality-of-Service Directed Targeting Based on the Engineering Model*. In: Participant's Proceedings of IFIP Int.'l Conference on Open Distributed Processing ICODP'95, Brisbane/Australien 1995, S. 355-366

[RPB 93]   Roos, J.; Putter, P.; Bekker, C.: *Modelling Management Policy using Enriched Managed Objects*. Proceedings of IFIP International Symposium on Integrated Network Management. North Holland 1993, S. 207 - 215

[SaMi 95]   Sasse, O.; Mittasch, C.: *Offener Dienstemarkt und ODP-Trading*. In: Tagungsband zum Workshop 'Anwendungsunterstützung für heterogene Rechnernetze'. Freiberg, 30./31. März 1995, S. 33-40

[SAZ 94]   Sclavos, J.; Arsenis, S.; Znaty, S.: *ODP viewpoints of QoS management application*. In: Proceedings of the Fifth IFIP/IEEE International Workshop on Distributed Systems: Operations & Management (DSOM '94), Toulouse/ Frankreich, 1994.

[Sch 92a]   Schill, A.: *OSF/DCE*. In: Informatik Spektrum, Vol. 15, No. 6, (1992)

[Sch 92b]   Schill, A.: *Namensverwaltung in verteilten Systemen*. In: Praxis der Informationsverarbeitung und Kommunikation (PIK), Bd. 15 (1992), Heft 1, S. 11-21

[Sch 92c]   Schill, A.: *Remote Procedure Call: Fortgeschrittene Konzepte und Systeme - ein Überblick*. In: Informatik Spektrum, Bd. 15 (1992), S. 79-87 und S. 145-155

[Sch 93]   Schill, A.: *DCE - Das OSF Distributed Computing Environment - Einführung und Grundlagen*. Springer 1993

[Sch 95]   Schürmann, G.: *The evolution from open systems interconnection (OSI) to open distributed processing (ODP)*. In: Computer Standards & Interfaces 17 1995) 107-113, Elsevier Publishing, North Holland

[Schw 94]   Schwingel-Horner, H.: *ISDM authorisation policy specification and enforcement in a hierarchical management environment*. In: Proceedings of the Fifth IFIP/IEEE International Workshop on Distributed Systems: Operations & Management (DSOM '94), Toulouse/Frankreich, 1994.

[Sh 91]   Schneeweiß, C.: *Planung 1 - Systemanalytische und entscheidungstheoretische Grundlagen*. Springer 1991

[SHF+ 94]   Slonim, J.; Hong, J.; Finnigan, P. et al: *Does Midware Provide an Adequate Distributed Application Environment*. In: Tagungsband 2nd IFIP Int.'l Conference on Open Distributed Processing (ODP´93), North Holland 1994, S. 53-65

[Sk 94a]   Skibka, G.: *QoS-Aspekte in ODP*. Seminararbeit am Lehrstuhl für Informatik IV der RWTH Aachen, 48 S., Wintersemester 1993/94

[Sk 94b]   Skibka, G.: *Anwendung der Präskriptiven Entscheidungstheorie zur Optimierung von Dienstanfragen*. Seminararbeit am Lehrstuhl für Informatik IV der RWTH Aachen, 40 S., Sommersemester 1994

[Sl 90]   Sloman, M.: *Management for Open Distributed Processing*. Second IEEE Workshop on Future Trends of Distributed Computing Systems, IEEE Comp. Soc. Press, New York 1990

[Sol 95]   Soley, R.: *OMG Common Object Request Broker Architecture (CORBA)*. In: In: Participant's Proceedings of IFIP International Conference on Open Distributed Processing ICODP'95, Brisbane/Australien 1995

[SPG 91]   Silberschatz, A.; Peterson, D.; Galvin, P.: *Operating System Concepts*. 3rd Edition. Addison Wesley 1991

[SPM 94]   Spaniol, O.; Popien, C.; Meyer, B.: *Dienste und Dienstvermittlung in Client/Server-Systemen*. International Thomson Publishing, ISBN 3-929821-74-5, 1994

[SPV 94]   Sinderen, M. v.; Pires, L.F.; Vissers, C.A.: *Design Concepts for Open Distributed Systems*. In: Open Distributed Processing, II (1994), Elsevier Science Publishers B.V., North Holland, 1994, S.369-371

[St 93]   Stransky, B.: *Distributed Objects Based on CORBA and OSF/DCE*. In: Tagungsband des Industrieteils International DCE Workshop, Universität Karlsruhe, Interner Bericht 19/93, S. 26-33

[Ste 90]   Stefani, J.: *Open Distributed Processing - The next Target for the Application of Formal Description Techniques*. In: Proceedings of FORTE III, Madrid 1990, North Holland

[Ste 95]   Stefani, J-B.: *RM-ODP: Modelling and Specification*. In: In: Participant's Proceedings of IFIP International Conference on Open Distributed Processing ICODP'95, Brisbane/Australien 1995

[Ta 92]   Tanenbaum, A.: *Modern Operating Systems*. Prentice Hall 1992

[TINA 1]   TINA: *An Overview of the TINA Consortium Work*. Document No. TB_G1.HR.001_1.0_93, TINA-C, 12-93

[TINA 2]   TINA: *TINA Architecture Roadmap.* Document No. TP_G2.003_1.0_93, TINA-C, 12-93

[Th 95]   Thißen, D.: *Neue Konzepte des QoS.* Seminararbeit am Lehrstuhl für Informatik IV der RWTH Aachen, Wintersemester 1994/95, 43 Seiten, April 1995

[Tuv 95]   Tuvell, W.: *OSF Distributed Computing Environment (DCE).* In: In: Participant's Proceedings of IFIP International Conference on Open Distributed Processing ICODP'95, Brisbane/Australien 1995

[TXM 93]   Teng, Q.; Xie, Y.; Martin, B.: *A Simple ORB Implementation on Top of DCE for Distributed Object Oriented Programming.* In: Tagungsband International DCE Workshop, Springer 1993, S. 229-241

[VBB 95]   Vogel, A.; Baerman, M.; Beitz, A.: *Enabling Interworking of Traders.* In: Participant's Proceedings of IFIP International Conference on Open Distributed Processing ICODP'95, Brisbane/Australien 1995, S. 167-178

[Vi 94]   Vissers, C.A.: *Report on the Architectural Semantics Workshop.* In: Tagungsband 2nd IFIP International Conference on Open Distributed Processing (ODP'93), North Holland 1994, S. 367-368

[VoAn 94]   Vogt, F.; Andrae, C.: *Middleware for Distributed Applications Support: ODP and/or CORBA.* In: Tagungsband 2nd IFIP International Conference on Open Distributed Processing (ODP'93), North Holland 1994, S. 395-397

[WaBe 95]   Waugh, A.; Bearman, M.: *Designing an ODP Trader Implementation using X.500.* In: Participant's Proceedings of IFIP International Conference on Open Distributed Processing ICODP'95, Brisbane/Australien 1995, S. 117-128

[Wi 94]   Wirag, S.: *Dynamische Parameter bei der Dienstauswahl.* Diplomarbeit am Institut für Parallele und Verteilte Höchstleistungsrechner der Universität Stuttgart, 1994

[Wie 94]   Wies, R.: *Policy definition and classification: aspects, criteria and examples.* In: Proceedings of the Fifth IFIP/IEEE International Workshop on Distributed Systems: Operations & Management (DSOM '94), Toulouse/Frankreich, 1994.

[WoTs 93]   Wolisz, A.; Tschammer, V.: *Performance aspects of trading in open distributed systems.* Computer Communications, Vol. 16, No. 5, (1993), S. 277-287.

[X.500]   IT-*OSI - The Directory*, CCITT X.500, ISO/IEC 9594, 1992

[Zho 95]   Zhou, W.: *A Fault-Tolerant Remote Procedure Call System for Open Distributed Processing.* In: Participant's Proceedings of IFIP International Conference on Open Distributed Processing ICODP'95, Brisbane/Australien 1995, S. 229-240

Reinwald
Workflow-Management in verteilten Systemen

Gegenstand dieses Buches ist eine umfassende Darstellung des Workflow-Managements in verteilten Systemen. Es wird zunächst anhand einer Fallstudie eine begriffliche Einführung in dieses neue Forschungsfeld vorgenommen. Daran anschließend werden die notwendigen Grundlagen und Basismechanismen zur Modellierung und Realisierung von Workflow-Management-Systemen beschrieben und darauf aufbauend die Konzeption und Realisierung des Workflow-Management-Systems ActMan vorgestellt. Das Buch richtet sich an Informatiker, Betriebswirte und Ingenieure in Studium und Beruf.

Von Dr.
Berthold Reinwald
IBM Almaden
Son Jose, USA

2. Auflage. 1995. 276 Seiten.
16,2 x 23,5 cm.
Kart. DM 59,80
ÖS 467,– / SFr 59,80
ISBN 3-8154-2061-X

(TEUBNER-TEXTE
zur Informatik, Bd. 7)

B. G. Teubner Stuttgart · Leipzig